普通高等教育人工智能与大数据系列教材

虚拟现实与增强现实实用教程

主　编　娄　岩
副主编　徐东雨　卜　丽

机械工业出版社

本书围绕教育部提出的“金课”理念及体系结构，侧重于虚拟现实与增强现实基础理论的教学及应用，使读者能够在较短的时间里由浅入深地了解、认识和掌握虚拟现实和增强现实技术的精髓及使用方法。本书主要介绍了虚拟现实和增强现实的基础理论、应用和最新进展，概念清晰，原理通俗易懂，案例丰富，图文并茂，易于读者理解。

本书可以作为高等院校计算机公共基础课程的教学用书，也可以作为计算机及电子信息类专业、数字媒体技术和教育技术专业的教学用书，还可以作为从事虚拟现实和增强现实技术工作的工程技术人员以及虚拟现实和增强现实技术爱好者的参考用书。

图书在版编目（CIP）数据

虚拟现实与增强现实实用教程/娄岩主编. —北京：机械工业出版社，2020.11（2024.8 重印）
普通高等教育人工智能与大数据系列教材
ISBN 978-7-111-66574-8

Ⅰ.①虚… Ⅱ.①娄… Ⅲ.①虚拟现实-高等学校-教材 Ⅳ.①TP391.98

中国版本图书馆 CIP 数据核字（2020）第 179852 号

机械工业出版社（北京市百万庄大街 22 号 邮政编码 100037）
策划编辑：刘琴琴 责任编辑：刘琴琴
责任校对：潘 蕊 封面设计：张 静
责任印制：刘 媛
涿州市般润文化传播有限公司印刷
2024 年 8 月第 1 版第 6 次印刷
184mm×260mm · 16 印张 · 385 千字
标准书号：ISBN 978-7-111-66574-8
定价：45.00 元

电话服务	网络服务
客服电话：010-88361066	机 工 官 网：www.cmpbook.com
010-88379833	机 工 官 博：weibo.com/cmp1952
010-68326294	金 书 网：www.golden-book.com
封底无防伪标均为盗版	机工教育服务网：www.cmpedu.com

前　言

虚拟现实（VR）与增强现实（AR）技术是一种综合多学科的计算机领域的新技术，涉及众多研究和应用领域，被认为是新世纪重要的发展学科，它将对人们的生活产生重要影响。虚拟现实与大数据、人工智能、移动互联网等技术正在引领新一轮全球科技创新的热潮。

虚拟现实和增强现实技术将彻底改变人类生活的各个方面，包括娱乐、社交、旅游、设计、工作等。如同计算机、互联网和移动互联网曾经对人类生活产生的巨大影响一样，不论我们是否相信，虚拟现实的时代大门已经开启。

2018 年 8 月，在教育部印发的《教育部关于狠抓新时代全国高等学校本科教育工作会议精神落实的通知》中，“金课”理念首次被写入教育部文件，文件要求各高校全面梳理各门课程的教学内容，淘汰“水课”、打造“金课”，切实提高课程教学质量。本书适时响应国家要求和时代潮流，着力解决虚拟现实课程“看不见、摸不到”以及缺乏交互性等问题。

本书是一本融合 VR、AR 基本原理和最新技术成果的作品，主要讲解了虚拟现实和增强现实的基础理论、应用和最新进展。本书吸纳了编者多年的教学实践、教材编写经验和历年学生们课堂反馈的意见，尽可能让读者在理解原理的基础上，掌握一定的虚拟现实与增强现实开发技术。本书概念讲解清晰，原理通俗易懂，案例丰富，图文并茂，并且每个章节都详细地注释了专有名词，易于读者的理解。本书全部三维建模和三维开发工具的案例和脚本都经过了严格调试，确保准确无误，同时注意案例的实用性和趣味性。

本书主编为娄岩，副主编为徐东雨、卜丽，刘佳、丁林、郑琳琳、庞东兴、郑璐、曹鹏、郭婷婷、张志常参与了编写工作。

本书的理论依据来自大量参考文献，在此对这些作者做出的成绩和贡献表示崇高的敬意和深深的感谢！

由于时间仓促加之作者水平有限，书中难免有疏漏和不当之处，敬请读者批评指正。

娄　岩

目 录

前 言
第 1 章 虚拟现实概述 …… 1
1.1 虚拟现实的概念 …… 2
1.1.1 虚拟现实的定义 …… 2
1.1.2 虚拟现实的特征 …… 3
1.1.3 虚拟现实系统的组成 …… 4
1.2 虚拟现实系统的类型 …… 5
1.2.1 沉浸式虚拟现实系统 …… 5
1.2.2 桌面式虚拟现实系统 …… 7
1.2.3 分布式虚拟现实系统 …… 8
1.3 虚拟现实的主要研究对象 …… 10
1.4 虚拟现实的应用领域 …… 10
1.5 虚拟现实的发展和现状 …… 12
1.5.1 虚拟现实技术的发展历程 …… 12
1.5.2 虚拟现实技术的研究现状 …… 13
1.5.3 虚拟现实技术的发展趋势 …… 14
本章小结 …… 16
第 2 章 虚拟现实的体系结构 …… 18
2.1 VR 绘制流水线 …… 19
2.1.1 VR 视觉绘制方法 …… 19
2.1.2 VR 图形流水线绘制 …… 20
2.1.3 VR 触觉流水线绘制 …… 26
2.2 VR 体系结构 …… 27
2.2.1 基于 PC 的体系结构 …… 28
2.2.2 基于工作站的体系结构 …… 29
2.2.3 基于可移动设备的体系结构 …… 31
2.2.4 基于 VR 一体机的体系结构 …… 32
2.3 分布式虚拟现实体系结构 …… 33
2.3.1 多流水线同步策略 …… 34
2.3.2 联合定位绘制流水线 …… 35

2.3.3 PC 集群 …… 36
2.3.4 分布式虚拟现实 …… 38
本章小结 …… 41
第 3 章 虚拟现实的核心技术 …… 44
3.1 三维建模技术 …… 44
3.1.1 几何建模技术 …… 45
3.1.2 物理建模技术 …… 46
3.1.3 行为建模技术 …… 47
3.2 立体显示技术 …… 47
3.2.1 双目视差显示技术 …… 48
3.2.2 全息技术 …… 50
3.3 真实感实时绘制技术 …… 51
3.3.1 真实感绘制技术 …… 52
3.3.2 实时绘制技术 …… 52
3.4 三维虚拟声音 …… 54
3.4.1 三维虚拟声音的定义 …… 54
3.4.2 三维虚拟声音的原理 …… 55
3.5 人机交互技术 …… 55
3.5.1 手势识别技术 …… 55
3.5.2 面部表情识别技术 …… 56
3.5.3 眼动跟踪技术 …… 58
3.5.4 语音识别技术 …… 58
3.6 碰撞检测技术 …… 60
3.6.1 碰撞检测技术的要求和实现方法 …… 60
3.6.2 碰撞检测技术在人工智能中的应用 …… 61
本章小结 …… 62
第 4 章 虚拟现实的输入设备 …… 64
4.1 三维位置跟踪器 …… 64
4.1.1 虚拟现实的定位追踪 …… 65
4.1.2 跟踪器的性能参数 …… 68
4.1.3 电磁跟踪器 …… 69
4.1.4 超声波跟踪器 …… 70
4.1.5 光学跟踪器 …… 71
4.1.6 惯性跟踪器 …… 72
4.1.7 GPS 跟踪器 …… 73
4.1.8 混合跟踪器 …… 74
4.2 导航输入设备 …… 75
4.2.1 三维鼠标 …… 75

4.2.2 手柄 …… 76
4.3 手势输入设备 …… 77
4.3.1 手势接口 …… 77
4.3.2 数据手套 …… 77
4.3.3 运动捕捉设备 …… 79
本章小结 …… 80
第5章 虚拟现实系统的输出设备 …… 82
5.1 虚拟现实系统的图形显示设备 …… 82
5.1.1 人类的视觉系统概述 …… 83
5.1.2 头盔显示器 …… 84
5.1.3 沉浸式虚拟现实显示系统 …… 87
5.1.4 立体眼镜显示设备 …… 90
5.2 虚拟现实系统的声音显示设备 …… 90
5.2.1 人类的听觉系统概述 …… 91
5.2.2 基于HRTF的三维声音显示设备 …… 93
5.2.3 多扬声器听觉系统 …… 94
5.3 虚拟现实系统的触觉反馈设备 …… 95
5.3.1 人类的触觉系统概述 …… 95
5.3.2 接触反馈设备 …… 96
5.3.3 力反馈设备 …… 98
5.3.4 触觉反馈在医学中的应用 …… 100
本章小结 …… 101
第6章 三维数字建模与三维全景 …… 104
6.1 三维数字建模概述 …… 104
6.1.1 三维数字建模的概念 …… 105
6.1.2 三维数字建模的方法 …… 105
6.1.3 三维数字建模的发展趋势 …… 106
6.2 三维全景概述 …… 107
6.2.1 三维全景的分类 …… 107
6.2.2 三维全景的特点 …… 109
6.2.3 三维全景的应用领域 …… 110
6.3 全景照片的拍摄硬件 …… 113
6.3.1 硬件设备 …… 113
6.3.2 硬件配置方案 …… 116
6.4 全景照片的拍摄方法 …… 117
6.5 三维全景的软件实现 …… 118
6.5.1 全景大师的安装 …… 118
6.5.2 项目管理 …… 120

6.5.3 场景管理 …… 122
6.5.4 皮肤管理 …… 125
6.6 智能三维全景 …… 126
6.6.1 智能化医院三维全景导航系统 …… 126
6.6.2 智能全景盲区行车辅助系统 …… 127
本章小结 …… 129
第7章 三维建模软件3ds Max …… 130
7.1 常见的三维建模软件 …… 130
7.1.1 3ds Max …… 131
7.1.2 Rhino …… 131
7.1.3 Maya …… 131
7.2 3ds Max 基本操作 …… 131
7.2.1 启动与退出 …… 131
7.2.2 打开、保存与导出模型 …… 132
7.2.3 软件操作界面 …… 133
7.2.4 视图区及其操作 …… 136
7.2.5 工具栏常用工具 …… 137
7.3 模型制作 …… 141
7.3.1 使用内置几何体建模 …… 141
7.3.2 使用二维图形建模 …… 145
7.3.3 使用复合对象建模 …… 153
7.4 材质设计 …… 156
7.4.1 材质编辑器 …… 156
7.4.2 常见贴图类型 …… 158
7.4.3 贴图坐标 …… 161
7.5 摄影机及灯光 …… 161
7.5.1 摄影机 …… 162
7.5.2 灯光 …… 162
7.6 基础动画 …… 163
7.6.1 “时间配置”对话框 …… 163
7.6.2 “自动关键点”动画 …… 164
7.6.3 “设置关键点”动画 …… 166
7.6.4 生成动画的基本流程 …… 170
本章小结 …… 171
第8章 Unity 3D 三维开发工具 …… 172
8.1 三维开发工具 …… 172
8.1.1 Unity 3D …… 173
8.1.2 虚幻游戏引擎4 …… 174

8.2 Unity 3D 基本功能 …… 175
8.2.1 Unity 3D 的界面 …… 175
8.2.2 Unity 3D 的菜单 …… 175
8.3 对象与脚本 …… 176
8.3.1 Unity 3D 的对象 …… 176
8.3.2 Unity 3D 的脚本 …… 179
8.4 脚本调试 …… 182
8.4.1 显示脚本信息 …… 182
8.4.2 设置断点调试 …… 183
8.5 光影 …… 184
8.5.1 光源类型 …… 184
8.5.2 环境光与雾 …… 185
8.6 地形 …… 185
8.7 天空盒 …… 189
8.8 物理引擎 …… 191
8.9 动画系统 …… 196
8.10 智能机器人的实现 …… 199
8.11 外部资源 …… 203
8.11.1 贴图的导入 …… 203
8.11.2 3ds Max 静态模型的导入 …… 204
8.11.3 3ds Max 动画的导入 …… 205
8.11.4 资源商店中模型的导入 …… 205
本章小结 …… 207
第 9 章 增强现实概述 …… 208
9.1 增强现实的概念 …… 208
9.1.1 增强现实定义 …… 209
9.1.2 增强现实的发展状况 …… 211
9.1.3 增强现实的基本结构 …… 212
9.1.4 增强现实与虚拟现实的联系与区别 …… 213
9.2 增强现实的核心技术 …… 214
9.2.1 显示技术 …… 214
9.2.2 三维注册技术 …… 216
9.2.3 标定技术 …… 220
9.2.4 人机交互技术 …… 220
9.3 移动增强现实 …… 221
9.3.1 移动增强现实的概念 …… 221
9.3.2 移动增强现实的发展现状 …… 223
9.3.3 移动增强现实的系统构成 …… 223

9.3.4 移动增强现实技术的应用 …… 224
9.4 增强现实的实现 …… 225
9.4.1 Vuforia SDK 的下载与导入 …… 225
9.4.2 在 Unity 3D 中创建图片识别案例 …… 226
9.4.3 案例的发布 …… 232
9.4.4 增强现实其他开发工具 …… 234
9.5 增强现实的应用 …… 235
9.5.1 医疗 …… 235
9.5.2 教育 …… 236
9.5.3 交通 …… 237
9.5.4 军事 …… 237
9.5.5 游戏 …… 238
9.5.6 其他 …… 238
9.6 增强现实技术的未来发展趋势 …… 238
9.6.1 增强现实技术发展的阻碍因素 …… 239
9.6.2 增强现实技术的发展趋势 …… 239
本章小结 …… 243
参考文献 …… 245

第 1 章　虚拟现实概述

导　学

内容与要求

本章主要介绍了虚拟现实的概念、系统类型、主要研究对象、应用领域及发展和现状。

虚拟现实的概念要求掌握虚拟现实的定义、特征和系统的组成。

虚拟现实系统的类型要求掌握沉浸式、桌面式、分布式 3 种类型。

虚拟现实主要研究对象要求了解虚拟现实研究涉及的 5 个基本问题。

虚拟现实的应用领域要求了解虚拟现实典型的应用场景。

虚拟现实的发展和现状要求了解虚拟现实的发展历程、研究现状和发展趋势。

重点、难点

本章的重点是虚拟现实的定义、特征、系统组成和系统类型。本章的难点是沉浸式、桌面式虚拟现实系统的体系结构和分布式虚拟现实系统的概念。

虚拟现实（Virtual Reality，VR）技术最早是源于 1960 年的一项发明专利，但直到 1989 年 Jaron Lanier 才首次提出 VR 的概念。而真正大量资金涌入和全面市场化却是 2016 年起的事情。该技术涉及计算机图形学、传感器技术、动力学、光学、流体力学、人工智能及社会心理学等研究领域，是多媒体和三维技术发展的更高境界。

人类社会的进程经历了农业社会、工业社会、信息社会（IT）和数据化（DT）四个阶段。如果非用技术术语为科学断代，“CPU +”吹响了第三次技术革命的号角，是将人类社会带入信息社会的引擎。而第四次技术革命的浪潮已将人类引领到一个全新的 DT 社会，是以“GPU +5G”为主导的智能技术时代。在信息社会，我们常说的智慧仅代表一种学习的方法；而今天的智能技术是指学习的能力，绝非单纯的人工智能，而是指赋能万物，即万物都具备学习的能力，5G/6G 的出现正好给这一目标提供了实现的基础。5G 就是万物互联和虚拟现实，但互联并不是目的，我们的目的是互联的万物都具备自我学习的能力，从而让人类社会真正过渡到智能化生活的社会里。而正是由于第四次技术革命的发展，才赋予了虚拟现实技术一种新的生命，使其成为智能社会技术领域的“马前卒”一样的急先锋。

VR 技术不但是一种基于可计算信息的沉浸式交互环境，同时也是一种新的高端人机交互接口。VR 的目标就是实现预期的沉浸感，具体地说，就是采用以计算机技术为核心的现代高科技生成逼真的视觉、听觉、触觉一体化的特定范围的虚拟环境（Virtual Environment，

VE)，用户借助必要的设备以自然和实时的方式与虚拟环境中的对象进行交互作用、相互影响，从而产生身临其境的感受和体验。虚拟现实呈现在人们面前的是一个完全虚假的六维世界。

1.1 虚拟现实的概念

首先我们提出为什么要研究虚拟现实的问题，因为这个问题不搞清楚，就很难有意愿深入地学习这门新兴的学科。

对于传统的人机交互方式，人与计算机之间的交互是通过键盘、鼠标、显示器等工具实现的。而虚拟现实是将计算科学处理对象统一看作一个计算机生成的空间（虚拟空间或虚拟环境），并将操作它的人看作是这个空间的一个组成部分（man-in-the-loop）。人与计算机空间的对象之间的交互是通过各种先进的感知技术与显示技术（即虚拟现实技术）完成的。人可以感受到虚拟环境中的对象，虚拟环境也可以感受到人对它的各种操作（类似于人与真实世界的交互方式）。

虚拟现实的概念最早是由美国人 Jaron Lanier 提出来的。虚拟（Virtual）说明这个世界和环境是虚拟的，是人工制造出来的并且是存在于计算机内部的。用户可以“进入”这个虚拟环境中，可以以自然的方式和这个环境之间进行交互。所谓交互是指在感知环境和干预环境中，可让用户产生置身于相应的真实环境中的虚幻感、沉浸感，即身临其境的感觉。

虚拟环境系统包括操作者、人机接口和计算机。为了解人机接口性质的改变，虚拟现实意义下的人机交互接口至少可以给出 3 种区别以往的地方：

（1）人机接口的内容　计算机提供“环境”而不是数据和信息，这改变了人机接口的内容。

（2）人机接口的形式　操作者由视觉、力觉感知环境，由自然的动作操作环境，而不是由显示器、键盘、鼠标和计算机交互，这改变了人机接口的形式。

（3）人机接口的效果　逼真的感知和自然力的动作，使人产生身临其境的感觉，这改变了人机接口的效果。虚拟现实的主要目的是实现自然人机交互，即实现一种逼真的视觉、听觉、触觉一体化的计算机生成环境，这改变了人机接口的效果。

虚拟现实的主要实现方法是借助必要的装备，实现人与虚拟环境之间的信息转换，最终实现人与环境之间的自然交互与作用。在阐述了什么是虚拟现实技术的基础上，我们将进一步给出它的定义。通常虚拟现实的定义分为狭义和广义两种。

1.1.1 虚拟现实的定义

把虚拟现实看作对虚拟想象（三维可视化）或真实三维世界的模拟。对某个特定环境真实再现后，用户通过接受和响应模拟环境的各种感官刺激，与其中虚拟的人及事物进行交互，使用户有身临其境的感觉。

如果不限定真实三维世界（如视觉、听觉等都是三维的），那些没有三维图形的世界，若模拟了真实世界的某些特征，如网络上的聊天室、MUD 等也可称作虚拟世界、虚拟现实。

1.1.2 虚拟现实的特征

虚拟现实具有以下特征：

1. 多感知性

多感知性是指除一般计算机所具有的视觉感知外，还有听觉感知、触觉感知、运动感知，甚至还包括味觉感知、嗅觉感知等。理想的虚拟现实应该具有人所具有的一切感知功能。

2. 存在感

存在感是指用户感到作为主角存在于模拟环境中的真实程度。理想的模拟环境应该达到使用户难辨真假的程度。

3. 交互性

虚拟现实系统中的人机交互是一种近乎自然的交互，用户通过穿戴设备如头盔、数据手套等传感设备便可与虚拟场景中的物体进行实时（real-time）交互。

4. 自主性

自主性是指虚拟环境中的物体依据现实世界物理运动定律动作的程度。

从上述表述看，虚拟现实是可交互和沉浸的。但很少有人意识到虚拟现实还有一个特性：虚拟现实不仅是一种媒体或计算机高端接口，而且它包含了解决实际问题的应用。这些应用是由虚拟现实的开发者们设计的计算机程序实现的。特定的应用程序解决特定的问题，而这种应用模拟或执行后的结果更逼真，很大程度上取决于人的想象力。

综上所述，虚拟现实系统具有3个重要特征：沉浸感（Immersion）、交互性（Interaction）和想象力（Imagination），任何虚拟现实系统都可以用3个“I”来描述其特性。其中沉浸感与交互性是决定一个系统是否属于虚拟现实系统的关键特性。VR技术的3I特性如图1.1所示。

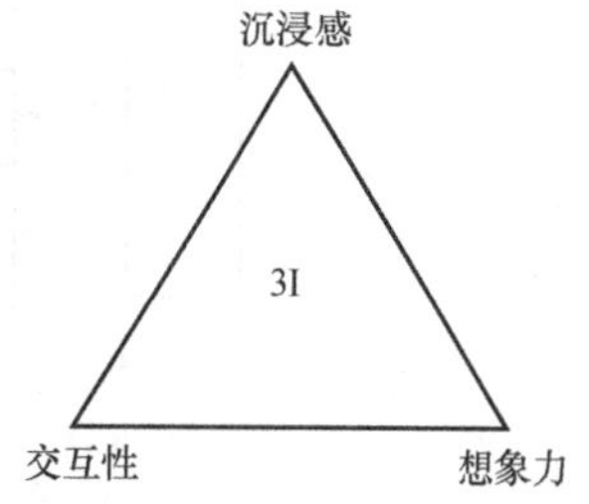

图1.1 VR技术的3I特性

（1）沉浸感（Immersion） 沉浸感又称临场感，是虚拟现实最终要达到的目标。也就是说一个虚拟现实系统的好坏，完全取决于它的沉浸感实际效果如何。沉浸感就是让人专注在当前的场景中而忘记真实世界，是虚拟现实最终实现的目标。虚拟现实技术是根据人类的视觉、听觉的生理心理特点，由计算机产生逼真的三维立体图像，使用者通过头盔显示器（Head Mounted Display）、数据手套（Data Glove）或数据衣（Data Suit）等交互设备，便可将自己置身于虚拟环境中，成为虚拟环境中的一员。使用者与虚拟环境中的各种对象的相互作用，就如同在现实世界中的一样。当使用者移动头部时，虚拟环境中的图像也实时地跟随变化，物体可以随着手势移动而运动，还可听到三维仿真声音。使用者在虚拟环境中感觉一切都非常逼真，有种身临其境的感觉。由图1.1可以看出，沉浸感是虚拟现实最终实现的目标，其他两者是实现这一目标的基础，三者之间是过程和结果的关系。

（2）交互性（Interaction） 虚拟现实系统中的人机交互是一种近乎自然的交互，使用者不仅可以利用计算机键盘、鼠标进行交互，而且能够通过特殊头盔、数据手套等传感设备进行交互。计算机能根据使用者的头、手、眼、语言及身体的运动，来调整系统呈现的图像及声音。使用者通过自身的语言、身体运动或动作等自然技能，对虚拟环境中的任何对象进行观察或操作。

（3）想象力（Imagination） 设计者利用想象力来构想和设计虚拟世界（包括场景和物体）。由虚拟现实的开发者们设计的计算机程序实现的应用，特定的应用程序解决特定的问题，即设计和利用编程实现应用目的的阶段。想象力是指在虚拟环境中，用户可以根据所获取的多种信息和自身在系统中的行为，通过联想、推理、逻辑判断等思维和构思的过程，随着系统的运行状态变化对系统运动的未来进展进行想象，以获取更多的知识，认识复杂系统深层次的运动机理和规律性。

虚拟现实技术具有的沉浸感、交互性、想象力，使得参与者能在虚拟环境中沉浸其中、超越其上、进退自如并自由交互。概括地说，虚拟现实技术的3I特性是沉浸、交互、想象，交互性、想象力都是过程，沉浸感是目的。虚拟现实就是以假乱真，给人以假象，却带给人真实的体验，区别3D的关键要素它是六维，可以交互、可增强体验感，强调人在虚拟系统中的主导作用，即人的感受在整个系统中最重要。因此，“交互性”和“沉浸感”这两个特征，是虚拟现实与其他相关技术（如三维动画、科学可视化以及传统的多媒体图形图像技术等）最本质的区别。

1.1.3 虚拟现实系统的组成

具有3I特性的虚拟现实系统，其系统基本组成主要包括用户、传感器、效果产生器及实景仿真器。虚拟现实系统的基本组成如图1.2所示。

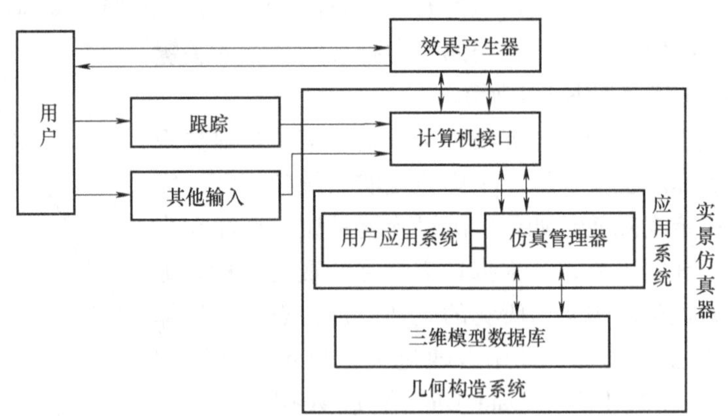

图1.2 虚拟现实系统的基本组成

1. 效果产生器

效果产生器（Effects Generator）是指完成人与虚拟境界硬件交互的接口装置，包括能产生沉浸感的各类输出装置以及能测定视线方向和手指动作的输入装置。输入设备是虚拟现实系统的输入接口，其功能是检测用户输入信号，并通过传感器输入到计算机。基于不同的功能和目的，输入设备的类型也有所不同，以解决多个感觉通道的交互。输出设备是虚拟现实系统的输出接口，是对输入的反馈，其功能是由计算机生产信息通过传感器发送给输出设备。

2. 实景仿真器

实景仿真器（Visual Emulator）是虚拟现实系统的核心部分，是 VR 的引擎，由计算机软件系统、硬件系统、软件配套硬件（如图形加速卡和声卡等）组成，接收（发出）效果产生器所产生（接收）的信号。

实景仿真器的工作原理是负责从输入设备中读取数据、访问与任务相关的数据库，执行任务要求的实时计算，从而更新虚拟世界的状态，并把结果反馈给输出显示设备。其软件系统是实现技术应用的关键，提供工具包和场景图，主要完成虚拟世界中对象的几何模型、物理模型、行为模型的建立和管理；三维立体声的生成、三维场景的实时渲染；数据库的建立和管理等。数据库用来存放整个虚拟世界中所有对象模型的相关信息。在虚拟世界中，场景需要实时绘制，大量的虚拟对象需要保存、调用和更新，所以需要数据库对对象模型进行分类管理。

3. 应用系统

应用系统（Application System）是面向具体问题的软件部分，用以描述仿真的具体内容，包括仿真的动态逻辑、结构及仿真对象之间和仿真对象与用户之间的交互关系。应用系统的内容直接取决于虚拟现实系统的应用目的。

4. 几何构造系统

几何构造系统（Geometrical Structural System）提供了描述仿真对象的物理特性（外形、颜色、位置）的信息。然后，虚拟现实系统中的应用系统在生成虚拟境界时，要使用和处理这些信息。

值得注意的是不同类型的虚拟现实系统，采用的设备是不一样的。如沉浸式系统，其主要设备包括个人计算机（PC）、头盔显示器、数据手套和头部跟踪器、屏幕、三维立体声音设备。实景仿真器用于完成虚拟世界的产生和处理功能，输入设备将用户输入的信息传递给虚拟现实系统，并允许用户在虚拟环境中改变自己的位置、视线方向和视野，也允许改变虚拟环境中虚拟物体的位置和方向，而输出设备是由虚拟系统把虚拟环境综合产生的各种感官信息输出给用户，使用户产生一种身临其境的逼真感。

1.2 虚拟现实系统的类型

虚拟现实已经成为未来科技发展的趋势，也将是未来发展又一个新领域，虚拟现实将为人类带来全新的视觉感受和体感认知，通过沉浸式交互让人分不清哪是现实世界、哪是虚拟世界。虚拟现实系统按其功能分为沉浸式虚拟现实系统、桌面式虚拟现实系统和分布式虚拟现实系统 3 种类型。

1.2.1 沉浸式虚拟现实系统

沉浸式虚拟现实（Immersive VR，IVR）系统是一套比较复杂的系统。沉浸式虚拟现实系统的体系结构如图 1.3 所示，它提供完全沉浸的体验，使用户有一种完全置身于虚拟世界之中的感觉。它通常采用头盔式显示器、洞穴式立体显示等设备，把参与者的视觉、听觉和其他感觉封闭起来，并提供一个新的、虚拟的感觉空间，利用空间位置跟踪定位设备、数据手套、其他手控输入设备、声音设备等，使得参与者产生一种完全投入并沉浸于其中的感觉，是一种较理想的 VR 系统。

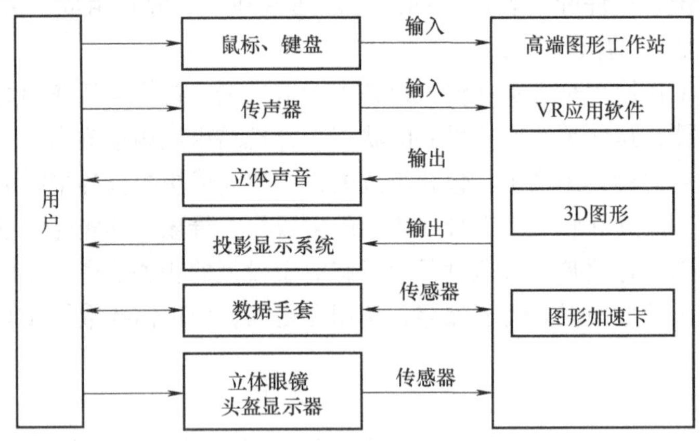

图 1.3　沉浸式虚拟现实系统的体系结构

这种系统的优点是用户可以完全沉浸到虚拟世界中去，缺点是系统设备价格昂贵，难以普及推广。常见的沉浸式系统有基于头盔式显示器的系统、投影式虚拟现实系统。

1. 沉浸式虚拟现实系统的特点

（1）高度的实时性　用户改变头部位置时，跟踪器即时监测并送入计算机处理，快速生成相应场景。为使场景能平滑地连续显示，系统必须具备较小延迟，包括传感器延迟和计算延迟等。

（2）高度的沉浸感　沉浸式 VR 系统采用多种输入与输出设备来营造一个虚拟的世界，并使用户沉浸于其中，同时还可以使用户与真实世界完全隔离，不受外面真实世界的影响。

（3）具有强大的软硬件支持。

（4）并行处理能力　用户的每一个行为都和多个设备综合有关。如手指指向一个方向，会同时激活 3 个设备：头部跟踪器、数据手套及语音识别器，产生 3 个事件。

（5）良好的系统整合性　在虚拟环境中，硬件设备相互兼容，与软件协调一致地工作，互相作用，构成一个虚拟现实系统。

2. 沉浸式虚拟现实系统的类型

常见的沉浸式 VR 系统有基于头盔式显示器或投影式 VR 系统和遥在系统：①基于头盔式显示器或投影式 VR 系统是采用头盔式显示器或投影式显示系统来实现完全投入，它把现实世界与之隔离，使参与者从听觉到视觉都能投入到虚拟环境中去。②遥在系统是一种远程控制形式，常用于 VR 系统与机器人技术相结合的系统。在网络中，当在某处的操作人员操作一个 VR 系统时，其结果却在很远的另一个地方发生，这种系统需要一个立体显示器和两台摄像机以生成三维图像，这种环境使得操作人员有一种深度沉浸的感觉，因而在观看虚拟世界时更清晰。有时候操作人员可以戴一个头盔式显示器，它与远程网络平台上的摄像机相连接，输入设备中的空间位置跟踪定位设备可以控制摄像机的方向、运动，甚至可以控制自动操纵臂或机械手，自动操纵臂可以将远程状态反馈给操作员，使得他可以精确地定位和操纵该自动操纵臂。一般可将沉浸式虚拟现实系统细分成5类。

（1）头盔式虚拟现实系统　采用头盔显示器实现单用户的立体视觉、听觉输出，使其完全沉浸在场景中。

（2）洞穴式虚拟现实系统　该系统是基于多通道视景同步技术和立体显示技术空间里的投影可视协同环境，可供多人参与，而且所有参与者均沉浸在一个被立体投影画面包围的虚拟仿真环境中，借助相应的虚拟现实交互设备，获得身临其境和6个自由度的交互感受。

（3）座舱式虚拟现实系统　该系统是一个安装在运动平台上的飞机模拟座舱，用户坐在座舱内，通过操纵和显示仪表完成飞行、驾驶等操作。用户可从“窗口”观察到外部景物的变化，感受到座舱的旋转和倾斜运动，置身于一个能产生真实感受的虚拟世界里。该系统目前主要用于飞行和车辆驾驶模拟。

（4）投影式虚拟现实系统　该系统采用一个或多个大屏幕投影来实现大画面的立体的视觉和听觉效果，使多个用户同时产生完全投入的感觉。

（5）远程存在系统　用户可以通过计算机和网络获得足够的感觉现实和交互反馈，有如身临其境一般，并可以对现场进行遥操作。

1.2.2　桌面式虚拟现实系统

桌面式虚拟现实（Desktop VR，DVR）系统是利用个人计算机和低级工作站进行仿真，采用立体图形、自然交互等技术产生三维立体空间的交互场景，再利用计算机的屏幕作为观察虚拟世界的一个窗口，通过各种输入设备实现与虚拟世界的交互。

桌面式虚拟现实系统一般要求参与者使用空间位置跟踪定位设备和其他输入设备，如数据手套、6个自由度的三维空间鼠标、操纵杆等设备，使用户坐在监视器前便可通过计算机屏幕观察360°范围内的虚拟世界。在桌面式虚拟现实系统中，计算机的屏幕是用户观察虚拟世界的一个窗口，在一些VR工具软件的帮助下，参与者可以在仿真过程中进行各种设计。使用的硬件设备主要是立体眼镜和一些交互设备（如数据手套、空间位置跟踪定位设备等）。立体眼镜用来观看计算机屏幕中虚拟三维场景的立体效果，它所带来的立体视觉能使用户产生一定程度的沉浸感。有时为了增强桌面式系统的效果，在桌面式系统中还可以加入专业的投影设备，以达到增大屏幕观看范围的目的。

桌面式系统具有以下主要特点：①对硬件要求极低，有时只需要计算机或是增加数据手套、空间位置跟踪定位设备等。②缺少完全沉浸感，参与者不完全沉浸，因为即使戴上立体眼镜，仍然会受到周围现实世界的干扰。③应用比较普遍，成本低，而且它也具备了沉浸式虚拟现实系统的一些技术要求。作为开发者和应用者来说，从成本等角度考虑，采用桌面式技术往往被认为是从事虚拟现实研究工作的必经阶段。

常见的桌面式系统工具有全景技术软件QuickTime VR、虚拟现实建模语言VRML、网络三维互动Cult3D、Java3D等，主要用于CAD（计算机辅助设计）、CAM（计算机辅助制造）、建筑设计、桌面游戏等领域。通过各种输入设备便可与虚拟环境进行交互，这些外部设备包括鼠标、追踪球、力矩球等。这种系统的优点是结构简单、价格低廉、易于普及推广，缺点是缺乏真实的现实体验。桌面式虚拟现实系统的体系结构如图1.4所示。

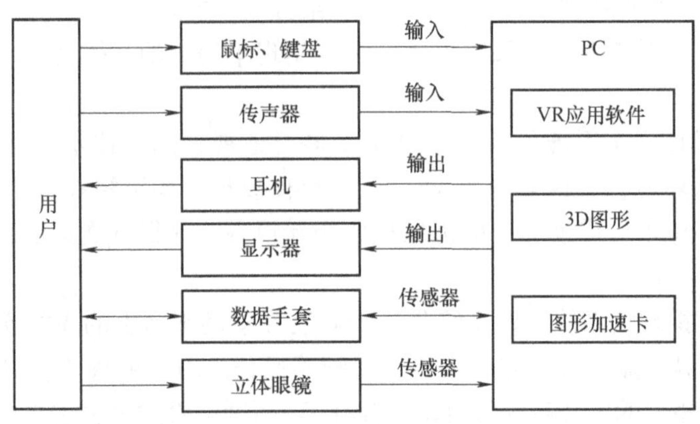

图 1.4　桌面式虚拟现实系统的体系结构

桌面式虚拟现实系统虽然缺乏类似头盔显示器那样的沉浸效果，但它已经具备虚拟现实技术的要求，并兼有成本低、易于实现等特点，因此目前应用较为广泛。例如，高考结束的学子们可以足不出户，利用桌面式虚拟现实系统便可参观和选择未来的大学，如虚拟实验室、虚拟教室、虚拟校园等。桌面式虚拟现实技术示例如图 1.5 所示。

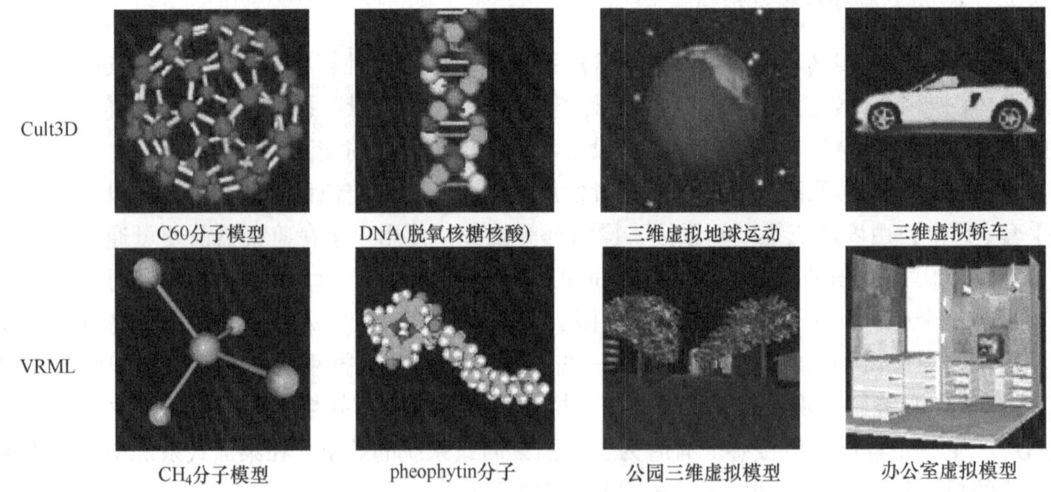

图 1.5　桌面式虚拟现实技术示例

1.2.3　分布式虚拟现实系统

分布式虚拟现实（Distributed VR，DVR）系统是基于网络，可供异地多用户同时参与的分布虚拟环境。即它可将异地的不同用户连接起来，共享一个虚拟空间，多个用户通过网络对同一虚拟世界进行观察和操作，达到共享信息、协同工作的目的。例如，异地的医科学生可以通过网络对虚拟手术室中的病人进行外科手术。DVR 系统的目标是在沉浸式 VR 系统的基础上，将地理上分布的多个用户或多个虚拟世界通过网络连接在一起，使每个用户同时加入到一个虚拟空间里（真实感三维立体图形、立体声），通过联网的计算机与其他用户进行交互，共同体验虚拟经历，以达到协同工作的目的，它将虚拟提升到了一个更高的境界。

1. 分布式虚拟现实系统的特点

（1）共享的虚拟工作空间。

（2）伪实体的行为真实感。

（3）支持实时交互，共享时钟。

（4）多用户相互通信。

（5）资源共享并允许网络上的用户对环境中的对象进行自然操作和观察。

2. 分布式虚拟现实系统的设计和实现应考虑的因素

（1）网络宽带的发展和现状　当用户增加时，网络延迟就会出现，带宽的需求也随之增加。

（2）先进的硬件和软件设备　为了减少传输延迟，增加真实感，功能强大的硬件和软件设备是必需的。

（3）分布机制　它直接影响系统的可扩充性，常用的消息发布方法为广播、多播和单播。其中多播机制允许不同大小的组在网上通信，为远程会议系统提供一对多、多对多的消息发布服务。

（4）可靠性　在增加通信带宽和减少延迟这两个方面进行折中时，必须考虑通信的可靠性问题。但可靠性的提高往往造成传输速度的减慢，因此要适可而止，这样才能既满足我们对可靠性的要求，又不影响传输速度。

3. 分布式虚拟现实系统的分类

根据分布式虚拟现实系统中所运行的共享应用系统的个数，可以把它分为集中式结构和复制式结构两种。

（1）集中式结构　集中式结构是指在中心服务器上运行一个共享应用系统，该系统可以是会议代理或对话管理进程，中心服务器对多个参加者的输入和输出操作进行管理，允许多个参加者信息共享。集中式结构的优点是：结构简单，同时由于同步操作只在中心服务器上完成，因而比较容易实现。缺点是：由于输入和输出都要对其他所有的工作站广播，因此对网络通信带宽有较高的要求；所有的活动都要通过中心服务器来协调，当参加者人数较多时，中心服务器往往会成为整个系统的瓶颈；另外，由于整个系统对网络延迟十分敏感，并且高度依赖于中心服务器，所以这种结构的系统坚固性不如复制式结构。

（2）复制式结构　复制式结构是指在每个参加者所在的计算机上复制中心服务器，这样每个参加者进程都有一份共享的应用系统。中心服务器接收来自于其他工作站的输入信息，并把信息传送到运行在本地应用系统中，由应用系统进行所需的计算并产生必要的输出。优点是：所需网络带宽较小；由于每个参加者只与应用系统的局部备份进行交互，所以交互式响应效果好；在局部主机上生成输出，简化了异种机环境下的操作。缺点是：比集中式结构复杂，在维护共享应用系统中的多个备份的信息或状态一致性方面比较困难，需要有控制机制来保证每个用户得到相同的输入事件序列，以实现共享应用系统中所有备份的同步，并且用户接收的输出应具有一致性。

利用分布式虚拟现实系统可以创建多媒体通信、设计协作系统、实景式电子商务、网络游戏和虚拟社区应用系统。

1.3 虚拟现实的主要研究对象

概括地说，虚拟现实的研究都是围绕以下5个基本问题展开的。随着其应用已渗透到我们生活的各个层面，也注定了虚拟现实技术必将对人类社会的发展起到积极的推动作用。

1. 虚拟环境表示的准确性

为使虚拟环境与客观世界相一致，需要对其中种类繁多、构形复杂的信息做出准确、完备的描述。同时，需要研究高效的建模方法，重建其演化规律以及虚拟对象之间的各种相互关系与相互作用。

2. 虚拟环境感知信息合成的真实性

抽象的信息模型并不能直接为人类所直接感知，这就需要研究虚拟环境的视觉、听觉、力觉和触觉等感知信息的合成方法，重点解决合成信息的高保真性和实时性问题，以提高沉浸感。

3. 人与虚拟环境交互的自然性

合成的感知信息实时地通过界面传递给用户，用户根据感知到的信息对虚拟环境中事件和态势做出分析和判断，并以自然方式实现与虚拟环境的交互。这就需要研究基于非精确信息的多通道人机交互模式和个性化的自然交互技术等，以提高人机交互效率。

4. 实时显示问题

尽管从理论能够建立起高度逼真的、实时漫游的VR，但至少现在还达不到这样的水平。这种技术需要强有力的硬件条件作为支撑，如速度极快的图形工作站和三维图形加速卡，但目前即使是最快的图形工作站也不能产生十分逼真同时又是实时交互的VR。其根本原因是因为引入了用户交互，需要动态生成新的图形时就不能达到实时要求，从而不得不降低图形的逼真度以减少处理时间，这就是所谓的景物复杂度问题。

5. 图形生成问题

图形生成是虚拟现实的重要瓶颈，虚拟现实最重要的特性是人可以在随意变化的交互控制下感受到场景的动态特性，换句话说，虚拟现实系统要求随着人的活动（位置、方向的变化）即时生成相应的图形画面。

本质上，上述5个问题的解决使得用户能够身临其境地感知虚拟环境，从而达到探索、认识客观事物的目的。

1.4 虚拟现实的应用领域

虚拟现实的应用范围很广，诸如国防、建筑设计、工业设计、培训、医学领域等。Helsel与Doherty早在1993年就对全世界范围内已经进行的805项VR研究项目做了统计，结果表明：VR技术在娱乐、教育及艺术方面的应用占据主流，达21.4%，其次是军事与航空方面达12.7%，医学方面达6.13%，机器人方面占6.21%，商业方面占4.96%；另外，在可视化计算、制造业等方面也有相当的比重。这种格局至今未变，只是其在医学领域略有提升。下面简要介绍其部分应用。

1. 医学领域

虚拟现实技术和现代医学的飞速发展以及两者之间的融合使得虚拟现实技术已开始对生物医学领域产生重大影响，目前正处于应用虚拟现实的初级阶段，其应用范围包括从建立合成药物的分子结构模型到各种医学模拟，以及进行解剖和外科手术教育等。

2. 娱乐和艺术领域

丰富的感觉能力与 3D 显示环境使得 VR 成为理想的视频游戏工具。由于在娱乐方面对 VR 的真实感要求不是太高，故近些年来 VR 在该方面发展最为迅猛。作为传输显示信息的媒体，VR 在未来艺术领域方面所具有的潜在应用能力也不可低估。

3. 军事与航天工业领域

利用 VR 可以轻松模拟战场环境，取代真实的演习场景，能够节约大量资金，而且更加便捷、安全。例如，美国国防部高级研究计划局（DARPA）自 20 世纪 80 年代起就致力于研究名为 SIMNET 的虚拟战场系统，以提供坦克协同训练，该系统目前可连接 200 多台模拟器。另外，利用 VR 可模拟零重力环境，以代替现在非标准的水下训练宇航员的方法。

4. 管理工程领域

VR 在工程的规划设计、招投标、施工方案选择以及施工过程控制、可视化计算、灾害防治等方面显示出了无与伦比的优越性。

5. 室内设计领域

虚拟现实不仅仅是一个演示媒体，而且还是一个设计工具。它以视觉形式反映了设计者的思想，把构思变成看得见的虚拟物体和环境。

6. 房产开发领域

随着房地产行业竞争的加剧，传统的展示手段如平面图、表现图、沙盘、样板房等已经远远无法满足消费者的需要。因此，敏锐把握市场动向、果断启用最新的技术并迅速转化为生产力，方可以领先一步，击溃竞争对手。

7. 工业仿真领域

虚拟现实已经被世界上一些大型企业广泛地应用到工业的各个环节，对企业提高开发效率，加强数据采集、分析、处理能力，减少决策失误，降低企业风险起到了重要的作用。虚拟现实技术的引入，将使工业设计的手段和思想发生质的飞跃，更加符合社会发展的需要，可以说在工业设计中应用虚拟现实技术是可行且必要的。

8. 文物古迹领域

虚拟现实技术结合网络技术，可以将文物的展示、保护提高到一个崭新的阶段。虚拟现实技术可以推动文博行业更快地进入信息时代，实现文物展示和保护的现代化。

9. 游戏领域

三维游戏既是虚拟现实技术的重要应用方向之一，也为虚拟现实技术的快速发展起到了巨大的需求牵引作用。可以说，电子游戏自产生以来，一直都在朝着虚拟现实的方向发展，虚拟现实技术发展的最终目标已经成为三维游戏工作者的崇高追求。随着三维技术的快速发展和软硬件技术的不断进步，在不远的将来，真正意义上的虚拟现实游戏必将为人类娱乐、教育和社会的经济发展做出新的更大的贡献。

10. 城市规划和道路桥梁领域

城市规划一直是对全新的可视化技术需求最为迫切的领域之一，虚拟现实技术可以广泛地应用在城市规划的各个方面，并带来切实且可观的利益。虚拟现实技术在道路桥梁、高速公路与桥梁建设中也得到了应用。

11. 地理领域

应用虚拟现实技术，将三维地面模型、正射影像和城市街道、建筑物及市政设施的三维立体模型融合在一起，再现城市建筑及街区景观，用户在显示器上可以很直观地看到生动逼真的城市街道景观，可以进行诸如查询、量测、漫游、飞行浏览等一系列操作，满足数字城市技术由二维地理信息系统（GIS）向三维虚拟现实的可视化发展需要，为城建规划、社区服务、物业管理、消防安全、旅游交通等提供可视化空间地理信息服务。

12. 教育领域

虚拟现实应用于教育领域是教育技术发展的一个飞跃。它营造了“自主学习”的环境，由传统的“以教促学”的学习方式代之为学习者通过自身与信息环境的相互作用来得到知识、技能的新型学习方式。

1.5 虚拟现实的发展和现状

1.5.1 虚拟现实技术的发展历程

虚拟现实技术的发展和应用基本上可以分为 3 个阶段：第一阶段是 20 世纪 50 年代至 70 年代，属于探索阶段；第二阶段是 20 世纪 80 年代初至 80 年代末，属于虚拟现实技术基本概念的逐步形成阶段；第三阶段是从 20 世纪 90 年代初至今，属于虚拟现实技术全面发展阶段。

1. 虚拟现实技术的探索阶段

美国是虚拟现实技术研究和应用的发源地，早在 1956 年 Morton Heileg 就开发出了一个名为 Sensorama 的摩托车仿真器，Sensorama 具有三维显示及立体声效果，能产生振动和风吹的感觉。1965 年，Sutherland 在一篇名为“终极的显示”论文中首次提出了包括具有交互图形显示、力反馈设备以及声音提示的虚拟现实系统的基本思想，从此，人们正式开始了对虚拟现实系统的研究探索历程。在虚拟现实技术发展史上一个重要的里程碑是在 1968 年，美国“计算机图形学之父”Ivan Sutherland 在哈佛大学组织开发了第一个计算机图形驱动的头盔显示器及头部位置跟踪系统。在一个完整的头盔显示系统中，用户不仅可以看到三维物体的线框图，还可以确定三维物体在空间的位置并通过头部运动从不同视角观察三维场景的线框图。在当时的计算机图形技术水平下，Ivan Sutherland 取得的成就是非凡的。目前，在大多数虚拟现实系统中都能看到 HMD 的影子，因而，许多人认为 Ivan Sutherland 不仅是“计算机图形学之父”，而且还是“虚拟现实技术之父”。

2. 虚拟现实技术基本概念的逐步形成阶段

基于从 20 世纪 60 年代以来所取得的一系列成就，美国的 Jaron Lanier 在 20 世纪 80 年代末正式提出了“Virtual Reality”一词。20 世纪 80 年代，美国宇航局（NASA）及美国国防部组织了一系列有关虚拟现实技术的研究，并取得了令人瞩目的研究成果，从而引起人们对虚拟现实技术的广泛关注。这一时期出现了两个比较典型的虚拟现实系统——即 VIDEOPLACE 与 VIEW 系统：VIDEOPLACE 是由 M. W. Krueger 设计的，它是一个计算机生成的图形环境，在该环境中参与者看到本人的图像投影在一个屏幕上，通过协调计算机生成的静物属性及动体行为，可使它们实时地响应参与者的活动；VIEW 系统是 NASA Ames 实验中心研制的第一个进入实际应用的虚拟现实系统，当 1985 年 VIEW 系统的雏形在美国 NASA Ames实验中心完成时，该系统以低廉的价格以及让参与者有“真实体验”的效果引起有关专家的注意。

随后，VIEW 系统又装备了数据手套、头部跟踪器等硬件设备，还提供了语音、手势等交互手段，使之成为一个名副其实的虚拟现实系统。目前，大多数虚拟现实系统的硬件体系结构大都由 VIEW 发展而来，由此可见 VIEW 在虚拟现实技术发展过程中的重要作用。VIEW 的成功对虚拟现实技术的研制者是一个很大的鼓舞，并引起了世人的极大关注。

3. 虚拟现实技术全面发展阶段

这一阶段可以说是虚拟现实技术从研究转向应用的全面发展时期。进入 20 世纪 90 年代，迅速发展的计算机硬件技术与不断改进的计算机软件系统相匹配，使得基于大型数据集合的声音和图像的实时动画制作成为可能；人机交互系统的设计不断创新，新颖、实用的输入输出设备不断地进入市场。而这些都为虚拟现实系统的发展打下了良好的基础。可以看出，正是因为虚拟现实系统极其广泛的应用领域，如娱乐、军事、航天、设计、生产制造、信息管理、商贸、建筑、医疗保险、危险及恶劣环境下的遥操作、教育与培训、信息可视化以及远程通信等，人们对迅速发展中的虚拟现实系统的广阔应用前景充满了憧憬。

1.5.2　虚拟现实技术的研究现状

VR 技术领域几乎是所有发达国家都在大力研究的前沿领域，它的发展速度非常迅猛。基于 VR 技术的研究主要有 VR 技术与 VR 应用两大类。

1. 美国

美国 VR 技术的研究水平基本上代表了国际 VR 技术发展的水平，它是全球研究开展最早、研究范围最广的国家，其研究内容几乎涉及从新概念发展（如 VR 的概念模型）、单项关键技术（如触觉反馈）到 VR 系统的实现及应用等有关 VR 技术的各个方面。

2. 欧洲

欧洲的 VR 技术研究主要由欧共体的计划支持，英国、德国、瑞典、荷兰、西班牙等国家都积极进行了 VR 技术的开发与应用。下面主要介绍英国和德国的研究情况。

1）英国在 VR 技术的研究与开发的某些方面如分布式并行处理、辅助设备（触觉反馈设备等）设计、应用研究等，在欧洲是领先的。

2）德国则以德国 FhG-IGD 图形研究所和德国计算机技术中心（GMD）为代表，它主要从事虚拟世界的感知、虚拟环境的控制和显示、机器人远程控制、VR 在空间领域的应用、宇航员的训练、分子结构的模拟研究等。德国的计算机图形研究所（IGD）测试平台，主要用于评估 VR 技术对未来系统和界面的影响，向用户和生产者提供通向先进的可视化、模拟技术和 VR 技术的途径。

3. 亚洲

在亚洲，日本的 VR 技术研究发展十分迅速，同时韩国、新加坡等国家也积极开展了 VR 技术方面的研究工作。在当前实用 VR 技术的研究与开发中，日本是居于领先位置的国家之一。它主要致力于建立大规模 VR 知识库的研究，另外在 VR 游戏方面的研究也做了很多工作，但日本大部分 VR 硬件是从美国进口的。

总之，VR 是一项投资大、难度高的科技领域。和一些发达国家相比，我国 VR 技术研究始于 20 世纪 90 年代初，相对其他国家来说起步较晚，技术上有一定差距，但这已引起我国政府有关部门和科学家们的高度重视，他们及时根据我国的国情制定开展了 VR 技术的研究计划。与此同时，国内一些重点高等院校如浙江大学、北京航空航天大学、中国医科大学等，已积极投入到这一领域的研究工作中，并先后建立起省级和国家级虚拟仿真实验教学中心。

1.5.3 虚拟现实技术的发展趋势

实际上，虚拟现实技术可以追溯到 20 世纪八九十年代，当时虽然还没有消费虚拟现实产品出现，但全球很多学术机构和军方研究实验室都在研发这一尖端技术。如今，现代虚拟现实技术的出现和当初 PC 从实验室里走出来并变成消费主流的过程非常相似——消费虚拟现实产品现在不仅有了较为合理的定价，体验质量也较高。

现阶段，全球虚拟现实领域里拥有超过 20 万个开发人员，至少上千家初创公司，虚拟现实已经不再是一个空洞的概念，现在的问题是它何时能够普及。有人最初只是一个虚拟现实的爱好者，之后变成了开发人员并最终全身心投入其中，这对于一个快速发展、进化的生态系统而言是非常重要的。

虚拟现实行业内很多初创公司获得了大量资金支持，而用户体验的转型更是吸引了媒体的关注。但实际上，真正需要人们关注的是那些处于早期阶段或“潜水”的虚拟现实初创公司。此外，通过借鉴那些已经获得投资或得到媒体关注的公司，人们更要了解在虚拟现实领域值得投资的地方在哪里。当然，给予虚拟现实行业更多的“曝光度”也十分重要，这样不仅会有更多的合作者出现，也会有更多人愿意从事这个行业。纵观 VR 的发展历程，未来 VR 技术的研究仍将延续“低成本、高性能”原则从软件、硬件两方面展开，其发展趋势主要归纳如下：

1. 动态环境建模技术

虚拟环境的建立是 VR 技术的核心内容，动态环境建模技术的目的是获取实际环境的三维数据，并根据需要建立相应的虚拟环境模型。比如眼动跟踪技术几乎没有技术上的瓶颈，一旦将屏幕贴近人的脸部，就可以清晰地观测到人眼部的运动，这意味着两者可以通过 VR 遭遇，进行眼神上的交流。这和现实生活中的情景无异，它还意味着人可以用眼睛操控电脑，用眼神取代输入设备。

2. 实时三维图形生成和显示技术

三维图形的生成技术已比较成熟，而关键是怎样“实时生成”，在不降低图形的质量和复杂程度的基础上，如何提高 VR 设备的分辨率将会是一个神奇的转折点。即分辨率高到人眼无法辨别真伪，与苹果公司倡导的 Retina 概念类似。研发出分辨率在 4K ~ 8K 之间的设备，使人们根本无法分辨出虚拟世界和真实世界的区别。

3. 新型交互设备的研制

虚拟现实技术能够实现人们自由地与虚拟世界对象进行交互，犹如身临其境，面部追踪是一个关键的技术节点。当面部识别技术完善到一定程度后，VR 真实度会再提升一个台阶。这意味着同样的场景，如果将硬件贴近面部，便可追踪和测量到面部细微的变化，也就是说，人们在 VR 场景中的交流犹如现实一样的亲切和自然。

4. 智能化语音虚拟现实建模

虚拟现实建模是一个比较繁复的过程，需要大量的时间和精力。如果将 VR 技术与智能技术、语音识别技术结合起来，可以很好地解决这个问题。我们对模型的属性、方法和一般特点的描述通过语音识别技术转化成建模所需的数据，然后利用计算机的图形处理技术和人工智能技术进行设计、导航以及评价，将模型用对象表示出来，并且将各种基本模型静态或动态地连接起来，最终形成系统模型。人工智能一直是业界的难题，其在虚拟世界也大有用武之地，良好的人工智能系统对减少乏味的人力劳动具有积极的作用。

5. 分布式虚拟现实技术的展望

分布式虚拟现实是今后虚拟现实技术发展的重要方向。随着互联网应用的普及，一些面向互联网的数字视频特效（Digital Video Effect，DVE）的应用使得位于世界各地的多个用户可以进行协同工作。将分散的虚拟现实系统或仿真器通过网络连结起来，采用协调一致的结构、标准、协议和数据库，形成一个在时间和空间上互相耦合的虚拟合成环境，参与者可自由地进行交互。特别是在航空航天领域，它的应用价值极为明显，因为国际空间站的参与国分布在世界不同区域，分布式 VR 训练环境不需要在各国重建仿真系统，这样不仅减少了研制经费和设备费用，还减少了人员的差旅费用以及异地生活的不适。

6. "屏幕"时代的终结

目前几乎所有的 AR 企业都致力于消除显示器和屏幕的使用。如果成为可能，头盔显示器将允许人们在任何地方看到一个虚拟的"电视"，在墙上、在手机屏幕上、在手掌上或者在面前的空气中。由此一来，再没有必要随身携带笨重的设备或将电视挂在墙上了。

7. 需要更出色的虚拟现实开发工具

虽然开发人员可以使用现有的内容开发工具和工作流，但如果虚拟现实想要真正发展起来，必须要用更简单、更高效的方法创建出合适的虚拟现实体验，这也是风投开始投资虚拟现实开发工具和平台的原因。虚拟现实是一个新媒介，开发工具越强大，那么在这一领域里就越容易出现下一个"公民凯恩""超级马里奥兄弟"和"Microsoft Office"。

8. 内容的实现

虚拟现实内容目前远没有饱和，因此竞争难度也相对较小，除了可以开发优秀的产品之外，构建新内容品牌和知识产权也将会成为新的趋势。未来，传统的游戏和内容工作室可能将被虚拟现实游戏和内容工作室所取代。不过，也不是说简单转型到虚拟现实就能获得风投的青睐，优秀的产品和团队依然是至关重要的因素。

9. 虚拟现实绝不仅是娱乐或游戏

虚拟现实能带来更具沉浸感的游戏和叙事，也更容易吸引玩家和用户。但它不仅适用于游戏或娱乐，这种深度沉浸感同样能在教育、医疗、设计、通信等行业领域内应用，特别在某些特殊工作中，虚拟现实能够提供逼真的视角和体验，这是过去任何一种媒介所无法实现的。可以说，虚拟现实绝不仅是一种改变游戏行业的技术，更是一种改变人类生活的技术。

10. 虚拟现实原生输入设备将改变一切

过去虚拟现实开发人员广泛使用的设备主要是头戴式显示器（HMD），而没有特别的虚拟现实输入设备。不过这种现象目前发生了改变，HTC 推出了 Vive 虚拟现实头盔产品，配套了手部追踪控制器，此外 Oculus 也发布了 Oculus Touch。未来，人们可以在自己所看到的虚拟世界里，轻松地与周围环境交互。现在，越来越多的虚拟现实开发人员在探索真正的虚拟现实输入设备，这将会开启虚拟现实创造力和生产力的大门。

本章小结

虚拟现实目前已经成为计算机以及相关领域研究、开发和应用的热点，正在积极影响并改变人类生活。本章主要介绍了虚拟现实的定义、特征、系统组成、系统类型、研究对象和应用领域等基础知识以及未来发展趋势。希望通过本章内容能为后续章节的学习打下良好的理论基础。

【注释】

1. 反馈：又称回馈，是现代科学技术的基本概念之一。一般来讲，控制论中的反馈概念是指将系统的输出返回到输入端并以某种方式改变输入，进而影响系统功能的过程，即将输出量通过恰当的检测装置返回到输入端并与输入量进行比较的过程。反馈可分为正反馈和负反馈。在其他学科领域，反馈一词也被赋予了其他的含义，如传播学中的反馈、无线电工程技术中的反馈等。

2. 人机接口：是指人与计算机之间建立联系、交换信息的输入/输出设备的接口，这些设备包括键盘、显示器、打印机、鼠标等。

3. 分布式虚拟现实系统：简称 DVR，是虚拟现实系统的一种类型，是指在基于网络的虚拟环境中，位于不同物理环境位置的多个用户或多个虚拟环境通过网络相连接，或者多个用户同时参加一个虚拟现实环境，通过计算机与其他用户进行交互并共享信息。系统中，多个用户可通过网络对同一虚拟世界进行观察和操作，以达到协同工作的目的。简单地说是指一个支持多人实时通过网络进行交互的软件系统，每个用户在一个虚拟现实环境中通过计算机与其他用户进行交互并共享信息。

4. 传感器（Transducer/Sensor）：是一种检测装置，能感受到被测量的信息，并能将感受到的信息按一定规律变换成电信号或其他所需形式的信息输出，以满足信息的传输、处理、存储、显示、记录和控制等要求。

5. 引擎（Engine）：是电子平台上开发程序或系统的核心组件。利用引擎，开发者可迅速建立、铺设程序所需的功能或利用其辅助程序的运转。一般而言，引擎是一个程序或一套系统的支持部分。常见的程序引擎有游戏引擎、搜索引擎、杀毒引擎等。

6. 三维可视化：是用于显示描述和理解地下及地面诸多地质现象特征的一种工具，广泛应用于地质和地球物理学的所有领域。三维可视化是描绘和理解模型的一种手段，是数据体的一种表征形式，并非模拟技术。

7. 线框图：是整合在框架层的全部三种要素的方法：通过安排和选择界面元素来整合界面设计；通过识别和定义核心导航系统来整合导航设计；通过放置和排列信息组成部分的优先级来整合信息设计。通过把这三者放到一个文档中，线框图可以确定一个建立在基本概念结构上的架构，同时指出了视觉设计应该前进的方向。

8. 渲染（Render）：也有人把它称为着色，但一般把 Shade 称为着色，把 Render 称为渲染。因为 Render 和 Shade 这两个词在三维软件中是截然不同的两个概念，虽然它们的功能很相似，但却又不同。Shade 是一种显示方案，一般出现在三维软件的主要窗口中，和三维模型的线框图一样起到辅助观察模型的作用。

9. 漫游：是利用 OpenGL 与编程语言（VC ++）进行系统开发时实现的极其重要的功能之一，是一种对三维虚拟场景的浏览操作方式。

10. 实时交互：是指立刻得到反馈信息的交互。延时交互则需要经过一段时间才能得到反馈信息。

11. 同步技术：是调整通信网中的各种信号使之协同工作的技术。诸信号协同工作是通信网正常传输信息的基础。

12. MUD（Multiple User Domain，多用户虚拟空间游戏）：是文字网游的统称，也是最早的网络游戏，没有图形，全部用文字和字符画来构成，通常是武侠题材如著名的风云、书剑、英雄坛等。1979 年第一个 MUD（多用户土牢）多人交互操作站点建立。

第2章 虚拟现实的体系结构

导 学

内容与要求

本章介绍了基于医学虚拟现实绘制流水线的相关技术，阐述了基于PC和工作站、移动平台、一体机的虚拟现实图形体系结构，讨论了分布式虚拟现实体系结构中常见的问题和相应的网络拓扑结构。目的是帮助读者了解医学虚拟现实开发整体框架，掌握虚拟现实引擎的基本运行原理和在智能医学上的相关应用。

绘制流水线要掌握图形绘制流水线和触觉绘制流水线的原理；了解产生图形绘制流水线瓶颈的原因和相应优化方法。

图形体系结构要了解基于PC、移动平台和一体机的虚拟现实系统的构成和基于工作站的虚拟现实计算体系结构。

分布式虚拟现实体系结构要理解多流水线的同步机制；了解联合定位绘制流水线的概念；了解PC集群的应用；理解分布式虚拟现实的概念；掌握两用户分布虚拟现实环境和多用户分布式虚拟现实网络拓扑结构。

重点、难点

本章重点是图形绘制流水线和触觉绘制流水线的原理，多用户分布式虚拟现实网络拓扑结构。难点是图形绘制流水线和触觉绘制流水线的处理阶段的理解，以及基于工作站的虚拟现实计算体系结构的分析。

在虚拟现实系统中，VR引擎起着至关重要的作用，在整个系统中处于核心地位。它负责整个虚拟世界的实时渲染，用户和虚拟世界的实时交互计算等功能。在智能医学仿真中，VR引擎从医学传感器、CT等输入设备中读取人体或生物的数据，访问医学模型和医学信息数据库并执行实时计算，从而不断构建或更新虚拟医学环境状态，并把结果反馈给立体输出显示设备。VR引擎生成的虚拟世界具有高度复杂性，尤其在医学仿真等大规模复杂场景中，渲染虚拟世界所需的计算数据量巨大，如中国第一例数字化女虚拟人数据集为149.7GB。研究表明，为了实现连续平滑仿真，至少要求以24～30f/s（帧刷新率，简称帧率）的速度显示。而为了防止用户头晕不适，至少要达到60f/s。因此，VR引擎每间隔16ms就要重新构建一次虚拟世界。

在VR医学仿真过程中，要满足用户随机和多角度对医学模型的观察和对医疗环境的交互，需要不断动态创建和删除发生变化的特性，因此要求 VR 仿真具有较高的实时性和低延迟性。仿真的延迟，即用户动作与 VR 反馈之间的时间间隔大小。整个系统的仿真延迟是用户传感器延迟、传送延迟和计算显示一个 VR 新世界状态的时间的延迟之和。这要求 VR 引擎具有高速的处理器和图形加速能力。

低延迟和图形、触觉实时显示都要求 VR 引擎具有强健的计算体系结构。VR 系统结构的设计中最重要的是绘制技术。

2.1　VR 绘制流水线

在 VR 中，“绘制”表示把虚拟世界中的三维几何模型转变成二维场景展现给用户的过程。绘制流水线是指将绘制过程按照指定的次序顺序完成的操作。绘制在 VR 中不仅指视觉（图形、图像），也包括其他各种感觉，如触觉、听觉。

2.1.1　VR 视觉绘制方法

虚拟现实的视觉绘制方法有结构立体几何表示法、体数据表示法、多边形（三角形）网格表示法等。结构立体几何表示法又称体积表示法，一个复杂的物体可以被表示为基本几何体集合及它们之间的布尔运算：交、并、差。采用 3D MAX 软件中基本几何体组合成的轮椅模型，如图 2.1 所示。

体素是组成体数据的最小单位，每个体素表示了所在位置的颜色、密度等相关信息。体数据通常都由核磁共振（MRI）、X 射线断层扫描（CT）以及超声波等仪器进行扫描得到，然后保存在三维阵列存储的一系列图像的像素点上，通过三维重建算法将体数据可视化显示。体数据表示法可以探索物体的内部结构，描述非常定性的物体如肌肉、组织等，但存储量大、计算时间长。膝关节核磁共振图像如图 2.2 所示，三维重建后的膝关节模型如图 2.3 所示。

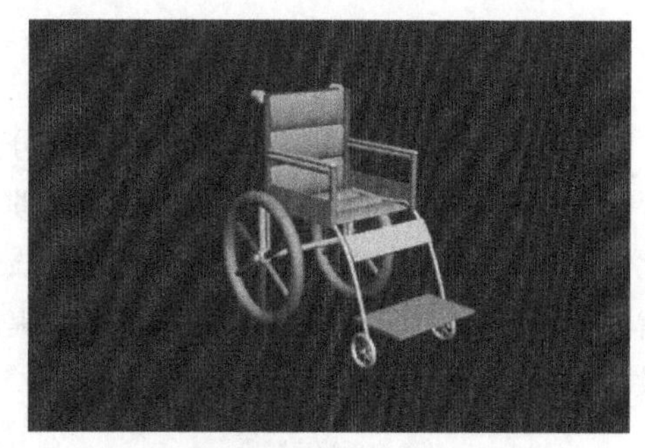

图 2.1　用结构立体几何法构建轮椅模型

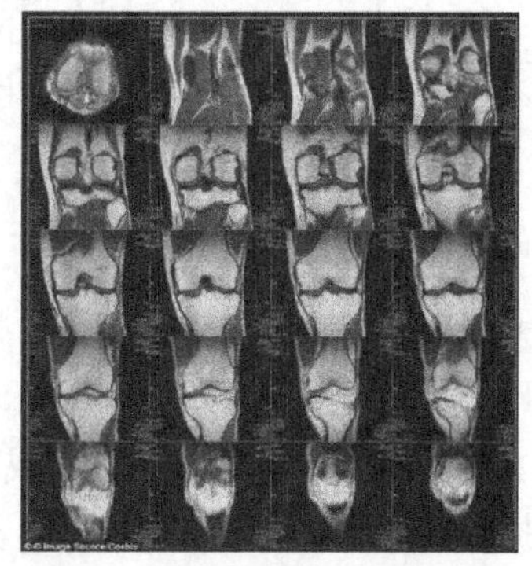

图 2.2　膝关节核磁共振图像

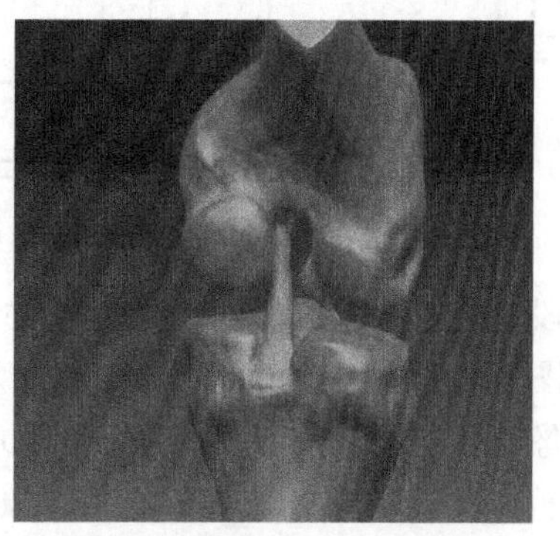

图 2.3　三维重建后的膝关节模型

多边形（三角形）网格表示法是最常见的虚拟现实三维模型表示法，即物体的立体几何信息是通过它们的边界面或包围面来表示的，而物体的边界面可以用许多单独的多边形表示，使用多边形网格法建模的三维模型如图 2.4 所示。这种方法也是目前最成熟的三维模型表示方法。改变多边形的数量可以调节物体细节的精细程度，多边形的数量越多，物体细节越真实。如图 2.5 所示，一个女性的人物模型多边形的数量从左至右依次为 100%、20% 和 4% 的效果。单位时间内处理多边形的数量也常常作为衡量一个三维图形绘制系统处理能力的指标。本章涉及的绘制技术就是以多边形网格法为基础。

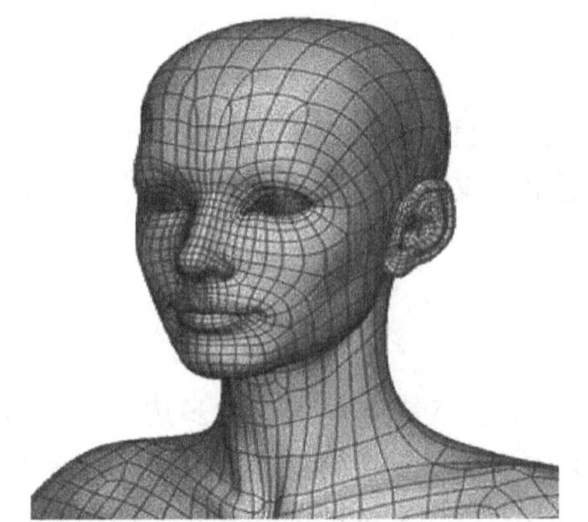

图 2.4　使用多边形网格法建模的三维模型

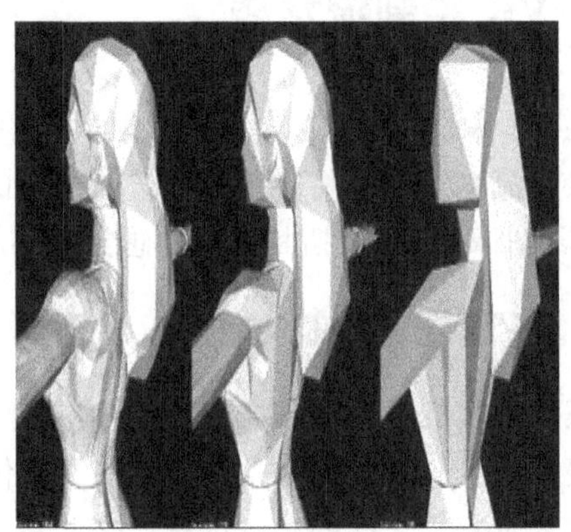

图 2.5　多边形数量对物体细节的影响

2.1.2　VR 图形流水线绘制

流水线技术是指把一个重复的过程分成若干子过程，每一个子过程可以与其他子过程并行执行，通过这种技术可以加速过程处理。由于这种工作方式与工厂的生产流水线类似，因此称作流水线工作方式。图形绘制流水线指的是把图形绘制过程划分成几个阶段，并把它们指派给不同的硬件资源并行处理，用来提高图形绘制速度。图形绘制流水线主要分为 3 个阶段，如图 2.6 所示。

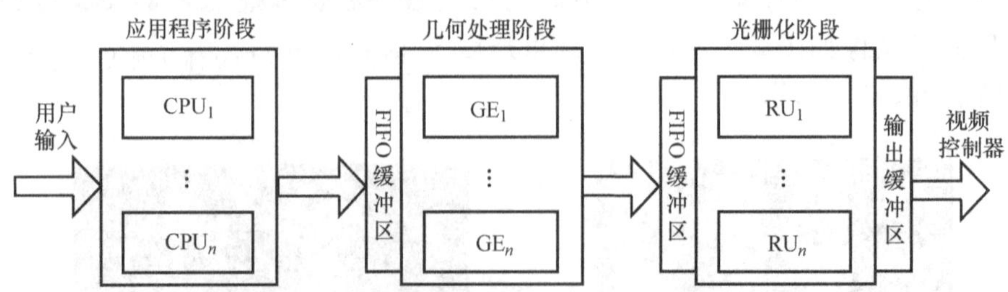

图 2.6　图形绘制流水线的 3 个阶段

第一阶段是应用程序阶段，它是用软件编程方法通过计算机 CPU 完成的，在高性能计算机中是由图形处理器（Graphic Processing Unit，GPU）完成的。GPU 又称显示芯片，是显卡中负责图像处理的运算核心，相当于 CPU 在计算机中的作用。该阶段要完成建模、加速计算、动画、人机交互响应用户输入（如鼠标、数据手套、跟踪器）等功能，还包括触觉绘制流水线一些任务。这一阶段的末端需要将绘制的内容（多边形）输入到几何处理阶段。

这些多边形都是基本图形元素（如点、线、三角形等），最终需要在输出设备上显示出来。

第二阶段是几何处理阶段。几何处理阶段通过硬件实现，由几何处理引擎（Geometry-processing Engine，GE）完成。该阶段是从三维坐标变换为二维屏幕坐标的过程，包括模型变换（坐标变换、平移、旋转和缩放等）、光照计算、场景投影、剪裁和映射。

其中光照计算子阶段的作用是为了使场景具有明暗效果，根据场景中的模拟光源的类型和数目、材料纹理、光照模型、大气效果（如烟、雾等）计算模型（通常为三角形）表面的颜色，增加场景的真实感。

场景和物体投影变换是解决如何在二维的屏幕上显示三维物体的关键步骤，常用的变换方法有正交投影和透视投影。正交投影使用一组平行投影将三维对象投影到投影平面上去，它保证平行线在变换后仍然保持平行，使物体间相对的位置保持不变，如图 2.7a 所示。透视投影使用一组由投影中心产生的放射投影线，将三维对象投影到投影平面上去。远些的物体在图像平面上的投影比近处相同大小的物体的投影要小一些（近大远小），如图 2.7b 所示。

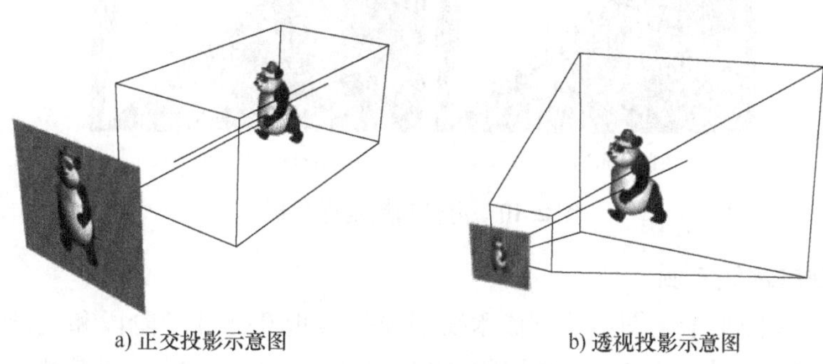

a) 正交投影示意图　　　　b) 透视投影示意图

图 2.7　正交投影和透视投影

裁剪是几何阶段一个重要的步骤。如果把人的视野当作是一个空间的锥体的话，位于视锥体以内的顶点为可见，以外的则为不可见，会被视点去除。如图 2.8 所示，摄像机观测范围外的图形都被裁剪掉了。裁剪也可以使用遮挡剔除法，比如肋骨下的脏器、口腔内侧的牙齿等。模型虽然在观察者的视野范围内，在当前时刻却不可能被看到，此时可以选择直接剔除掉这样的物体。如图 2.9 所示，被 A、B 物体遮挡的图中其他物体将不能被显示。

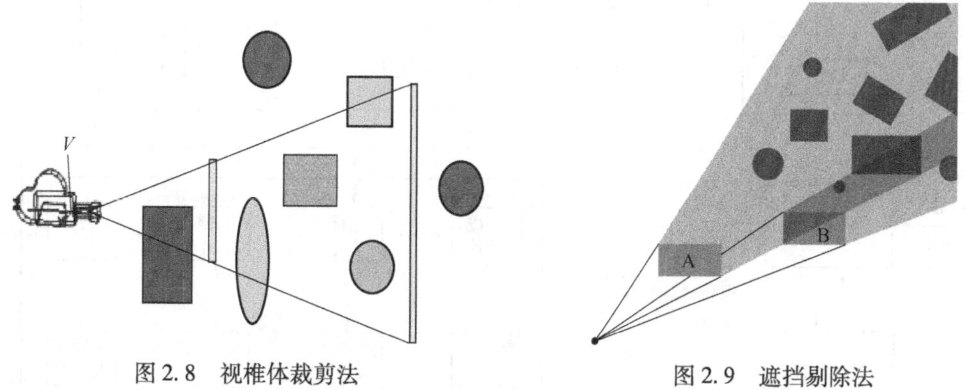

图 2.8　视椎体裁剪法　　　　图 2.9　遮挡剔除法

第三阶段是光栅化阶段。它是通过硬件实现的，由光栅化单元（Rasterizer Units，RU）完成。这一阶段把几何处理阶段输出的几何图形信息（坐标变换后加上了颜色和纹理等属性）转换成视频显示器需要的像素信息，即几何场景转化为图像。此阶段一个比较重要的功能是执行反走样。用离散的像素表示连续直线和区域边界引起的失真现象称为走样，图2. 10a表示绘制的三角形边界出现锯齿状；用于减少或消除走样的技术称为反走样，图2. 10b表示执行反走样后三角形边界变平滑了。反走样处理把图形走样的像素增加采样点，更加细分成若干子像素区域并指定相应颜色，加权平均以确定最终显示像素的颜色。使用的子像素越多，得到的图像质量越好，但光栅化阶段的计算量就越大，同时计算时间相对延长，减慢了绘制速度。因此在绘制质量和绘制时间之间需要综合考虑。

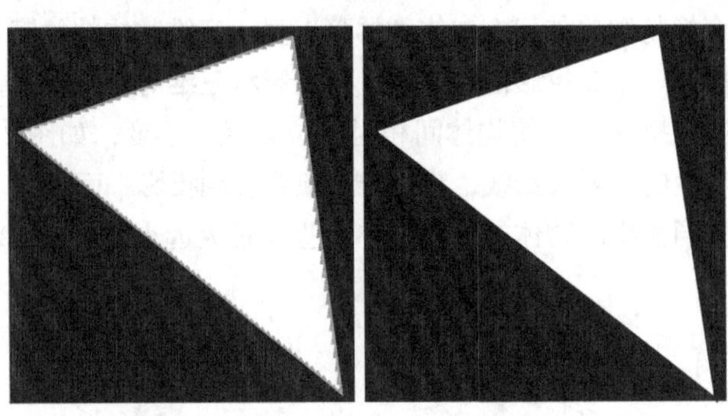

图2. 10　走样和反走样效果

1. 图形绘制流水线实例

HP Visualize fx图形卡是图形绘制流水线中硬件实现几何处理阶段和光栅化阶段的一个典型例子，如图2. 11所示。接口芯片接收系统总线传送的3D数据，然后把它们发送到几何

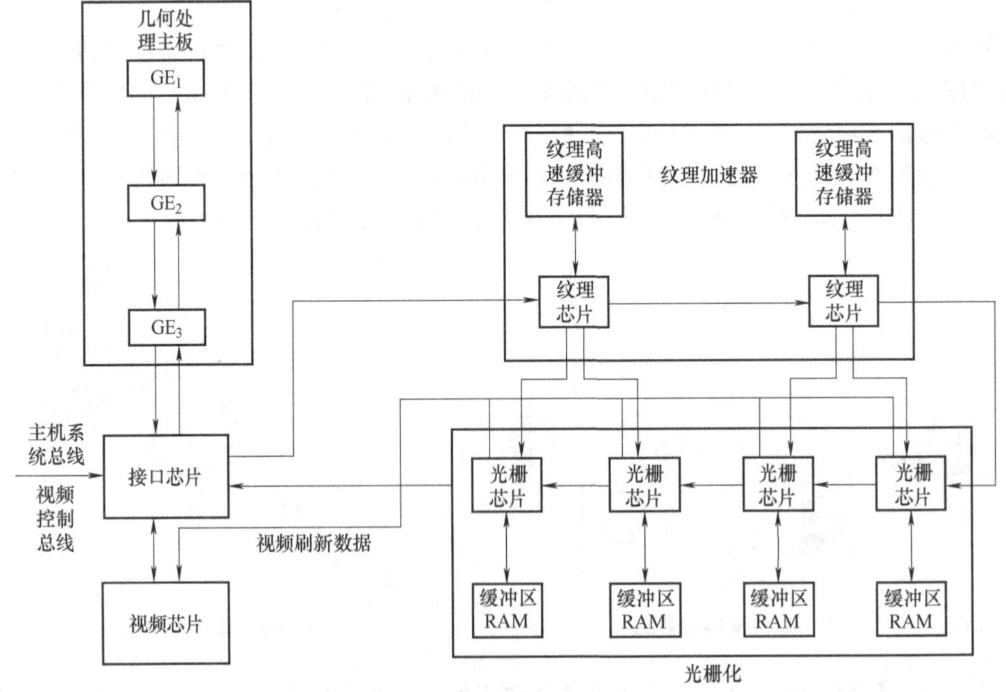

图2. 11　HP Visualize fx流水线体系结构

处理主板。接着由几何处理主板上最空闲的几何处理引擎执行相关操作，开始处理相应的三维数据，并返回结果到接口芯片。接口芯片将经过几何处理的数据发送给纹理芯片，纹理芯片负责加速纹理映射。两个纹理芯片生成透视校正结果，并把缩放后以适应几何体的纹理数据传送给光栅芯片，或存储在纹理高速缓冲存储器中。纹理高速缓冲存储器中的数据也可以被其他对象重新引用，以加快流水线处理速度。光栅化单元从纹理芯片中读取数据，把它们转换成像素信息，然后发送到帧缓冲区。最后，视频芯片把像素颜色映射成真彩色，进行数/模转换和视频同步处理，输出显示结果。

2. VR 绘制流水线和传统图形绘制流水线的区别

传统图形绘制中每一帧的绘制过程如图 2. 12 所示。VR 运行的程序由于视差的需要，对左右眼看到的画面分别绘制稍有不同的图像，所以 VR 的图形绘制流水线需要对左右眼图像各执行一次。

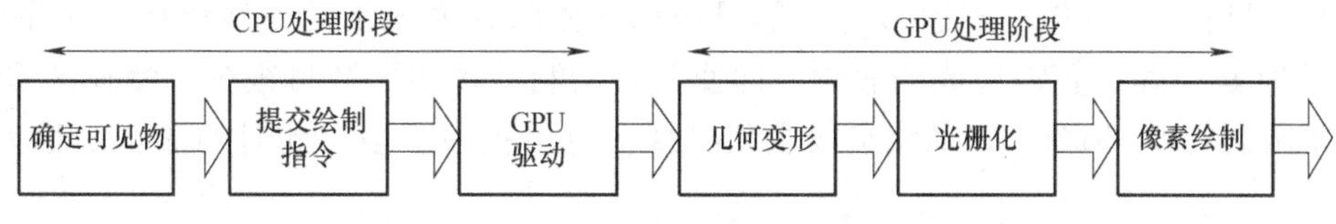

图 2. 12　传统图形绘制过程

图 2. 13 为传统图形绘制流水线，CPU 和 GPU 是并行处理的，以实现最高的硬件利用效率。但此方案并不适用于 VR，因为 VR 需要较低的和稳定的绘制延迟。GPU 必须先完成第 N + 1 帧的工作，再来处理第 N + 2 帧的工作，因而使得第 N + 2 帧产生了较高的延迟。此外，可以发现第 N 帧、第 N + 1 帧和第 N + 2 帧的绘制延迟也是不同的，一直改变的延迟会让用户产生眩晕的感觉。

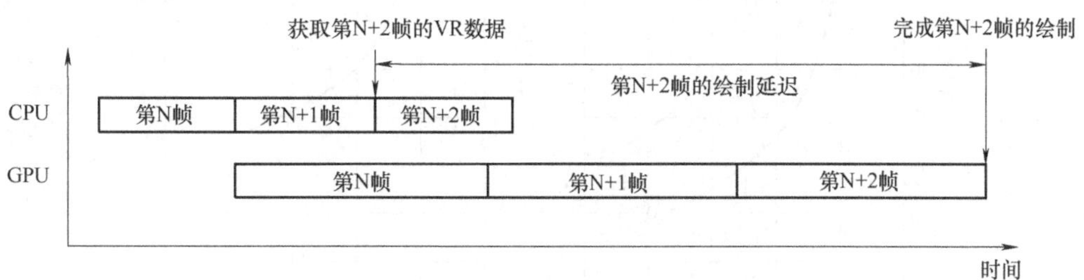

图 2. 13　传统图形绘制流水线

VR 图形绘制流水线如图 2. 14 所示，这样可以确保每帧达到最低的延迟。CPU 和 GPU

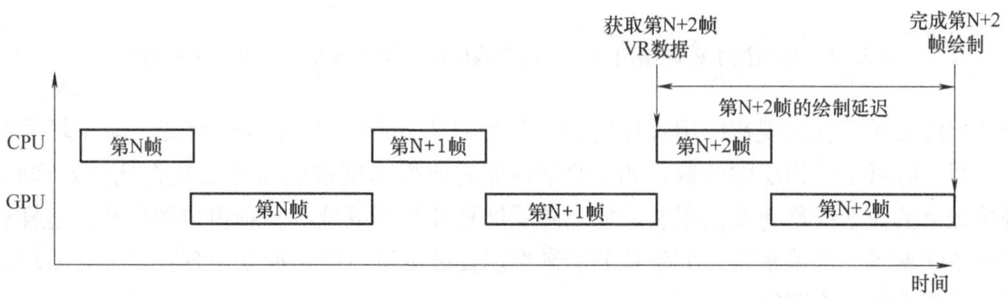

图 2. 14　VR 图形绘制流水线

不再并行计算，虽然降低了效率，但可确保每帧实现较低的和稳定的绘制延迟。在这种情况下，CPU 很容易成为 VR 的性能瓶颈，因为 GPU 必须等待 CPU 完成预备工作才能开始运行。所以 CPU 优化有助于减少 GPU 的闲置时间，提高性能。

3. 图形流水线瓶颈

流水线的速度是由最慢的部分也就是瓶颈部分决定的。只有对瓶颈部分进行特殊处理，才会提高整体效率。理想状态流水线的输出如图 2. 15a 所示，帧率总是与场景的复杂度成反比的。如果场景的复杂度降低，则帧率呈指数增长。例如，在单视场模式（平面视觉效果）下，场景复杂度从 10000 个多边形降低到 5000 个多边形时，帧率从 30f/s 提高到 60f/s。如果使用同样的流水线绘制立体场景，性能也会降低一半。例如，要达到 30f/s 帧率，单视场模式下一帧场景可以绘制 10000 个多边形，而立体模式只有 5000 左右。

以 HP 9000 图形工作站一条绘制流水线为例来讨论真实情况，如图 2. 15b 所示。图中的场景复杂度低于 3000 个多边形时，单视场和立体两种模式下的曲线都接近水平状态，这是由 CPU 运行速度较慢造成的瓶颈。即使需要绘制的多边形数目很少，慢速的 CPU 也会把帧率限制在 8 ~ 9f/s。如果流水线瓶颈出现在应用程序阶段，此时的流水线称为 CPU 限制。

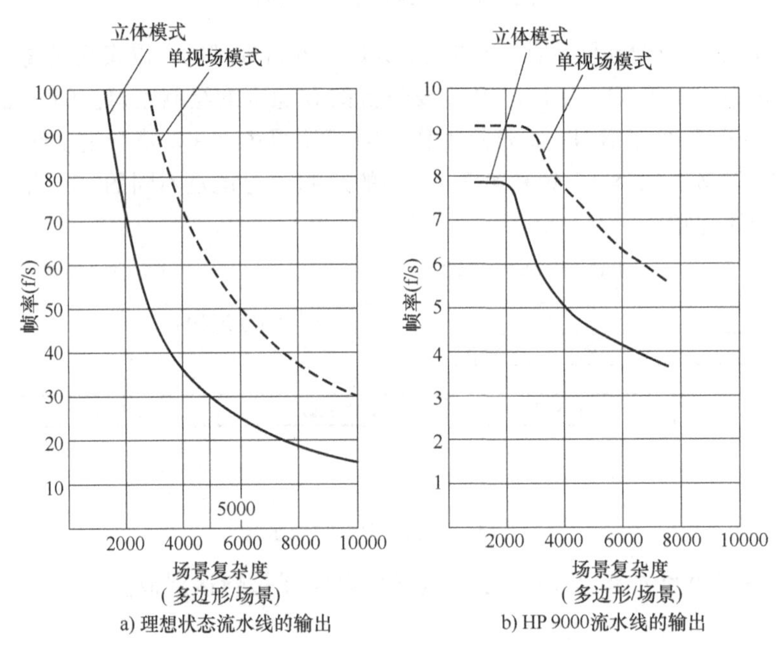

图 2. 15 理想流水线的输出与真实流水线的输出关于场景复杂度的函数对比

流水线瓶颈不仅出现在应用程序阶段。如果 CPU 和图形加速卡不改变，减少场景中光源的数目，降低了几何层的负载，如果绘制性能有所提高则表明瓶颈出现在几何处理阶段，这种情况下的流水线称为变换限制。如果降低屏幕分辨率或减小显示窗口的尺寸，这样就相应减少了需要填充的像素数，如果总的绘制性能提高则可以确定瓶颈出现在光栅化阶段，这样的流水线称为填充限制。

4. 图形流水线优化

已知流水线中瓶颈的位置后，需要采取相应的措施减少或消除绘制过程中的瓶颈，提高整体性能。这些措施称为流水线优化。

在应用程序阶段常采用的优化方法是提高 CPU 的速度，用速度较快的 CPU 取代慢速 CPU，或使用双 CPU。若不能更换当前使用的 CPU，则需要减少它的计算负载。同时在保证绘制质量的情况下可以尽量减少建模使用的多边形数目，以降低场景的复杂度。也可以通过优化仿真软件来减少应用程序阶段的负载，采用编译器或编程技巧来实现，如代码编写时要尽量少地应用除法运算。

如果流水线瓶颈出现在几何处理阶段，就需要检查分配给几何处理引擎的计算负载。虚拟场景的光照计算是一个重要的部分，可通过减少场景光源数量或更改光源类型（如用平行光源替代点光源或聚光源）等方法减少计算量。影响几何处理阶段的计算量的另一个主要因素是多边形明暗处理模式。图 2. 16a 为采用线框模式来表示人的腿骨模型，线框模式来表示三维对象最为简单，只要显示多边形的可见边即可。对于这类对象，最简单的明暗处理模式是平面明暗处理，或者称为面片明暗处理，只需把对象的一个多边形（或面）内所有的像素都赋予相同的颜色即可，如图 2. 16b 所示。这种方法简化了几何处理阶段的计算量，但显示对象表面相邻的多边形之间颜色差异较大，看起来会出现棋盘格式的明暗效果。Gouraud 明暗处理法可以获得比较自然的物体外观，如图 2. 16c 所示。这种方法不仅对每个多边形的每个顶点赋予一组色调值，将多边形填充上比较顺滑的渐变色，并且对相交的棱边做平滑处理，这样处理出来的对象的实体效果更加逼真。但是与平面明暗处理方法相比，这种方法增加了计算量。采用恰当的明暗处理算法可以优化几何处理阶段的速度，如在生成预览动画效果时，对成像的速度要求要重于细致度，就可以采用平面明暗处理而不用 Gouraud 明暗处理。

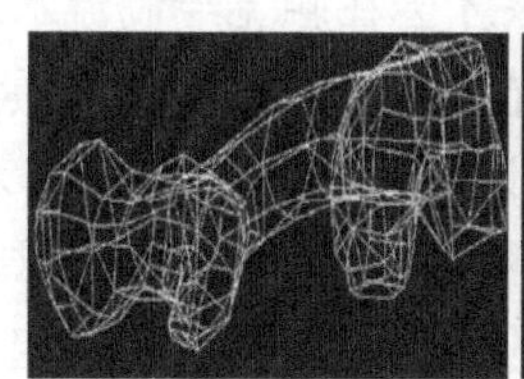
a) 线框模型

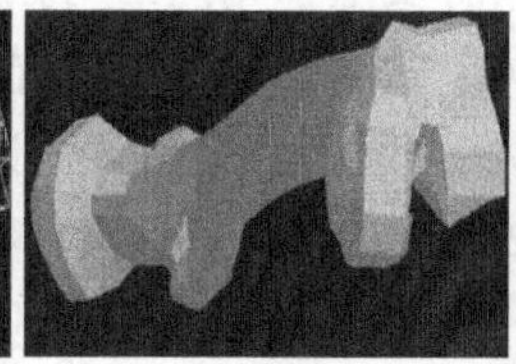
b) 平面明暗处理

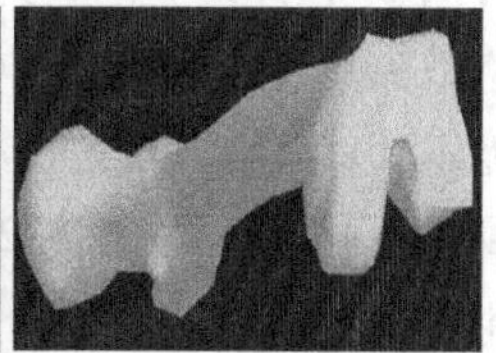
c) Gouraud明暗处理

图 2. 16　人的大腿骨模型

如果流水线的瓶颈出现在光栅化阶段，需要通过降低屏幕的分辨率或减小显示窗口的尺寸进行优化。

但需要注意的是有些优化技术是以牺牲绘制质量来提高执行速度的。如图 2. 17 所示，采用简单式光照明模式后，显示物体的真实感下降。一个优化原则是，当最慢的阶段不能再优化时，则应尽量增加其他阶段的工作量，让其速度接近最慢的阶段。因为整个系统的速度是由最慢的阶段决定的。例如，假设应用阶段为瓶颈，耗时 60ms，几何和光栅阶段耗时 30ms，那么几何和光栅阶段可利用这 60ms，采用更精致的光照模型、更复杂的阴影、更精确的显示等来提高绘制物体的真实度。

a) 采用增量式光照明的模型显示

b) 采用简单式光照明的模型显示

图 2.17　不同光源照明对物体的显示效果

2.1.3　VR 触觉流水线绘制

在现代 VR 仿真系统中存在着大量使用者和对象模型的感知交互，即对象的特征与人的行为是相互作用的。为了提高对象模型的真实感，除了视觉效果外，还需要触觉来感知物体。触觉绘制流水线的 3 个阶段，如图 2.18 所示。

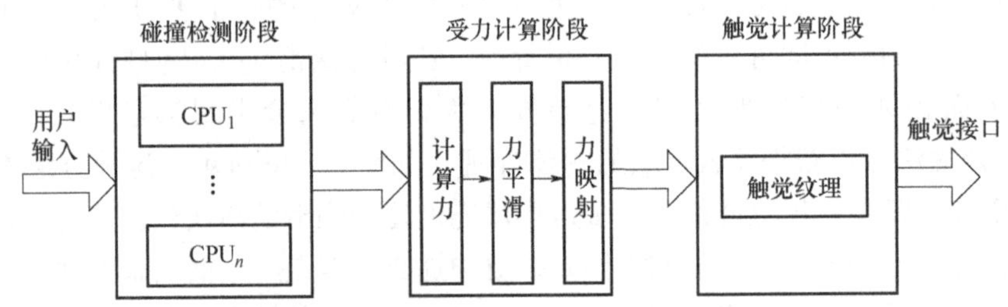

图 2.18　触觉绘制流水线的 3 个阶段

触觉绘制流水线的第一阶段主要是执行碰撞检测，确定两个（或多个）虚拟对象之间是否有接触。与图形流水线不同，只有发生了碰撞的对象才会在触觉绘制流水线中处理。这一阶段还包括从数据库中加载虚拟对象的物理特性，如光滑度、表面温度和质量等。

触觉绘制流水线的第二阶段主要是受力计算。受力计算是当用户与物体表面进行交互时，他们感觉到的反作用力。如图 2.19 所示，当手指在挤压一个虚拟弹性球时，不仅要感觉到球的反作用力，还要感觉到力的变化顺序。最简单的仿真模型基于胡克定律，即物体表面变形的程度与触点压力的大小成正比。有时还涉及阻尼力和摩擦力的模型（如触碰到一面虚拟墙时要产生突然的反馈力和墙的硬度等），它们使用户感觉到的力更加真实。力平滑和力映射也是触觉绘制流水线的第二阶段，包括的内容为：力平滑指调整力向量的方向，对力进行渐变处理来模拟与光滑的曲面表面接触时的感觉；而力映射是指把力映射成触觉显示

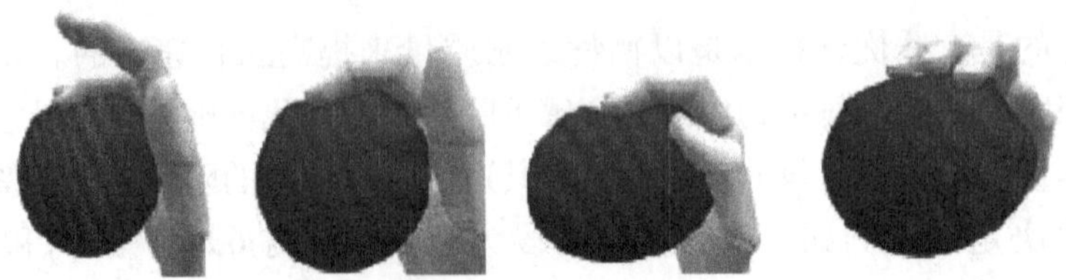

图 2.19　虚拟球在手指触碰施力过程中的变化

系统的某些特性，如力反馈手套通常映射成一只虚拟手，在计算时就要考虑虚拟手指的几何构造。

触觉绘制流水线的第三个阶段是触觉纹理，主要绘制仿真过程的接触反馈分量，以增强对象表面物理模型的真实感，如表面温度或光滑度等附加在力向量上，发送给触觉输出设备。

触觉绘制和视觉绘制的区别在于：触觉绘制对系统要求更高，实时的触觉绘制要求刷新频率至少在 1kHz 以上，而视觉绘制刷新频率为 30Hz；视觉绘制主要是为了使用计算机给人视觉的满足，只需要满足视觉逼真性，而触觉是人作为反馈者参与到系统之间，对计算模型的逼真性和稳定性有更高的要求。

对触觉的绘制常用的方法是利用电信号或振动来刺激人手的相应部位。就像 Cyber Touch 力反馈手套在指尖内侧的小震动触觉传感器可产生简单的感觉，如脉动或类似的震动；也可以复合产生复杂的触觉反馈。如图 2.20 所示，在膝关节的仿真模拟手术中，可以真实地还原手术器械在膝关节内的实时运动。系统采用磁力定位力的来源，架设固定点位的永磁铁。磁感应芯片通过特定算法得到其相对位置和旋转数据，并把数据传送给嵌入在仿真医疗器械内的高精度传感器和微型单片机。单片机对数据进行纠错、滤波、计算，并产生相应的反馈力度的电流。该技术通过不同的电流大小来控制不同的反馈力度，这样在视觉上当手术器械在虚拟环境中遇到阻力的情况下，现实的器械也会有相应的阻力触觉，手术器械在膝关节运行的虚拟仿真如图 2.21 所示。

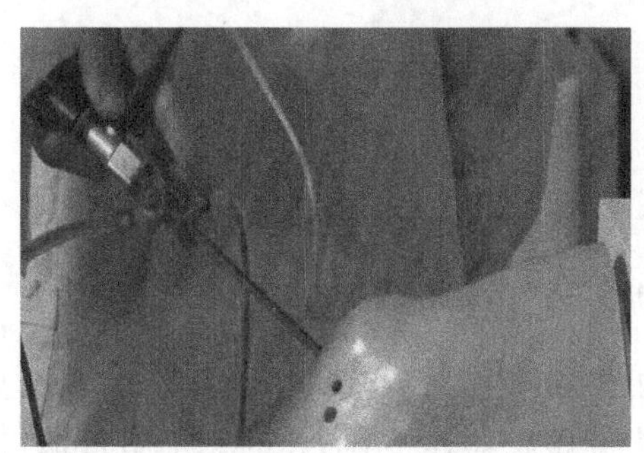

图 2.20　膝关节仿真手术

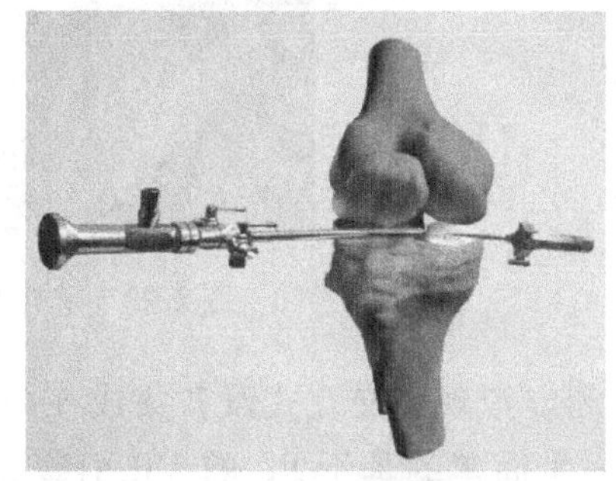

图 2.21　手术器械在膝关节运行的虚拟仿真

2.2　VR 体系结构

近年来，PC 已经成为生活和工作必备的电子设备，全球的产量已达到十几亿台，每年数量还在不断地增长，应用 PC 支持 VR 的医学仿真是最普遍和实用的方式。工作站则是继 PC 之后用得最多的计算设备，具有较强的信息处理功能和高性能的图形、图像处理功能；其主机性能配置的提升推进了 VR 医疗产品开发，也是最贴近虚拟现实概念的产品。手机等移动设备的普及也使移动端 VR 成为随时随地体验 VR 医疗最流行的平台。VR 一体机近年来更是异军突起，不仅摆脱和计算机之间线的连接，也可以集成各种医疗应用，使“VR + 智能医学”逐渐走入千家万户。

2.2.1 基于PC的体系结构

VR区别于其他电子产品在医疗上的优势在于，VR可以通过广视角的头盔显示器和交互设备为医护人员和患者提供沉浸感。画面提供的视觉上仿真的冲击是VR产品的根本。但不论是Oculus Rift还是HTC Vive的头戴设备都只是一个视频信息的呈现工具，决定现实画面是否细腻、是否流畅则需要一台显卡和CPU功能足够强大的PC。

著名显卡生产公司NVIDIA为此提出了新的计划——“Geforce GTX VR Ready”，这项计划由NVIDIA与其他硬件厂商合作，目的是为用户提供符合虚拟现实的计算机配置。显卡推荐NVIDIA GTX 970或AMD R9 290或更高，每秒能绘制过亿的Gouraud明暗处理多边形。“VR Ready级别显卡”介于“游戏级别显卡”和“发烧级别显卡”之间。CPU配置要求需要至少为英特尔酷睿i5 4590或AMD FX 4300处理器才能运行Oculus Rift和HTC Vive设备。拥有“VR Ready”配置的PC设备可以流畅地运行VR程序，尤其是让VR游戏玩家更方便地获得沉浸式的体验。带有VR Ready标志的PC设备如图2.22所示。

图2.22 带有VR Ready标志的PC设备

PC和虚拟现实交互式设备集成在一起才能构成VR引擎。如图2.23所示，该图显示的是一个简单的基于PC的VR引擎结构。将头部跟踪器连接到PC的一个串行端口，操纵杆连接USB端口，用来接收用户的输入，操纵杆还可以接收触觉反馈。头戴式可视设备（Head Mount Display，HMD）连接到图形卡输出端口，接收系统的视频反馈。而三维声卡插在PCI总线上，用户通过用带有三维声卡的耳机接收音频反馈。

医学院校可以应用基于PC的VR进行技术培训。如图2.24所示，膝关节微创手术规培系统就是运用虚拟现实技术，由计算机产生一个集视、听、触、力、运动等感觉于一体的，具备多感知性、临场感、交互性和自主性的沉浸交互式虚拟环境，可以让受训者如“身临其境”一般在此环境中得到相应的培训。整个系统的硬件配置条件为3D打印膝关节模型，内置磁体；手器械：关节镜、探钩、刨削器，加装传感器及线缆；显示屏：32寸触屏显示器（双屏），角度、高度可调节；工控机：PC兼容机Z170-AR、Intel i7 7700、16G内存、56G固态硬盘、GTX1080显卡、Windows 7旗舰版、鼠标键盘；VR头盔：HTC Vive；工作台：整合以上设备的组合体。

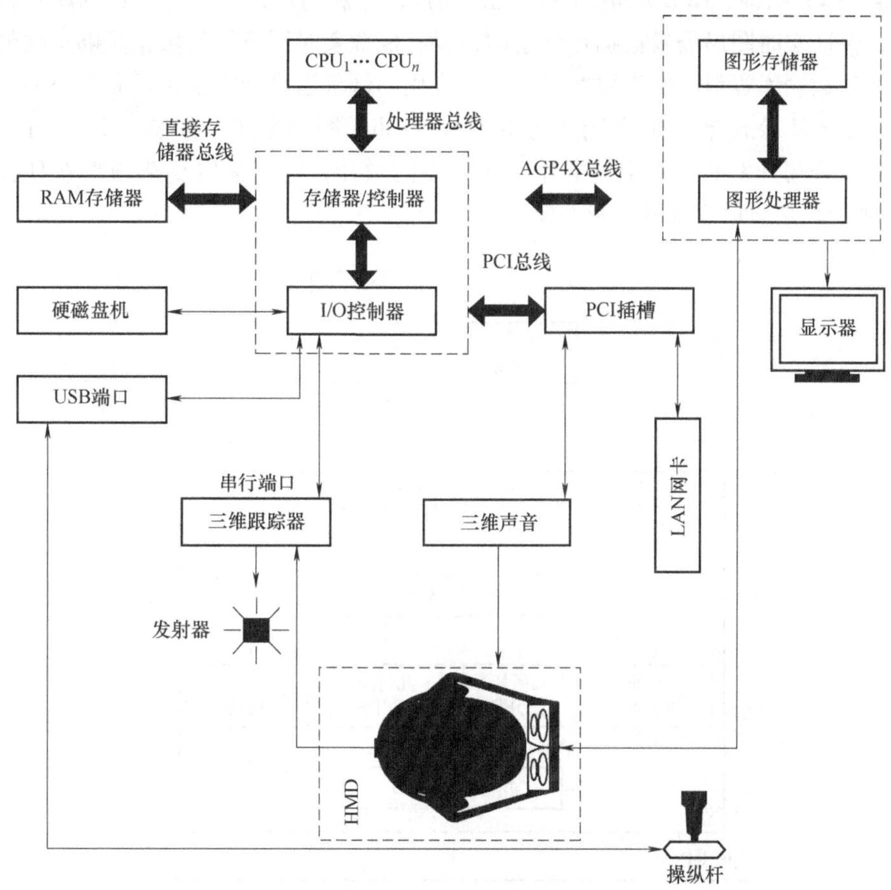

图 2.23　基于 PC 的 VR 引擎结构

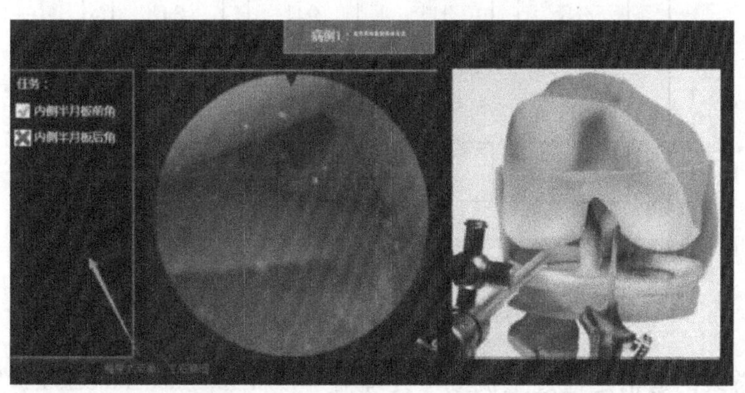

图 2.24　膝关节微创手术规培系统的操作者屏幕

2.2.2　基于工作站的体系结构

真实场景再现的虚拟现实体验所需的图形处理性能比传统 3D 游戏和图形应用的要求高得多，虚拟仿真的设计者与开发者更需要性能、价格适中的 VR 工作站。工作站使用了超级

（多处理器）体系结构、CPU 承担图形的几何顶点计算和物理模拟计算、数据库资料解码计算等功能，保证实时图形场景数据足够空间；要有保证实时图形场景数据足够空间的内存和能够保持大量数据库资料、供引擎实时调入内存用、低延迟高带宽要求的硬盘空间。

1996 年，SGI 公司推出了高级并行 Infinite Reality 图形系统，如图 2.25 所示。Infinite Reality 是 SGI 公司开发的第一个为通用工作站专门设计，用于提供复杂场景下具有稳定的 60Hz 屏幕刷新率高质量绘制的图形系统。

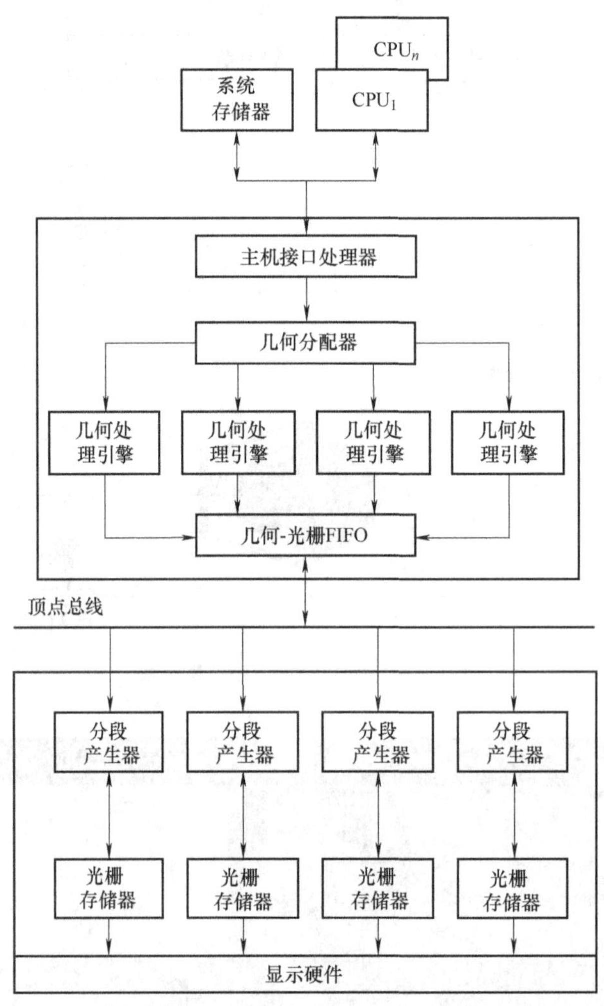

图 2.25　SGI Infinite Reality 体系结构

它与系统总线的通信是通过主机接口处理器（Host Interface Processor，HIP）完成的。通过 HIP，几何分配器将图形流水线中的数据分配到 4 个几何处理引擎上。多指令多数据方案可以把数据发送到最空闲的几何处理引擎上。每个几何处理引擎都是单指令多数据的，在几何阶段的计算（变换、光照、剪裁）中并行执行。几何-光栅 FIFO 缓冲器将 4 个几何处理引擎输出流以正确的顺序重新汇编成单个数据流，并把数据放置在一个顶点总线中，可以与 4 个光栅主板进行通信。每个光栅主板都有自己的分段产成器和存储器，这样可以将图像分割成子图像达到并行绘制的效果。之后，把计算后的像素发送到显示硬件，在 4 个低分辨率或者 1 个高分辨率显示器上显示出来。

目前，为了确保能够顺畅运行 VR 项目，对 3D 建模、图形绘制拥有最好的支持，工作站硬件配置最低建议包括 Quadro M5000 或 M6000 的显卡和英特尔酷睿 i5-4590 或 Xeon E3-1240 v3 或更高的 CPU。日本关东医院还通过专业的医疗图像处理软件 OsiriX 开发出了一套基于 VR 的 3D 解剖系统，并且运行在一台搭载 Intel Xeon 处理器和 NVIDIA Quadro 专业显卡的 ThinkPad P70 移动工作站上，实现了高精度、低延时且稳定的 VR 效果。这套系统能通过多个传感器捕获 CT 图像，并且渲染出 3D 模型，最终通过头盔显示器让医生得到身临其境的体验。如图 2.26 所示，医生使用这一系统来了解病灶位置，熟悉手术过程。医生们可以在无比真实的 VR 体验中预演手术，辅助提高手术成功率。

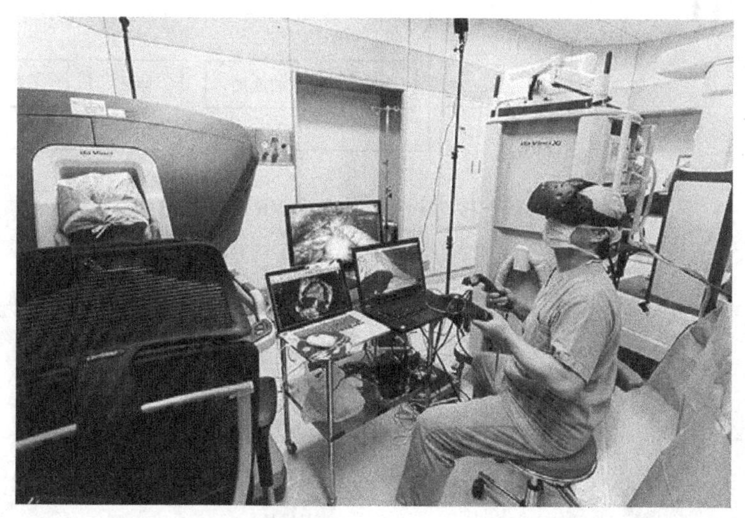

图 2.26　医生通过基于工作站的 VR 进行手术演练

2.2.3　基于可移动设备的体系结构

移动化、便捷化、小型化是未来医学 VR 仿真发展方向的必然趋势，随着智能手机的高普及率、移动端 VR 眼镜的低成本以及与 PC 端设备相比较为简单的制造工艺，基于移动平台的移动端 VR 成为现阶段最为流行的 VR 体验方式。

移动端 VR 是一个 VR 盒子（眼镜或头盔）与手机的结合。VR 盒子除了支撑结构最核心的部分，就是一对光学透镜。用户在手机端下载 VR 应用 APP，将手机插入 VR 盒子中，通过移动处理器对虚拟现实场景的绘制就可以体验 VR。手机中的 GPS 可以实时获得用户位置，陀螺仪和加速度计可以获取用户的姿态；用户也可以通过蓝牙连接交互设备进行 VR 交互。基于移动平台的移动端 VR 的系统结构如图 2.27 所示。

最为廉价的移动端 VR 设备是 Google Cardboard，售价只有几美元。用户可以 DIY 一套虚拟现实眼镜享受到 VR 的沉浸式体验，如图 2.28 所示。Gear VR 是三星电子和 Facebook 旗下的虚拟现实设备公司 Oculus VR 共同推出的虚拟现实头盔，需要与三星公司的 Galaxy 系列手机设备联合使用。图 2.29 显示的是悉尼的莱恩癌症中心利用 Gear VR 帮助癌症患者缓解心理压力。在患者化疗期间提供一种“分心疗法”，患者将会戴上 VR 设备，从内容库中选择一个体验，其中包括令人放松的旅游景点、刺激的跳伞运动、乘船穿越悉尼港以及在动物园抚摸可爱的考拉等。这将会令他们分心，忘记正在发生的事情，使他们保持良好的精神状态。

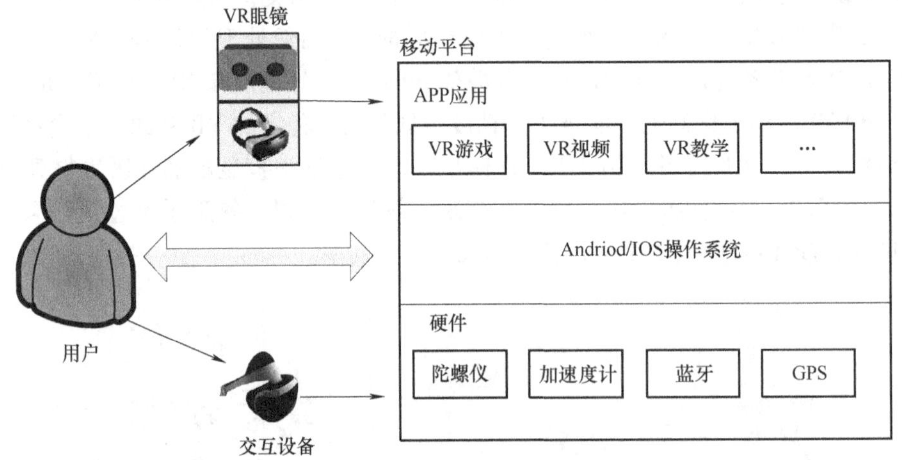

图 2.27　基于移动平台的移动端 VR 的系统结构

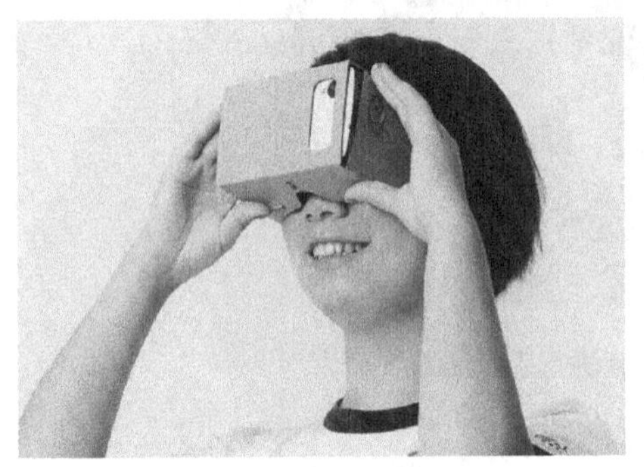

图 2.28　Google Cardboard

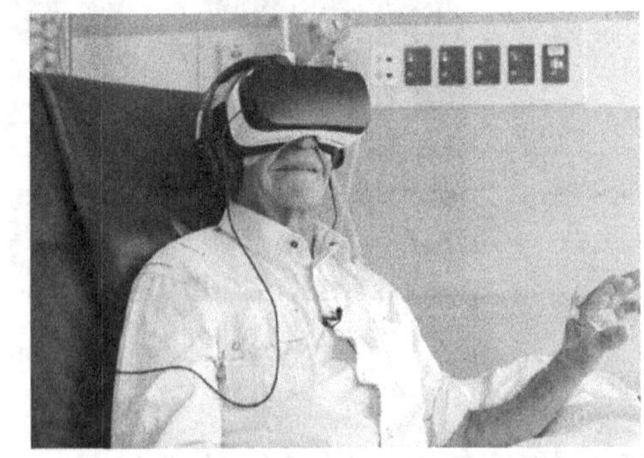

图 2.29　利用 Gear VR 为化疗患者提供“分心疗法”

基于移动平台的移动端 VR 以其低廉的价格和无线的设计吸引了许多用户，但由于移动处理器性能的限制、有限的电池容量、智能手机没有专门为虚拟现实技术优化致使产品体验直接取决于手机配置以及屏幕清晰度等原因，移动端 VR 在画面效果和沉浸感体验上都无法与 PC 端相比。

2.2.4　基于 VR 一体机的体系结构

虽然基于手机的 VR 可以为用户带来沉浸感的 VR 体验，但不是所有人都愿意将自己的手机放入头显中又不想被线束缚，基于一体机体系结构的虚拟现实解决了这部分人的困扰。很多具有医疗训练和辅助医疗康复的应用也被集成到一体机中。

VR 一体机是具备独立处理器的 VR 头显，具有独立嵌入式处理器和存储系统、输入/输出的功能。它的功能虽然不如外接 VR 头显（基于 PC 或工作站）强大，但没有线的束缚，既可运行内置的资源，又可以通过通信模块使用蓝牙和 WiFi 连接手机或网络运行在线 APP，自由度更高。基于一体机的 VR 的系统结构如图 2. 30 所示。

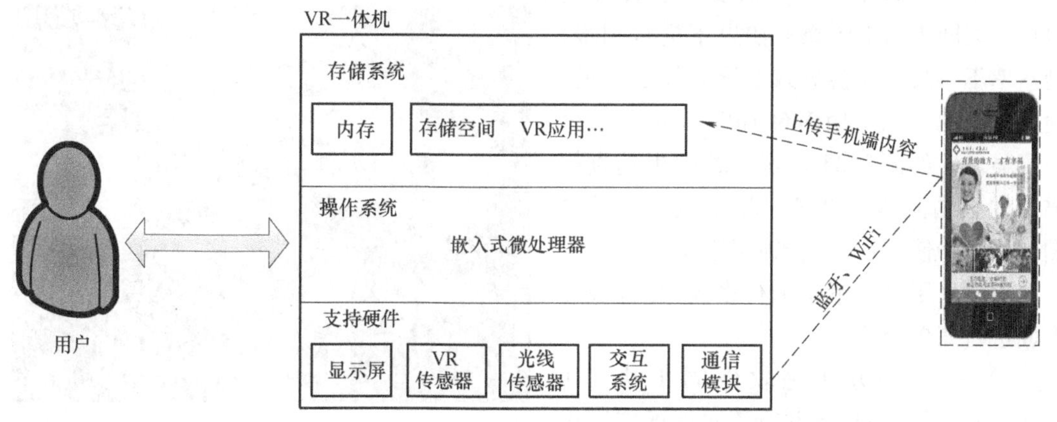

图 2. 30　基于一体机的 VR 的系统结构

3D 智能视觉训练一体机是一套以虚拟现实技术为主要手段的视觉健康训练系统，包含立体养眼训练、望远锻炼等功能模块。系统可以依据人眼的视觉生理特点设计特殊的动态立体场景作为训练片，当画面中的物体或动物沿远—近—远轨迹运动时，可以充分伸展人眼的晶状体，恢复睫状肌的调节功能，并可促进眼部血液循环。图 2. 31 为使用者正通过 VR 一体机进行视觉康复训练。图 2. 32 为视觉训练 VR 一体机中提供的模拟望远 3D 全景图片，可减缓视疲劳。

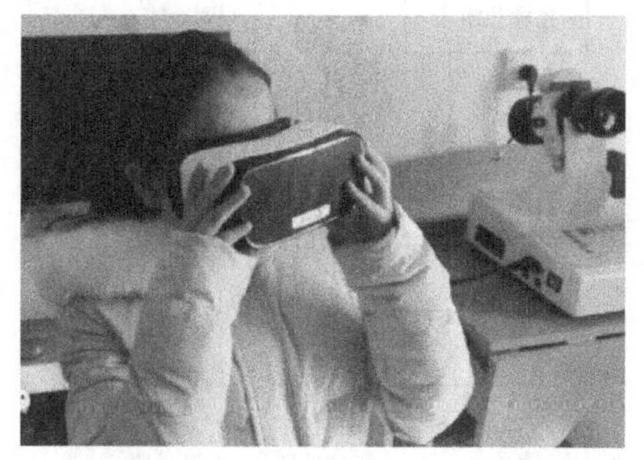

图 2. 31　通过 VR 一体机进行视觉康复训练

图 2. 32　望远训练的 3D 图片

2. 3　分布式虚拟现实体系结构

分布式 VR 引擎指使用两个或多个绘制流水线的 VR 引擎。这些流水线可以同时位于一台计算机中，也可以分别位于多台协作的计算机中，或者位于集成在一个仿真系统的多台远程计算机中。利用分布式 VR 引擎可以同时绘制仿真所要求的多个视图目标。分布式 VR 引擎多用于大屏幕的智能医学产品显示和远程医疗、远程手术中。

2.3.1 多流水线同步策略

在多视景显示设备中需要多台计算机协作，以同步输出图像。如果不进行同步，刷新率不一致，就会导致系统整体的延迟，使图像扭曲。如果用多台 CRT 显示器联合仿真显示，如图 2.33 所示，若缺少垂直扫描方向上的同步，磁场互相干扰，会导致图像闪烁，使用户产生视觉不适。

图 2.33 多台 CRT 显示器联合仿真显示

可以采用多种策略进行多流水线同步。下面进行简单介绍：

1）第一种方法是软件同步法，如图 2.34a所示，它要求并行流水线的应用程序阶段在同一时刻开始处理新的一帧。但是，它没有考虑每条流水线的计算量可能会不同。如果图 2.34a 中流水线 1 的计算量较小，处理速度就会快于流水线 2，流水线 1 就会先填充帧缓冲器，图像先显示出来。

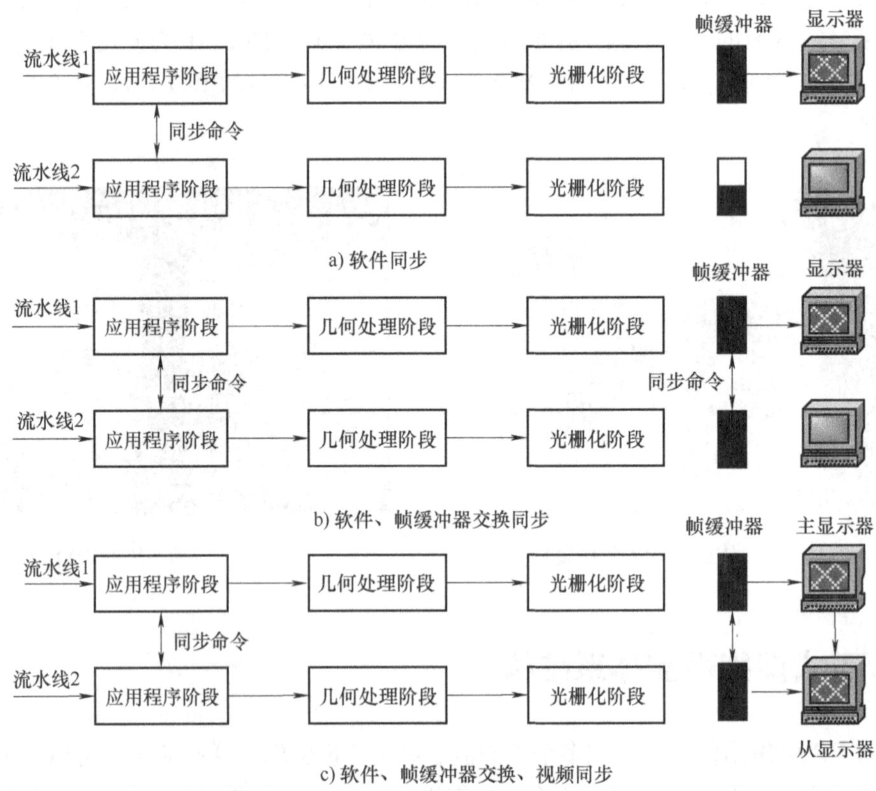

图 2.34 多流水线同步方法

2）第二种方法是对两条流水线进行软件同步和帧缓冲器交换同步（Frame Buffer Synchronized），如图 2.34b 所示，系统会给两个帧缓冲器发送一条垂直同步信号。流水线绘制 3D 图像前会等待垂直同步信号，当该信号到达时开始绘制一帧图像。但是垂直同步信号并不能保证绘制同步，因为如果一条流水线绘制速度较快，在下个垂直同步信号到来之前就完成了这帧的绘制，就会暂停而等待下一个垂直同步信号到来才开始绘制下一帧，那么两幅图像之间就会产生偏差。

3）最优的方法是在综合前两种方法的基础上增加两个（或多个）监视器的视频同步（Video Synchronized），如图 2.34c 所示。视频同步是将其中一个显示器设为主显示器，而其他显示器为从显示器。主从显示器图形卡之间通过内部视频逻辑电路连接，可确保从显示器的垂直和水平扫描线都与主显示器相同，确保了输出图像的一致性。

视觉和触觉两种感觉模态也需要同步绘制才能提高真实性，如医生通过虚拟眼镜看到的是自己碰触患者的皮肤，那么触觉反馈系统就会让医生感觉到皮肤的质地效果。

视觉和触觉的同步是在应用程序阶段实现的，如图 2.35 所示。图形绘制流水线遍历数据库的同时，触觉绘制流水线进行碰撞检测。有两种实现方法：①由主计算机上的 CPU 计算受力情况，并向接口控制器中的处理器传送力向量数据。②由触觉接口控制器中的处理器计算受力情况，这种方法需要给接口控制器提供碰撞检测信息。这两种方法都需要通过专门的接口控制器完成。

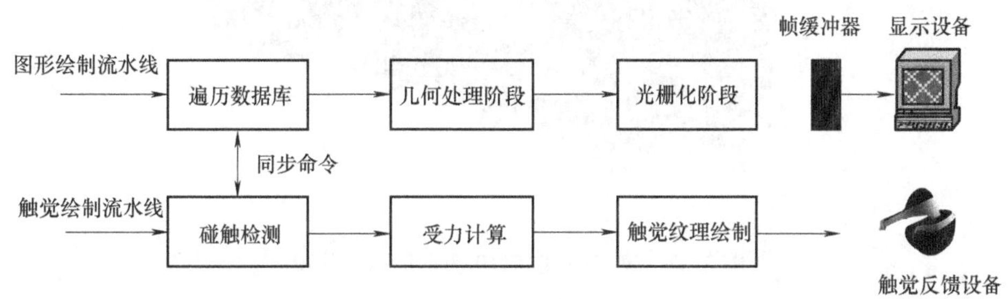

图 2.35　图形-触觉流水线同步结构图

2.3.2　联合定位绘制流水线

联合定位绘制流水线系统是由一台带有多流水线图形加速卡的计算机，或者每台带一个不同的绘制流水线的多台计算机，或者由它们的任意组合构成。这类系统的目标是在价格和性能（仿真质量）之间寻求最合适的平衡。

多流水线图形卡的价格要低于主从 PC 系统。在一台 PC 中放置几个单流水线图形加速卡，每个单流水线图形卡共享同一个 CPU、主存和分享总线带宽，并连接到自己的监视器；或者是在一台 PC 中使用一个多流水线图形卡。如图 2.36 所示，Wildcat Ⅱ 5110 能同时在两个显示器上独立地显示，是因为它使用了两套几何处理引擎和两套光栅化引擎。Wildcat 也可以将两个图形卡配置成输出到单显监视器，使得两条图形流水线共同绘制一幅图像，加快图像显示的速度。图 2.37 是 Wildcat Ⅱ 5110 图形加速卡外观。

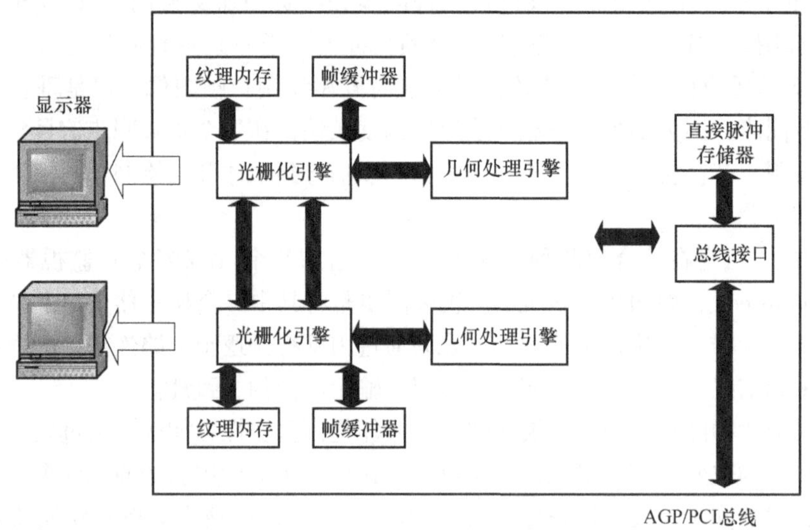

图 2.36　Wildcat Ⅱ 5110 双流水线体系结构

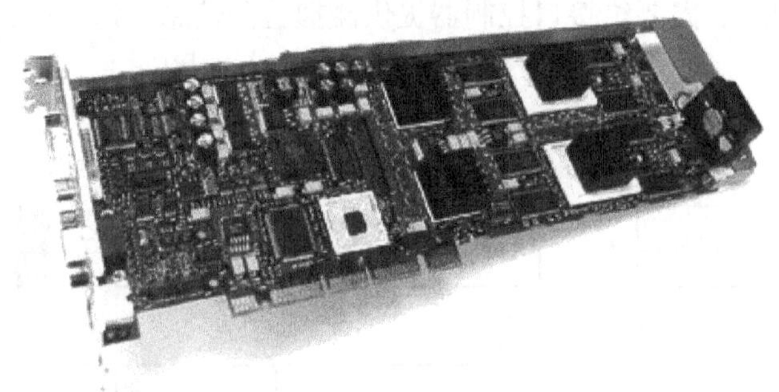

图 2.37　Wildcat Ⅱ 5110 图形加速卡外观

2.3.3　PC 集群

PC 集群是一种计算机系统，它通过一组松散集成的计算机软件或硬件连接起来，高度紧密地协作完成计算工作。在某种意义上，它们可以被看作是一台计算机。目前，由数台投影仪组成的大型平铺显示设备已被广泛应用，如果想达到较高的分辨率，就需要用相同数目的图形流水线来驱动它们。无法单独使用一台 PC 绘制这种大型图像是因为 PC 的图形加速卡接口插槽数目有限，因此无法安装多个图形卡；即使主板上有足够的插槽，也会出现多个图形卡争抢总线带宽的糟糕局面，因此图形卡数目越多，吞吐量就越差。

可以使用性能强大的基于多流水线的工作站来绘制大型平铺显示设备，即把每条流水线分配给一个或多个显示器。依靠特殊的硬件进行图像合成，带有三投影仪的大型工作站如图 2.38所示。其缺点是工作站价格较高，而且降低了图像分辨率。也可以使用一组 PC 绘制服务器，每台机器都有自己单独的存储器、I/O 设备和操作系统，都驱动一个投影仪。但从用户和应用角度看是单一系统，PC 集群网络结构如图 2.39 所示。采用这种方法，每个组合区域都是以最高分辨率绘制的，能够达到整体图像高分辨率显示。

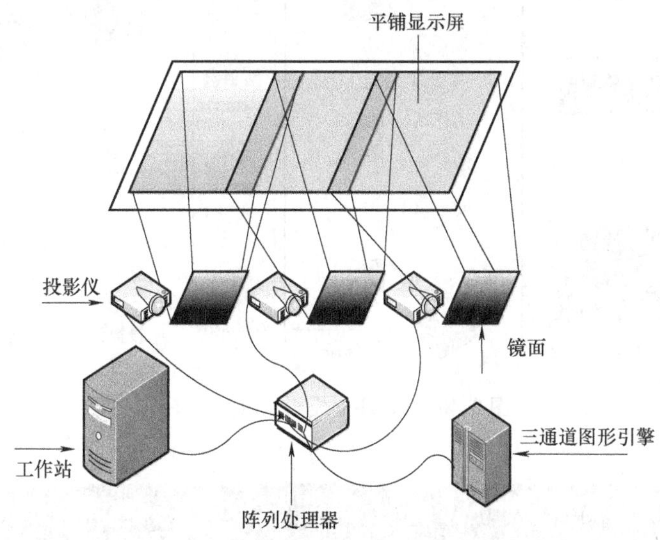

图 2.38　带有三投影仪的大型工作站

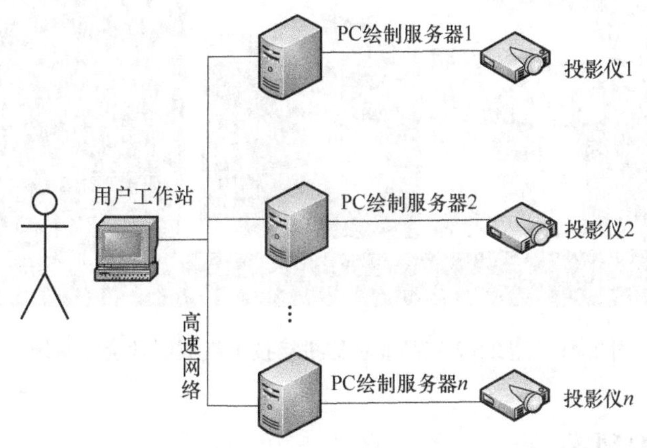

图 2.39　PC 集群网络结构

PC 集群必须通过高速 LAN 网络连接起来，使得控制服务器能够控制输出图形的同步。通过控制服务器，PC 集群可以实现统一调度、相互协调，发挥整体计算能力。但局域网的吞吐量成为限制集群大小的主要因素，加入集群的 PC 越多，合成显示的刷新率就越低。

现阶段大型的 VR 系统多采用多通道环形投影屏幕，将虚拟现实应用投影到大屏幕上，投影画面经过边缘融合处理，整幅画面保持均匀一致和较高的显示分辨率。其系统结构如图 2.40所示，是经由多部图形工作站通过虚拟现实环幕以网络连接进行同步工作，所组成的集群投射组合成大尺寸、高分辨率的影像，拓展了观者的视野，满足了观众的舒适感和临场感。

例如，北京积水潭医院安装的 2×2 液晶拼接显示系统如图 2.41 所示，以液晶屏为载体，形成一个拥有高亮度、高清晰度、低功耗、高寿命、先进的液晶拼接幕墙显示系统，为医院医生会诊提供了清晰可靠的视频资料。

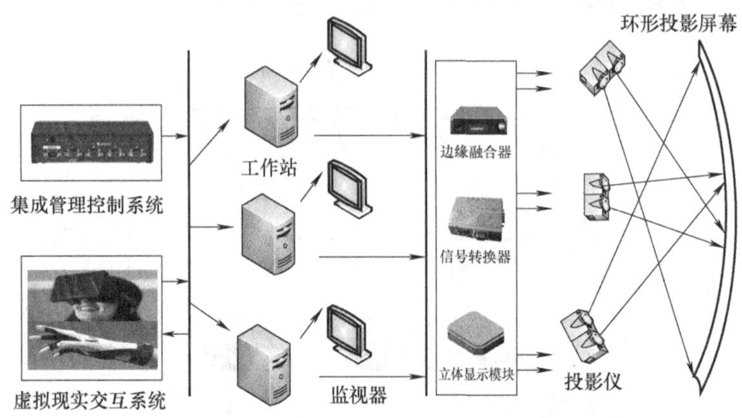

图 2.40　VR 环形投影系统结构图

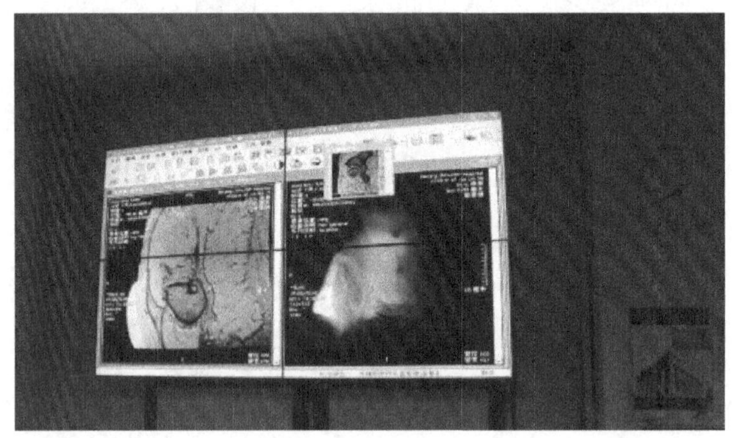

图 2.41　用 2×2 液晶显示器拼接技术组成医学会诊系统

2.3.4　分布式虚拟现实

分布式虚拟现实（Distributed VR，DVR）也称分布式虚拟环境、多用户虚拟环境、共享虚拟环境等，是指在一组以网络互联的计算机上同时运行虚拟现实系统，使处于不同地域的多个用户可以在同一虚拟世界中共享信息、实时交互、协同完成各种任务。

用户在分布式虚拟环境中的交互分为合作或协作：两个（或多个）用户合作指的是它们依次执行给定的仿真任务，在某一时刻只有一个用户与给定的虚拟对象交互；仿真中的用户协作指的是它们可同时与给定的虚拟对象交互。

1. 两用户共享的虚拟环境

两用户共享的虚拟环境是最简单的分布式模式，如图 2.42 所示。两用户可单独使用交互设备与同一 VR 系统交互，用户之间通过 LAN 通信网络互联并进行协作或合作。在这种模式下最重要的是保证用户之间的通信要顺畅、状态要一致。互联的网络使用 TCP/IP 协议发送单播数据包来传送消息。单播是在一个单个的发送者和一个接受者之间通过网络进行的通信，确定路由信息。TCP/IP 网络协议保证信息被传送。每台 PC 都有虚拟世界的一个副本，当因用户动作而引发本地副本状态变化时，只要给另一用户发送这些变化就能保证各副本之间状态的一致性。同时本地也要实时保存系统状态，当在另一用户下线或网络堵塞的情况下，本地用户也能与虚拟系统交互。

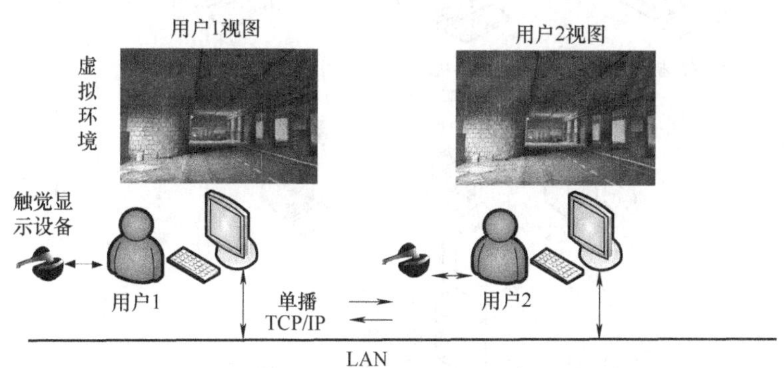

图 2.42　两用户共享的虚拟环境

2. 多用户共享虚拟环境的网络拓扑结构

多用户共享的虚拟环境可以允许更多的参与者或异地参与者同时在给定的虚拟世界中交互。在这种情况下，VR 的网络结构必须能够进行分布式处理。一种做法是把 PC 客户机都连接到单服务器（中心服务器）上，如图 2.43a 所示。客户机管理本地用户与 I/O 设备交互，执行本地图形绘制；服务器负责维护所有虚拟对象的状态和协调相互的仿真活动。而当用户在共享虚拟环境中做出动作后，其动作以单播包的形式发送给服务器，服务器根据用户与虚拟世界发生交互的范围，确定需要给哪些用户发送相应的信息。

在高速网络环境下，中心服务器的处理能力限制更多用户参与仿真，此时可以用多个互连的服务器代替中心服务器，如图 2.43b 所示。每个服务器都维护着虚拟世界的同一副本，并负责自身客户机所需的通信。信息仍然以 TCP/IP 单播模式发送。但当不同服务器之间的客户机需要通信时，延迟可能会增加。

通过局域网连接多个用户时也可以采用点对点网络，如图 2.43c 所示。这样网络虚拟环境用户的数量不再受服务器的限制，也不再需要有服务器的存在。来自一个客户机的信息可以通过多播通信的方式直接发送给另一个客户机，而不需要通过中心服务器转播。多播通信可以实现一次传送所有目标节点的数据，也可以只对特定组内对象传送数据。一个用户与一部分虚拟网络交互，产生的状态变化通过 LAN 发送给网络上其他端点。这些端点都查看这些变化信息，同时判断是否与自己相关，来决定是否响应。这种方式的缺点是如果所有的用户都下线，就无法维持虚拟世界，因此至少需要有一个用户来维持它。

由于在广域网上不是处处都支持多播通信，为了解决这个问题，使多播用户也可以在广域网上相互实时通信，产生了一种混合网络模型，如图 2.43d 所示。使用一个用于代理服务器的网络路由把多播信息打包成单播包，在网上传送给其他路由器；本地的代理服务器收到后进行解析，将信息以多播的形式发送给本地用户。

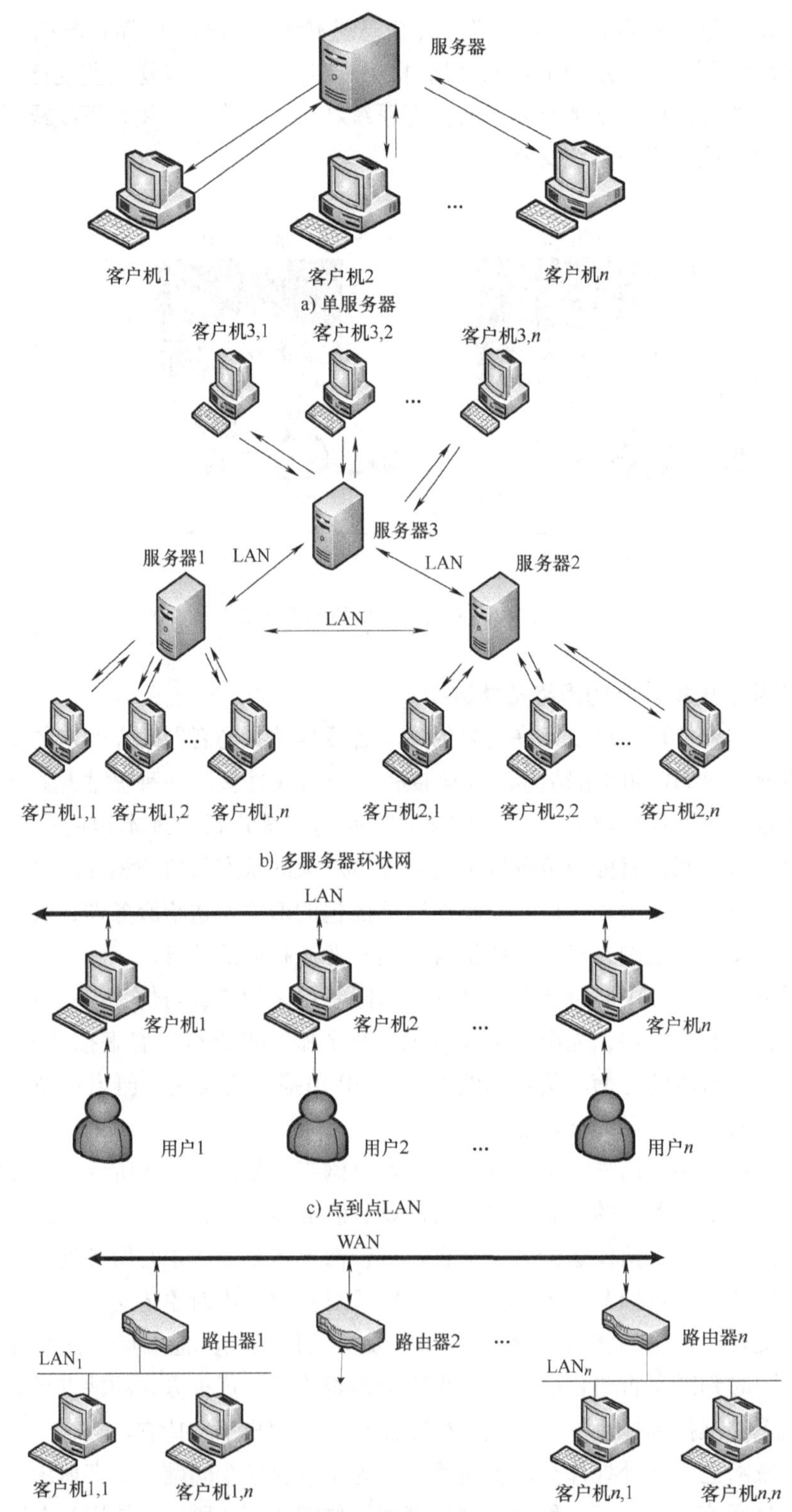

图 2.43　多用户虚拟环境拓扑结构

利用分布式虚拟现实基于网络提供多用户同时异地参与的分布式虚拟环境的特性，可以将处于不同地理位置的用户如同进入到同一个真实环境中，“在一起”进行交流、学习、训练、娱乐，甚至协同完成同一件复杂产品的设计或进行同一任务的演练。分布式虚拟现实结合专家系统、机器人技术可以实现远程虚拟医疗。2019 年，借助中国电信 5G 网络，上海交通大学医学院附属瑞金医院腹腔镜手术的过程中，成功让手术室外的外科医生和医学生通过 4K 电视和 8K VR 眼镜直播，观摩了整个手术过程，如图 2.44 所示。手术系统的 4K 超高清画面是全高清画面清晰度的 4 倍并且更接近人眼视觉的丰富色彩，能够为手术医生提供清晰的大画面、大视野，能够满足术中局部放大的需求，让医生实现精细、精准的手术操作，手术时间可以节约 10% ~20%；而 8K 的 VR 传输则让学员更加清晰地看到主刀医生的所有操作，有助于加速培养外科医生的成长。

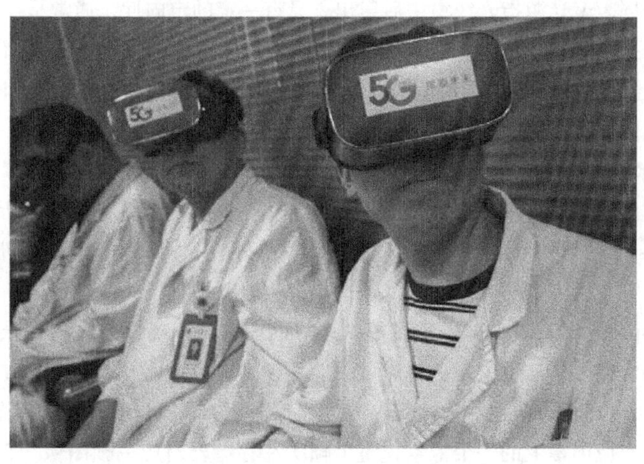

图 2.44　在手术室外收看 VR 手术直播

分布式虚拟环境中网络所固有的时间延迟与 VR 的实时性的矛盾、基于医学应用领域复杂场景运动的仿真平台的开发等诸多问题仍需进一步研究、实验和分析。

本章小结

VR 引擎构建是医学虚拟现实开发的框架和基础。本章分析了基于医学的 VR 引擎中图形绘制流水线和触觉绘制流水线的基本工作原理。讨论了基于 PC 和工作站、移动平台和一体机的 VR 体系结构。介绍了多流水线的同步机制和联合定位绘制流水线；利用 PC 集群解决多显示器的同步显示问题。最后，本章还讨论了分布式虚拟环境的网络拓扑结构及其应用。随着 VR 屏幕的分辨率、图像的渲染、透镜的矫正以及交互等方面技术提升和医疗中对小型化、移动化 VR 的需求，VR 需要超强的处理器、变革性的存储和显示技术以更强大的计算能力。远程医疗、远程手术的需求使支持超大规模、跨域和多维多场景信息可视化交互分析和仿真模拟的分布式虚拟现实综合集成支撑系统，成为未来智能医学 VR 仿真研究发展的重要方向。

【注释】

1. 体系结构（Architecture）：组件、接口、服务及其相互作用的框架。

2. 帧刷新率（Frame Rate）：简称帧率，等于帧数（Frames）/时间（Time），单位为帧每秒（f/s，frames per second，fps），表示以帧为单位的位图图像连续出现在显示器上的频率，一般由显卡性能决定。

3. 刷新率（Refresh Rate）：刷新率分为垂直刷新率和水平刷新率，一般提到的刷新率通常指垂直刷新率。垂直刷新率表示电子束对屏幕上的图像重复扫描的次数，一般由屏幕性能决定。也就是屏幕的图像每秒重绘的次数，以 Hz（赫兹）为单位。

4. 体数据（Volume Data）：一般指定义在三维空间网格上的标量数据或向量数据。

5. 光源（Light Source）：能够发光的物体。在图形学中某个实际光源表面的实像或虚像、一个自身不发光的被照明的物体表面也可以看成是一个光源。点光源指的是从其所在位置向所有的方向发射光线，光源的强度随着距离的增加而衰减。平行光源指向一个方向发射统一的平行光线，对于每一个被照射的表面，其亮度都与其光源处相同。聚光源指光线集中后射出，具有一定的定向性，通常是一个光锥。

6. 纹理（Texture）：计算机图形学中的纹理既包括通常意义上物体表面的纹理（即使物体表面呈现凹凸不平的沟纹），同时也包括在物体的光滑表面上的彩色图案，通常更多地称之为花纹。纹理映射就是在物体的表面上绘制彩色的图案。

7. 系统总线：又称内总线（Internal Bus）或板级总线（Board-Level Bus）或计算机总线（Microcomputer Bus）。因为该总线是用来连接计算机各功能部件而构成一个完整的计算机系统，所以称之为系统总线。

8. 接口（Interfaces）：在计算机各部分之间（如 CPU 与外设）、计算机和计算机之间、计算机与通信系统之间的连接设备，它包括许多信息传输线以及逻辑控制电路。

9. 透视校正（Perspective Correction）：采用数学运算的方式，以确保贴在物件上的部分图像会向透视的消失方向贴出正确的收敛效果。也就是让材质贴图能够正确地对齐远方的透视消失点。

10. 帧缓冲器（Frame Buffer）：也称为帧缓存或显存，它是屏幕所显示画面的一个直接映射。帧缓冲存储器的每一个存储单元对应屏幕上的一个像素，整个帧缓冲存储器对应一帧图像。它可以预先把需要显示的帧保存起来，当系统调用时，可以直接显示，加快画面显示速度，增加画面流畅性。

11. 真彩色（True Color）：指图像中的每个像素值都分成 R、G、B 三个基色分量，每个基色分量直接决定其基色的强度，这样产生的色彩称为真彩色。

12. 瓶颈（Bottleneck）：瓶颈一般是指在整体中的关键限制因素。通常指一个流程中节拍最慢的环节。

13. 图形加速卡（Graphics Accelerator）：俗称显卡。最初在计算机进行图形数据运算和其他的数据运算都是由 CPU 来完成的，再由主板自带数/模转换器表现出来。随着后来图形计算越来越复杂，为了缓解 CPU 的负担，将一部分 CPU 处理计算机图形的任务独立出来用单独的显卡处理，大幅度提升了计算机图形运算效率和速度，被称为图形加速卡。

14. 阻尼力（Damping Force）：一般是一个与振动速度大小成正比、与振动速度方向相反的力。

15. 力向量（Force Vector）：表示力的向量叫力向量，具有大小与方向，可利用平行四边形定律做加法运算。

16. Gouraud 明暗处理法：为多边形的每一个顶点赋一个法向量，顶点的法向量可以通过计算所有共享该顶点的多边形的法向量（描述曲面弯曲度的矢量）平均值得到。然后计算每个顶点的光亮度，多边形内部各处的光亮度值则通过对多边形顶点的光亮度的双线性插值得到。Gouraud 处理主要是通过线性插值的方法均匀地改变每个多边形平面的亮度值，使亮度平滑过渡，从而解决相邻平面之间明暗度的不连续。

17. 发烧级别显卡（Enthusiast Graphics Card）：可以满足市场上大型游戏运行和制图设计的配置要求的显卡。

18. 总线带宽（Band Width）：就是总线的数据传输率，是这条总线在单位时间内可以传输的数据总量。

19. RAM：Random Access Memory 的缩写，译为随机存取存储器，又称作随机存储器，是与 CPU 直接交换数据的内部存储器，也叫主存（内存）。它可以随时读写，而且速度很快，通常作为操作系统或其他正在运行中的程序的临时数据存储媒介。

20. 英特尔酷睿（Intel Core）：英特尔公司继“奔腾”处理器之后推出的 CPU 品牌，是一款领先节能的新型微架构，设计的出发点是提供卓然出众的性能和能效。最新的产品是具有 10 核的酷睿 i7。

21. 工作站（Work Station）：是一种高端的通用微型计算机。它是为了单用户使用并提供比个人计算机更强大的性能，尤其是图形处理能力、任务并行方面的能力非常出众。通常配有高分辨率的大屏、多屏显示器及容量很大的内部存储器和外部存储器，并且具有极强的信息和高性能的图形、图像处理功能。

22. FIFO：First Input First Output 的缩写，先入先出队列，这是一种传统的按序执行方法，先进入的指令先完成并引退，随后才执行第二条指令。

23. CRT 显示器（Cathode Ray Tube Display）：学名为“阴极射线显像管”，是一种使用阴极射线管的显示器。CRT 纯平显示器具有可视角度大、无坏点、色彩还原度高、色度均匀、可调节的多分辨率模式、响应时间极短等 LCD 显示器难以超越的优点，而且价格更便宜。

24. 网络拓扑结构（Computer Network Topology）：是指抛开网络电缆的物理连接来讨论网络系统的连接形式，是指网络电缆构成的几何形状，它能从逻辑上表示出网络服务器、工作站的网络配置和互相之间的连接。

25. TCP/IP：Transmission Control Protocol/Internet Protocol 的缩写，中译名为传输控制协议/因特网互联协议，又名网络通信协议，是 Internet 最基本的协议、Internet 国际互联网络的基础，由网络层的 IP 协议和传输层的 TCP 协议组成。TCP/IP 定义了电子设备如何连入因特网，以及数据如何在它们之间传输的标准。

第3章 虚拟现实的核心技术

导 学

内容与要求

本章介绍了虚拟现实系统当前流行的核心技术的分类、特点、应用，各种技术的原理和实现方法，以及核心技术在智能医学中的应用。

三维建模技术中要求掌握三种建模技术的建模特点及其区别。

立体显示技术中要求掌握分色技术、分光技术、分时技术、光栅技术、全息投影技术的实现原理。

真实感实时绘制技术中要求掌握真实感绘制技术和实时绘制技术如何实现。

虚拟声音的实现技术中要求了解虚拟声音的原理，虚拟声音与传统立体声的区别，如何实现三维虚拟声音。

人机交互技术中要求了解当前人机交互技术的发展现状。

碰撞检测技术中要求掌握碰撞检测技术的技术要求以及实现方法。

重点、难点

本章的重点是虚拟现实系统的核心技术分类、特点、应用。本章的难点是虚拟现实系统相关技术的原理和实现方法。

虚拟现实系统主要包括模拟环境、感知、自然技能和传感设备等方面，是由计算机生成虚拟世界，用户能够进行视觉、听觉、触觉、力觉、嗅觉、味觉等全方位交互。现阶段在计算机的运行速度达不到虚拟现实系统所需要的情况下，相关技术就显得尤为重要。要生成一个三维场景并使场景图像能随视角不同实时地显示变化，除了必需的设备外，还要有相应的技术理论相支持。随着智能医学的发展，虚拟现实技术逐步呈现出与医疗型人工智能相结合的发展方向，在各个领域已有了展现。

3.1 三维建模技术

虚拟环境建模的目的在于获取实际三维环境的三维数据，并根据其应用的需要，利用获取的三维数据建立相应的虚拟环境模型。只有设计出反映研究对象的真实有效的模型，虚拟现实系统才有可信度。虚拟现实系统中的虚拟环境，可能有下列几种情况：

① 模仿真实世界中的环境（系统仿真）。

② 人类主观构造的环境。

③ 模仿真实世界中人类不可见的环境（科学可视化）。

三维建模一般主要指三维视觉建模。三维视觉建模可分为几何建模、物理建模、行为建模。

3.1.1　几何建模技术

几何建模是在虚拟环境中建立物体的形状和外观，产生实际的或想象的模型。虚拟环境中的几何模型是物体几何信息的表示，需设计表示几何信息的数据结构、相关的构造与操纵该数据结构的算法。虚拟环境中的每个物体包含形状和外观两个方面：物体的形状由构造物体的各个多边形、三角形和顶点等来确定；物体的外观则由表面纹理、颜色、光照系数等来确定。因此，用于存储虚拟环境中几何模型的模型文件应该提供上述信息。

通常几何建模可通过以下两种方式实现：

1. 人工几何建模方法

利用虚拟现实工具软件编程进行建模，如OpenGL、Java3D、VRML等。这类方法主要针对虚拟现实技术的建模特点而编写，编程容易、效率较高。可以直接从某些商品图形库中选取所需的几何图形，从而避免直接用多边形拼构某个对象外形时繁琐的过程，也可节省大量的时间，应用VRML语言实现的城市环境的模拟如图3.1所示。

图3.1　应用VRML语言实现的城市环境的模拟

利用交互式建模软件来进行建模，如AutoCAD、3ds Max、Maya、Autodesk 123D等，应用3ds Max制作的人体器官模型如图3.2所示。用户可交互式地创建某个对象的几何图形，但并非所有要求的数据都以虚拟现实要求的形式提供，实际使用时必须通过相关程序或手工导入工具软件。

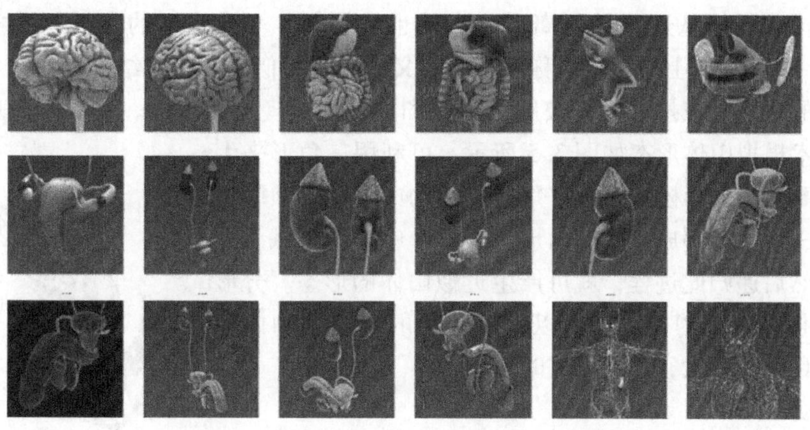

图3.2　应用3ds Max制作的人体器官模型

2. 数字化自动建模方法

数字化自动建模方法主要采用三维扫描仪对实际物体进行三维扫描，实现数字化自动建模。激光手持式三维扫描仪如图 3.3 所示，其原理是自带校准功能，工作时将激光线照射到物体上，由两个相机来捕捉这一瞬间的三维扫描数据，由于物体表面的曲率不同，光线照射在物体上会发生反射和折射，然后这些信息会通过第三方软件转换为3D 模型。在扫描过程中移动扫描仪，哪怕扫描时动作很快，也同样可以获得很好的扫描效果。

图 3.3　激光手持式三维扫描仪

3.1.2　物理建模技术

物理建模是对虚拟对象的质量、重量、惯性、表面纹理（光滑或粗糙）、硬度、变形模式（弹性或可塑性）等特征的建模。物理建模是虚拟现实系统中比较高层次的建模，它需要物理学与计算机图形学配合，其中涉及力的反馈问题，主要是质量建模、表面变形和软硬度等物理属性的体现。分形技术和粒子系统就是典型的物理建模方法。

1. 分形技术

分形技术是指可以描述具有自相似特征的数据集，在虚拟现实系统中一般仅用于静态远景的建模。最常见的自相似例子是树，不考虑树叶的区别，树枝看起来也像一棵大树。当然，由树枝构成的树从适当的距离看时自然也是棵树。与此类似的如一棵蕨类植物，如图 3.4所示。这种结构上的自相似称为统计意义上的自相似。自相似结构可用于复杂的不规则外形物体的建模。该技术首先被用于河流和山体的地理特征建模。举一个简单的例子来说，分形技术模拟山体形态如图 3.5 所示。可利用三角形来生成一个随机高度的地形模型，取三角形三边的中点并按顺序连接起来，将三角形分割成 4 个三角形，在每个中点随机赋予一个高度值，然后递归此过程，就可产生近似山体的形态。分形技术的优点是用简单的操作就可以完成复杂的不规则物体建模；缺点是计算量太大，不利于实时性。

图 3.4　蕨类植物形态

2. 粒子系统

粒子系统是一种典型的物理建模系统，它是用简单的体素完成复杂的运动建模。体素的选取决定了建模系统所能构造的对象范围。粒子系统由大量称为粒子的简单体素构成，每个粒子具有位置、速度、颜色和生命期等属性，这些属性可根据动力学计算和随机过程得到。常使用粒子系统建模的有：火、爆炸、烟、水流、火花、落叶、云、雾、雪、尘、流星尾迹等。图3.6是使用粒子系统建模的烟花效果图。

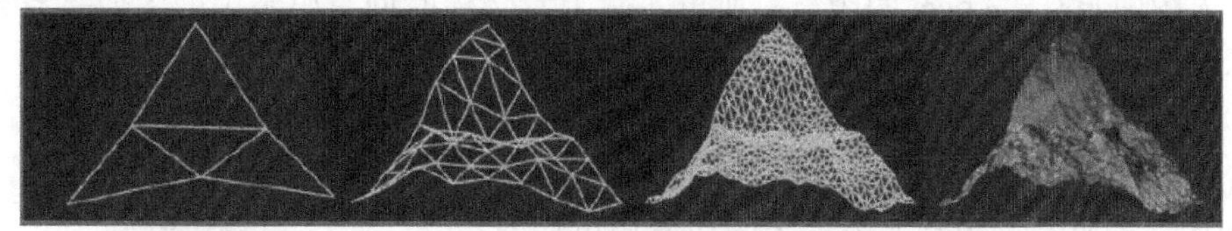

图3.5　分形技术模拟山体形态

图3.6　粒子系统建模的烟花

3.1.3　行为建模技术

行为建模是建立模型的行为能力，并且使模型服从一定的客观规律。虚拟现实的本质就是客观世界的仿真或折射，虚拟现实的模型则是客观世界中物体或对象的代表。而客观世界中的物体或对象除了具有表观特征如外形、质感以外，还具有一定的行为能力和符合客观规律。例如，把桌子上的重物移出桌面，重物不应悬浮在空中，而应当做自由落体运动。因为重物不仅具有一定的外形，而且具有一定的质量并受到地球引力的作用。

作为虚拟现实自主性的特性的体现，除了对象运动和物理特性对用户行为直接反应的数学建模外，还可以建立与用户输入无关的对象行为模型。虚拟现实的自主性的特性，简单地说是指动态实体的活动、变化以及与周围环境和其他动态实体之间的动态关系，它们不受用户的输入控制（即用户不与之交互）。例如，战场仿真虚拟环境中直升机螺旋桨的不停旋转；虚拟场景中的鸟在空中自由地飞翔，当人接近它们时它们要飞远等行为。

3.2　立体显示技术

立体显示技术是虚拟现实的关键技术之一，它使人在虚拟世界里具有更强的沉浸感，立体显示技术的引入可以使各种模拟器的仿真更加逼真。因此，有必要研究立体成像技术并利用现有的计算机平台，结合相应的软硬件系统在平面显示器上显示立体视景。目前，立体显示技术主要以佩戴立体眼镜等辅助工具来观看立体影像。随着人们对观影要求的不断提高，其将逐渐发展为裸眼式。目前比较有代表性的技术有分色技术、分光技术、分时技术、光栅技术、全息投影技术，这些技术通常都以机器为主体，通过机器设备实现。

3.2.1 双目视差显示技术

由于人的两眼有4~6cm的距离，所以实际上看物体时两只眼睛中的图像是有差别的，立体显示技术原理如图3.7所示。两幅不同的图像输送到大脑后，可以感到一个三维世界的深度立体变化，这就是所谓的立体视觉原理。根据立体视觉原理，如果能够让左右眼分别看到两幅在不同位置拍摄的图像，可以从这两幅图像感受到一个立体的三维空间。结合不同的技术产生不同的立体显示技术。只要符合常规的观察角度，即产生合适的图像偏移，形成立体图像。

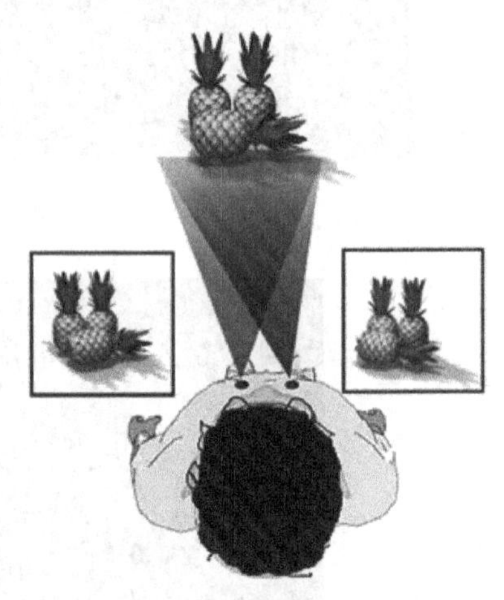

图3.7　立体显示技术原理

1. 分色技术

分色技术的基本原理是让某些颜色的光只进入左眼，另一部分只进入右眼。人眼睛中的感光细胞共有4种：其中数量最多的是感觉亮度的细胞；另外3种用于感知颜色，分别可以感知红、绿、蓝三种波长的光，感知其他颜色是根据这3种颜色推理出来的，因此红、绿、蓝被称为光的三原色。要注意这和美术上讲的红、黄、蓝三原色是不同的，后者是颜料的调和，而前者是光的调和。

显示器就是通过组合这三原色来显示上亿种颜色的，计算机内的图像资料也大多是用三原色的方式储存的。分色技术在第一次过滤时要把左眼画面中的蓝色、绿色去除，右眼画面中的红色去除，再将处理过的这两套画面叠合起来但不完全重叠，左眼画面要稍微偏左边一些，这样就完成了第一次过滤。第二次过滤是观众带上专用的滤色眼镜，眼镜的左边镜片为红色，右边镜片是蓝色或绿色，由于右眼画面同时保留了蓝色和绿色的信息，因此右边的镜片不管是蓝色还是绿色都是一样的。分色技术原理如图3.8所示。

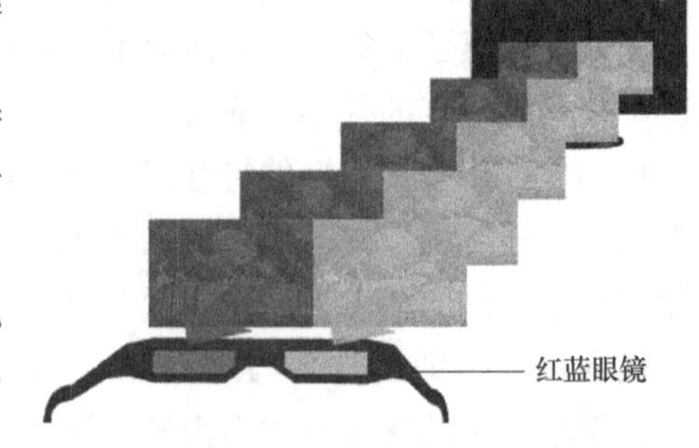

图3.8　分色技术原理

也有一些眼镜右边为红色，这样第一次过滤时也要对调过来，购买产品时一般都会附赠配套的滤色眼镜，因此标准不统一也不用在意。以红、绿眼镜为例，红、绿两色互补，红色镜片会削弱画面中的绿色，绿色镜片削弱画面中的红色，这样就确保了两套画面只被相应的眼睛看到。其实准确地说是红、青两色互补，青介于绿和蓝之间，因此戴红、蓝眼镜也是一样的道理，如图3.9所示。目前，分色技术的第一次滤色已经开始用计算机来完成了，按上述方法滤色后的片源可直接制作成DVD等音像制品，在任何彩色显示器上都可以播放。

a) 红蓝立体眼镜　　b) 红绿立体眼镜　　c) 棕蓝立体眼镜

图 3.9　红蓝立体眼镜、红绿立体眼镜、棕蓝立体眼镜

2. 分光技术

分光技术的基本原理是当观众戴上特制的偏光眼镜时，由于左、右两片偏光镜的偏振轴互相垂直，并与放映镜头前的偏振轴相一致，致使观众的左眼只能看到左像、右眼只能看到右像，通过双眼汇聚功能将左、右像叠合在视网膜上，由大脑神经产生三维立体的视觉效果。分光技术原理如图 3.10 所示。

图 3.10　分光技术原理

3. 分时技术

分时技术的基本原理是将两套画面在不同的时间播放，显示器在第一次刷新时播放左眼画面，同时用专用的眼镜遮住观看者的右眼，下一次刷新时播放右眼画面，并遮住观看者的左眼。按照上述方法将两套画面以极快的速度切换，在人眼视觉暂留特性的作用下就合成了连续的画面。目前，用于遮住左右眼的眼镜都是液晶板，因此也被称为液晶快门眼镜，早期曾用过机械眼镜。

4. 光栅技术

光栅技术的基本原理是在显示器前端加上光栅，光栅的功能是要挡光，让左眼透过光栅时只能看到部分的画面，右眼也只能看到另外一半的画面，于是就能让左右眼看到不同影像并形成立体，此时无需佩戴眼镜，光栅 3D 显示技术原理如图 3.11 所示。而光栅本身亦可由显示器所形成，也就是将两片液晶画板重叠组合而成，当位于前端的液晶面板显示条纹状黑白画面时，即可变成立体显示器；而当前端的液晶面板显示全白的画面时，不但可以显示 3D 的影像，亦可同时相容于现有 2D 的显示器。

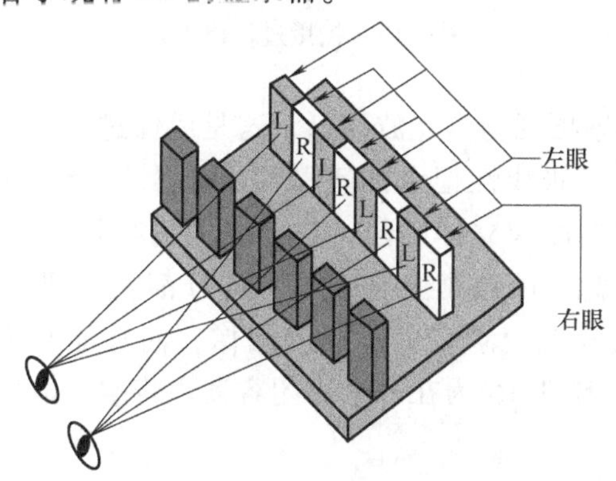

图 3.11　光栅 3D 显示技术原理

3.2.2 全息技术

全息技术是利用干涉和衍射原理记录并再现物体真实的三维图像，从而产生立体效果的一种技术。3D 全息投影技术原理是利用3D 全息立体投影设备而不是应用数码技术实现的。投影设备将物体以不同角度投影到 MP 全息投影膜上，让观测者看到自身视觉范围内的图像，实现了真正的3D 全息立体影像。全息技术原理如图 3.12 所示。

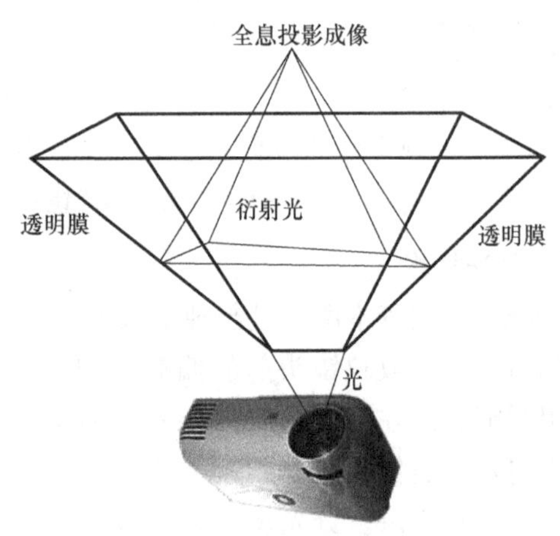

图 3.12　全息技术原理

第一步：利用干涉原理记录物体光波信息，此即拍摄过程。被摄物体在激光辐照下形成漫射式的物光束；另一部分激光作为参考光束射到全息底片上，和物光束叠加产生干涉，把物体光波上各点的位相和振幅转换成在空间上变化的强度，从而利用干涉条纹间的反差和间隔将物体光波的全部信息记录下来。记录着干涉条纹的底片经过显影、定影等处理程序后，便成为一张全息图，或称全息照片。拍摄过程原理如图 3.13 所示。

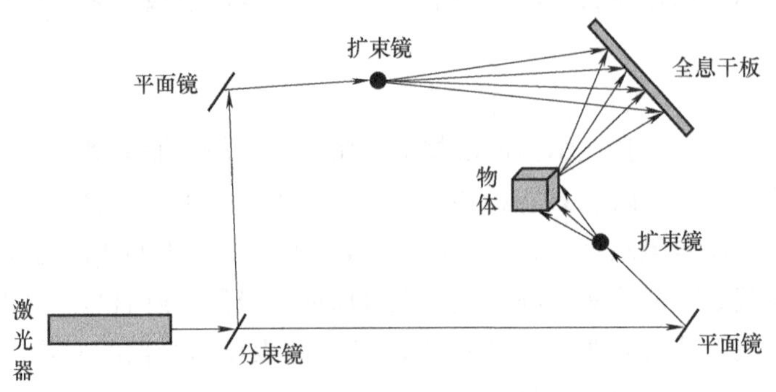

图 3.13　拍摄过程原理

第二步：利用衍射原理再现物体光波信息，这是成像过程。全息图犹如一个复杂的光栅，在相关激光照射下，一张线性记录的正弦型全息图的衍射光波一般可给出两个像，即原始像和共轭像。再现的图像立体感强，具有真实的视觉效应。全息图的每一部分都记录了物体上各点的光信息，故原则上它的每一部分都能再现原物的整个图像，通过多次曝光还可以在同一张底片上记录多个不同的图像，而且能互不干扰地分别显示出来。图 3.14 为成像过程原理。图 3.15 为在一个密闭容器内将空气电离，利用激光可以呈现三维影像。

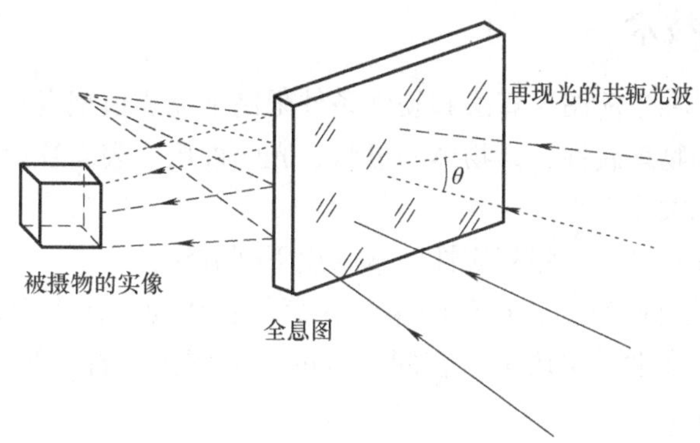

图 3.14 成像过程原理

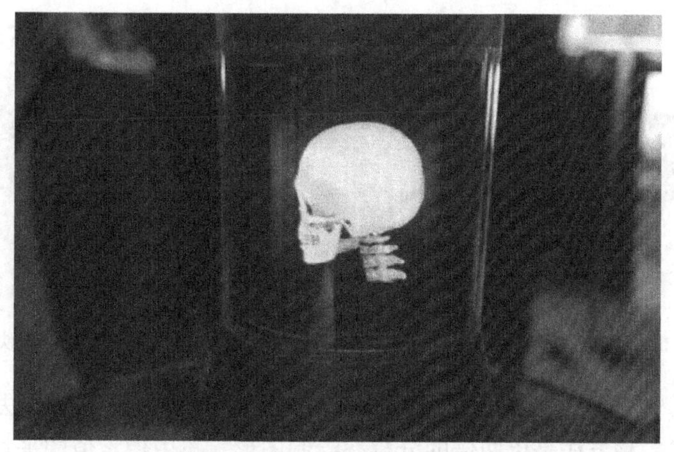

图 3.15 3D 全息投影

3.3 真实感实时绘制技术

要实现虚拟现实系统中的虚拟世界，仅有立体显示技术是远远不够的，虚拟现实中还有真实感与实时性的要求，也就是说虚拟世界的产生不仅需要真实的立体感，而且虚拟世界还必须实时生成，这就必须要采用真实感实时绘制技术。

真实感实时绘制技术是在当前图形算法和硬件条件限制下，提出的在一定时间内完成真实感绘制的技术。“真实感”的含义包括几何真实感、行为真实感和光照真实感：几何真实感指与描述的真实世界中的对象具有十分相似的几何外观；行为真实感指建立的对象对于观察者而言在某些意义上是完全真实的；光照真实感指模型对象与光源相互作用产生的与真实世界中亮度和明暗一致的图像。而“实时”的含义则包括对运动对象位置和姿态的实时计算与动态绘制，画面更新达到人眼观察不到闪烁的程度，并且系统对用户的输入能立即做出反应并产生相应场景以及事件的同步，它要求当用户的视点改变时，图形显示速度也必须跟上视点的改变速度，否则就会产生迟滞现象。

3.3.1 真实感绘制技术

真实感绘制技术是在当前图形算法和硬件条件限制下完成模型真实感的技术，其主要任务是要模拟真实物体的物理属性，即物体的形状、光学性质、表面纹理和粗糙程度，以及物体间的相对位置、遮挡关系等。

为了提高显示的逼真度，加强真实性，常采用下列方法：

（1）纹理映射　纹理映射是将纹理图像贴在简单物体的几何表面，以近似描述物体表面的纹理细节，加强真实性。实质上，它用二维的平面图像代替三维模型的局部。图 3.16 为纹理映射前后的对比图。

（2）环境映射　环境映射是采用纹理图像来表示物体表面的镜面反射和规则透视效果。图 3.17 为环境映射效果图。

图 3.16　纹理映射前后对比图

图 3.17　环境映射效果图

（3）反走样　走样是由图像的像素性质造成的失真现象。反走样方法的实质是提高像素的密度。反走样一种方法是以两倍的分辨率绘制图形，再由像素值的平均值计算正常分辨率的图形。另一个方法是计算每个相邻接元素对一个像素点的影响，再把它们加权求和得到最终像素值。图 3.18 为线型反走样对比图。

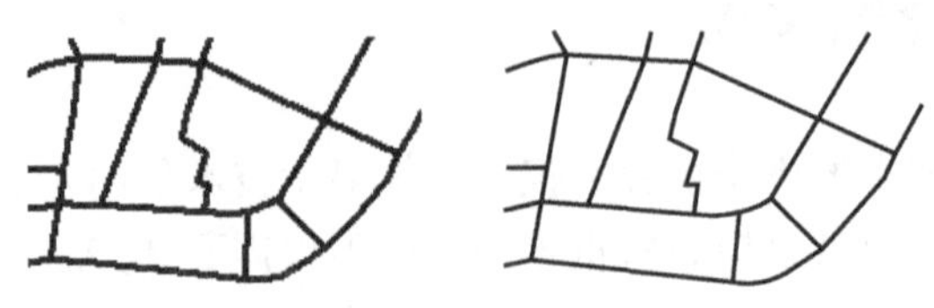

图 3.18　线型反走样对比图

3.3.2 实时绘制技术

实时绘制技术是侧重三维场景的实时性，在一定时间内完成绘制的技术。传统的虚拟场景基本上都是基于几何的，就是用数学意义上的曲线、曲面等数学模型预先定义好虚拟场景的几何轮廓，再采用纹理映射、光照等数学模型加以渲染。大多数虚拟现实系统的主要部分是构造一个虚拟环境，并从不同的方向进行漫游。要达到这个目标，首先是构造几何模型，其次模拟虚拟摄像机在 6 个自由度运动，并得到相应的输出画面。除了在硬件方面采用高性能的计算机，提高计算机的运行速度以提高图形显示能力外，还可以降低场景的复杂度，即降低图形系统需处理的多边形数目。有下面几种用来降低场景复杂度的方法：

（1）预测计算　根据各种运动的方向、速率和加速度等运动规律，可在下一帧画面绘制之前用预测、外推法的方法推算出手的跟踪系统及其他设备的输入，从而减少由输入设备所带来的延迟。

（2）脱机计算　在实际应用中有必要尽可能将一些可预先计算好的数据进行预先计算并存储在系统中，这样可加快需要运行时的速度。

（3）3D 剪切　将一个复杂的场景划分成若干个子场景，系统针对可视空间剪切。虚拟环境在可视空间以外的部分被剪掉，这样就能有效地减少在某一时刻所需要显示的多边形数目，以减少计算工作量，从而有效降低场景的复杂度。

（4）可见消隐　系统仅显示用户当前能“看见”的场景，当用户仅能看到整个场景很小的部分时，由于系统仅显示相应场景，可大大减少所需显示的多边形的数目。

（5）细节层次（Level Of Detail，LOD）模型　首先对同一个场景或场景中的物体，使用具有不同细节的描述方法得到一组模型。在实时绘制时，对场景中不同的物体或物体的不同部分，采用不同的细节描述方法。对于虚拟环境中的一个物体，同时建立几个具有不同细节水平的几何模型。通过对场景中每个图形对象的重要性进行分析，最重要的图形对象采用较高质量的绘制，而不重要的图形对象采用较低质量的绘制，在保证实时图形显示的前提下最大程度地提高视觉效果。

例如，皮克斯动画公司员工展示了一款名为 Presto 的软件，它拥有基于 OpenGL 开发的细分曲面技术，可以在实时运算速度下细分十几层，让角色动作、光影微调具有实时性。其原理是基于 CPU 与 GPU 的配合，CPU 加速计算能将应用程序计算密集部分的工作负载转移到 GPU，同时仍由 CPU 运行其余程序代码。从用户的角度来看，应用程序的运行速度明显加快。以往动画制作过程中微幅调整角色表情、动作、光源位置，都需要消耗很长的重新渲染时间。然而当 GPU 演算技术导入后，不仅节省了时间、资源，更让角色的动态、材质、光影更为细腻、精致、充满艺术韵味又不失真实感，丰富了 3D 影像，图 3.19 为实时绘制 3D 影像。

图 3.19　实时绘制 3D 影像

3.4　三维虚拟声音

三维虚拟声音能够在虚拟场景中使用户准确地判断出声源的精确位置，符合人们在真实境界中的听觉方式。其技术的价值在于使用两个音箱模拟出环绕声的效果，虽然不能和真正的家庭影院相比，但是在最佳的听音位置上效果是可以接受的，其缺点是普遍对听音位置要求较高。

3.4.1　三维虚拟声音的定义

立体声是指具有立体感的声音。自然界发出的声音是立体声，但如果把这些立体声经记录、放大等处理后而重放时，所有的声音都从一个扬声器放出来，这种重放声就不是立体的了。这时由于各种声音都从同一个扬声器发出，原来的空间感也消失了，这种重放声称为单声。如果从记录到重放整个系统能够在一定程度上恢复原来的空间感，那么这种具有一定程度的方位层次等空间分布特性的重放声，称为音响技术中的立体声。

三维虚拟声音与人们熟悉的立体声音有所不同，但就整体效果而言，立体声来自听者面前的某个平面，而三维虚拟声音则是来自围绕听者双耳的一个球形中的任何地方，即声音出现在头的上方、后方或前方。虚拟声音是在双声道立体声的基础上，不增加声道和音箱，把声场信号通过电路处理后播出，使聆听者感到声音来自多个方位，产生仿真的立体声场。例如，在战场模拟训练系统中，当听到了对手射击的枪声时，就能像在现实世界中一样准确而且迅速地判断出对手的位置，如果对手在身后，听到的枪声就应是从后面发出的。

如图 3.20 所示，耳机中的立体声音听上去好像是从用户的头里发出来的，而真实的声

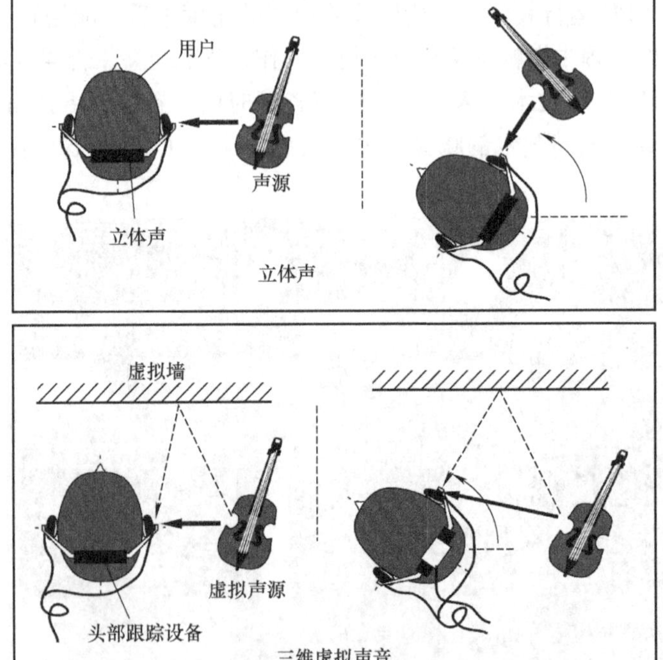

图 3.20　立体声音与三维虚拟声音的对比

音应该在头的外面。当用户戴着简易的立体声耳机时，随着用户头部的移动，小提琴的声音也跟着改变了方向。而从同一个耳机或扬声器中的三维声音则包含着重要的心理信息，这个心理信息可以改变用户的感觉，使用户相信这些三维声音真的来自于用户外面的环境。三维声音是使用头部跟踪器的数据合成的，虚拟小提琴在空间中的位置保持不变，因此声音听起来好像来自头的外面。

3.4.2　三维虚拟声音的原理

三维虚拟声音的关键是声音的虚拟化处理，依据人的生理声学和心理声学原理专门处理环绕声道，制造出环绕声源来自听众后方或侧面的幻象感觉。其应用了人耳听音原理的几种效应：

（1）双耳效应　英国物理学家瑞利于 1896 年通过实验发现人的两只耳朵对同一声源的直达声具有时间差（0.44 ~ 0.5μs）、声强差及相位差，而人耳的听觉灵敏度可根据这些微小的差别准确判断声音的方向、确定声源的位置，但只能局限于确定前方水平方向的声源，不能解决三维空间声源的定位。

（2）耳郭效应　人的耳郭对声波的反射以及对空间声源具有定向作用。借此效应，可判定声源的三维位置。

（3）人耳的频率滤波效应　人耳的声音定位机制与声音频率有关：对 20 ~ 200Hz 的低音靠相位差定位，对 300 ~ 4000Hz 的中音靠声强差定位，对高音则靠时间差定位。据此原理可分析出重放声音中的语言、乐音的差别，经不同的处理而增加环绕感。

（4）头部相关传输函数　人的听觉系统对不同方位的声音产生不同的频谱，而这一频谱特性可由头部相关传输函数（Head Related Transfer Function，HRTF）来描述。

总之，人耳的空间定位包括水平、垂直及前后三个方向。水平定位主要靠双耳，垂直定位主要靠耳壳，而前后定位及对环绕声场的感受靠 HRTF。虚拟杜比环绕声依据这些效应，人为制造与实际声源在人耳处一样的声波状态，使人脑在相应空间方位上产生对应的声像。

3.5　人机交互技术

在计算机系统提供的虚拟空间中，人可以使用眼睛、耳朵、皮肤、手势和语音等各种感觉方式直接与之发生交互，这就是虚拟环境下的人机自然交互技术。在虚拟相关技术中嗅觉和味觉技术的开发处于探索阶段，而恰恰这两种感觉是人对食物和外界最基础的需要。未来，随着智能移动设备的普及，人们的各种基础需求会不断得到满足。因此，气味传送或嗅觉技术的现实应用空间将会很大，也更能引起人们的兴趣。在虚拟现实领域中较为常用的交互技术主要有手势识别、面部表情的识别、眼动跟踪以及语音识别等。

3.5.1　手势识别技术

手势识别技术是用户可以使用简单的手势来控制或与设备交互，让计算机理解人类的行为。其核心技术为手势分割、手势分析以及手势识别。在计算机科学中，手势识别可以来自人的身体各部位的运动，但一般是指脸部和手的运动。

手势识别系统的输入设备主要分为基于数据手套的识别和基于视觉（图像）的识别系统两种，如图 3.21 所示。基于数据手套的手势识别系统，就是利用数据手套和位置跟踪器来捕捉手势在空间运动的轨迹和时序信息，对较为复杂的手的动作进行检测，包括手的位置、方向和手指弯曲度等，并可根据这些信息对手势进行分析。基于视觉的手势识别是从视觉通道获得信号，通常采用摄像机采集手势信息，由摄像机连续拍下手部的运动图像后，先采用轮廓的办法识别出手上的每一个手指，进而再用边界特征识别的方法区分出一个较小的、集中的各种手势。手势识别技术主要有模板匹配、人工神经网络和统计分析技术。

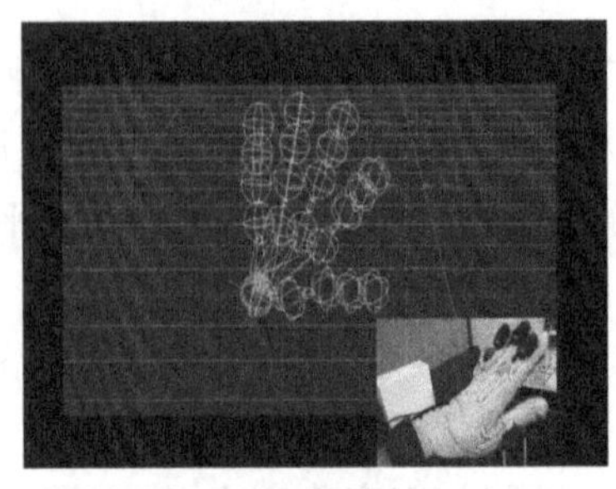
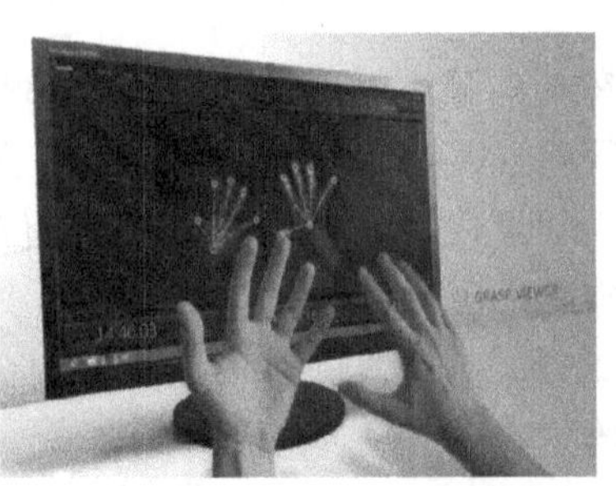

图 3.21　基于数据手套和基于视觉（图像）的两种手势识别技术

虚拟现实治疗（VRT）能创造出一种多感觉环境，让大脑实现超越药物治疗效果的生物结果。最初，VRT 只被用于治疗恐惧症、抑郁症、成瘾等心理问题，不过很快它就被应用在神经康复治疗上了。例如，瑞士创业公司 MindMaze 推出了一套 VR 神经康复治疗系统 MindMotion Pro，如图 3.22 所示。其原理是通过虚拟现实场景来刺激患者的大脑对身体做出相应的活动，让身体慢慢地重新回到大脑的控制。由于 VR 可以模拟各种各样的运动场景，患者可以进行标准康复计划 10 ~ 15 倍的运动量，并且具有良好的趣味性，使患者忘记自己是在医院接受治疗。目前很多中风患者已经使用该平台进行康复治疗。

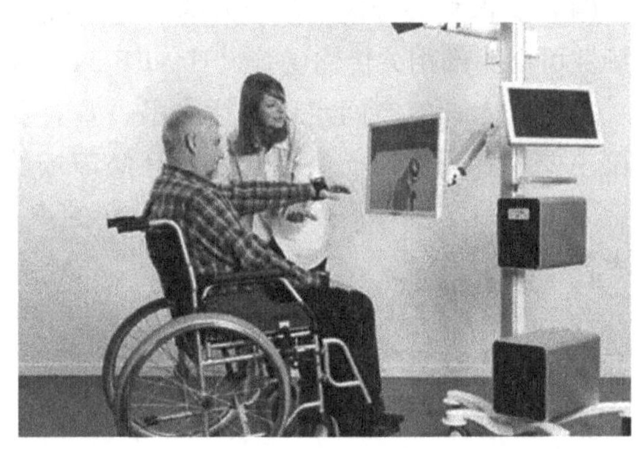

图 3.22　MindMaze 公司的沉浸式治疗方式

3.5.2　面部表情识别技术

面部表情识别技术是用机器识别人类面部表情的一种技术。人可以通过脸部的表情表达自己的各种情绪，传递必要的信息。面部表情识别技术包括人脸图像的分割、主要特征（如眼睛、鼻子等）定位以及识别。

一般人脸检测问题可以描述为：给定一幅静止图像或一段动态图像序列，从未知的图像背景中分割、提取并确认可能存在的人脸，如果检测到人脸，提取人脸特征。在某些可以控制拍摄条件的场合，将人脸限定在标尺内，此时人脸的检测与定位相对容易。在另一些情况下，人脸在图像中的位置是未知的，这时人脸的检测与定位将受以下因素的影响：人脸在图像中的位置、角度和不固定尺度以及光照的影响；发型、眼镜、胡须以及人脸的表情变化等；图像中的噪声等。人脸检测的基本思想是建立人脸模型，比较所有可能的待检测区域与人脸模型的匹配程度，从而得到可能存在人脸的区域。

BinaryVR 是一款可以实现人脸识别虚拟现实的工具。在 VR 世界中，要把人脸转化成 3D 模型需要大量的建模工作，而要实现低延时更是难上加难。而 BinaryVR 脸部识别技术则是通过将面部重要的信息点数据进行采集，快速转化成简单的 3D 模型，最后再通过立体动画的形式展现给观众。虽然在虚拟场景中展现的不是真正的脸庞，但依然可以栩栩如生地传达表情和情绪。其实现原理是通过头显内置摄像机并且结合应用软件来实现表情追踪，即使 VR 头显遮住了面部，也可以使用深度摄像头“分析”出人们的脸部表情，并在建模的时候用 20 种表情完成视觉的反馈，并实时复制到游戏或动画的人物中，让主人公的神情与用户的神情同步，面部表情识别技术如图 3. 23 所示。

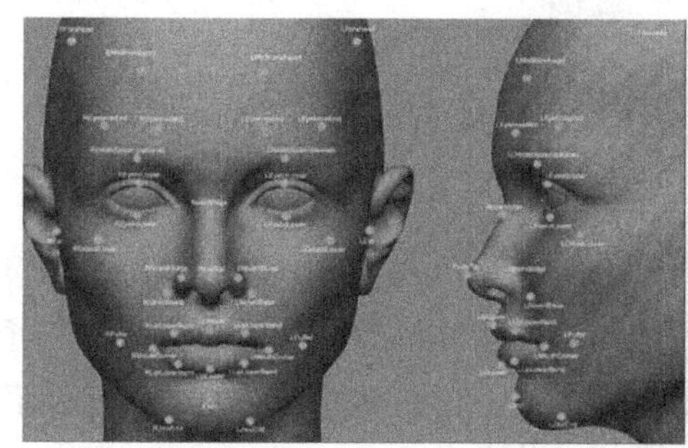

图 3. 23　面部表情识别技术

VIPKID 公司深度融合运用人脸识别技术实现课堂表情数据分析，优化教学方式。其原理是在教学过程中通过人脸识别、情绪识别等技术，抓取用户上课数据，对师生的表情进行分析，计算分析用户的视线关注情况。目的是了解在有效的在线远程学习过程中促成用户专注度形成与知识习得的关键因素，进而让学生提高关注度，更高效地学习，如图 3. 24 所示。

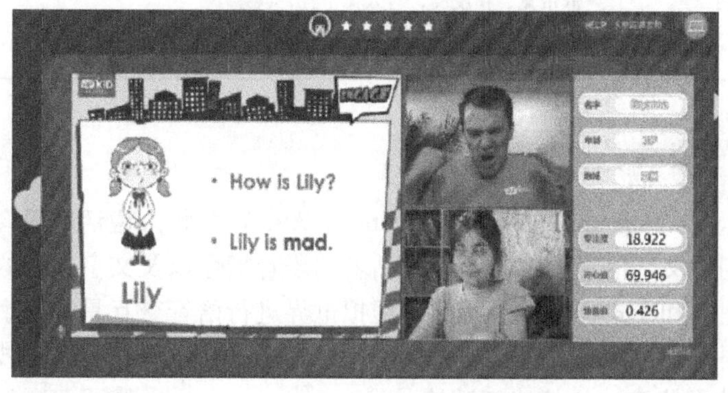

图 3. 24　VIPKID 通过面部识别技术量化分析孩子的课堂学习表现

3.5.3 眼动跟踪技术

人们可能经常在不转动头部的情况下，仅仅通过移动视线来观察一定范围内的环境或物体。为了模拟人眼的功能，在虚拟现实系统中引入眼动跟踪技术，眼动跟踪原理示意图如图3.25所示。

图3.25 眼动跟踪原理示意图

眼动跟踪技术是利用图像处理技术，使用能锁定眼睛的特殊摄像机而实现的。通过摄入从人的眼角膜和瞳孔反射的红外线连续地记录视线变化，从而达到记录、分析视线追踪过程的目的。表3.1归纳了目前几种主要的眼动跟踪技术及特点。

表3.1 几种主要的眼动跟踪技术及特点

视觉追踪方法	技术特点
眼电图	高带宽，精度低，对人干扰大
虹膜-巩膜边缘	高带宽，垂直精度低，对人干扰大，误差大
角膜反射	高带宽，误差大
瞳孔-角膜反射	低带宽，精度高，对人无干扰，误差小
接触镜	高带宽，精度最高，对人干扰大，不舒适

3.5.4 语音识别技术

语音识别技术（Automatic Speech Recognition，ASR）是将人说话的语音信号转换为可被计算机程序所识别的文字信息，从而识别说话者的语音指令以及文字内容的技术，包括参数提取、参考模式建立和模式识别等过程。与虚拟世界进行语音交互是实现虚拟现实系统中的一个高级目标。语音技术在虚拟现实中的关键是语音识别技术和语音合成技术。

1. 语音识别主要方法——模式匹配法

1）在训练阶段，用户将词汇表中的每一词依次说一遍，并且将其特征矢量作为模板存入模板库。

2）在识别阶段，将输入语音的特征矢量依次与模板库中的每个模板进行相似度比较，将相似度最高者作为识别结果输出。

2. 语音识别的主要问题

1）对自然语言的识别和理解。首先必须将连续的讲话分解为词、音素等单位，其次要建立一个理解语义的规则。

2）语音信息量大。语音模式不仅对不同的说话人不同，对同一说话人也是不同的，例如，一个说话人在随意说话和认真说话时的语音信息是不同的。一个人的说话方式会随着时间发生变化。

3）语音的模糊性。说话者在讲话时，不同的词可能听起来是相似的，这在英语和汉语中比较常见。

4）单个字母或词、字的语音特性受上下文的影响，以致改变了重音、音调、音量和发音速度等。

5）环境噪声和干扰对语音识别有严重影响，致使识别率低。

随着人工智能的发展，语音识别技术在聊天机器人方面的研发和产品越来越多，并陆续推出了相关产品，比如苹果 Siri、微软 Cortana 与小冰、Google Now、百度的“度秘”、亚马逊的蓝牙音箱 Amazon Echo 内置的语音助手 Alexa、Facebook 推出的语音助手 M、Siri 创始人推出的新型语音助手 Viv 等。对于聊天机器人技术而言，包括如下几种主流的技术原理：

1）基于人工模板的技术通过人工设定对话场景，并对每个场景写一些针对性的对话模板，模板描述了用户可能的问题以及对应的答案模板。这个技术路线的好处是精准，缺点是需要大量的人工工作，而且可扩展性差，需要一个场景一个场景地去扩展。应该说，目前市场上各种类似于 Siri 的对话机器人中都大量使用了人工模板的技术，主要是其精准性是其他方法无法比拟的。

2）基于检索技术的聊天机器人则走的是类似搜索引擎的路线，首先存储好对话库并建立索引，根据用户问句，在对话库中进行模糊匹配从而找到最合适的应答内容。

3）基于机器翻译技术的聊天机器人把聊天过程比拟成机器翻译过程，即将用户输入聊天信息（Message）、然后聊天机器人应答（Response）的过程识别为把 Message 翻译成 Response 的过程。基于这种假设，就完全可以将统计机器翻译领域里相对成熟的技术直接应用到聊天机器人开发领域来。

4）基于深度学习的聊天机器人技术是在 Encoder- Decoder 深度学习技术框架下进行改进的。使用深度学习技术来开发聊天机器人相对传统方法来说整体思路是简单可扩展的。

Starship Commander 是一款被称为“星舰指挥官”的 VR 语音互动游戏。在虚拟世界中，可以像在现实生活中一样进行语音交流，自然地发表疑问、表达自己的想法，如图 3.26 所示。相比于设定好反馈模式的游戏角色，加入 AI 元素的全息指挥官能够更加智能地与玩家扮演的飞行员进行对话。玩家与 NPC 之间的更加自然的互动关系会加强游戏体验的真实感，让玩家更好地沉浸在 VR 世界之中。

图 3.26　全息指挥官与玩家扮演的飞行员进行对话

3.6　碰撞检测技术

碰撞检测是用来检测对象甲是否与对象乙相互作用。在虚拟世界中，由于用户与虚拟世界的交互及虚拟世界中物体的相互运动，物体之间经常会出现发生相碰的情况。为了保证虚拟世界的真实性，就需要虚拟现实系统能够及时检测出这些碰撞，产生相应的碰撞反应并及时更新场景输出，否则就会发生穿透现象。正是有了碰撞检测，才可以避免诸如人穿墙而过等不真实情况的发生，影响虚拟世界的真实感。图 3.27 为虚拟现实系统中两辆车发生碰撞反应前后的状态。

图 3.27　虚拟现实中的碰撞检测技术

3.6.1　碰撞检测技术的要求和实现方法

在虚拟世界中关于碰撞，首先要检测到有碰撞的发生及发生碰撞的位置，其次是计算出发生碰撞后的反应。在虚拟世界中通常有大量的物体，并且这些物体的形状复杂，要检测这些物体之间的碰撞是一件十分复杂的事情，其检测工作量较大，同时由于虚拟现实系统中有较高实时性的要求，要求碰撞检测必须在很短的时间内（如 30 ~ 50ms）完成，因而碰撞检测成了虚拟现实系统与其他实时仿真系统的瓶颈，碰撞检测是虚拟现实系统研究的一个重要技术。

1. 碰撞检测技术的要求

为了保证虚拟世界的真实性，碰撞检测要有较高的实时性和精确性。所谓实时性，一方面是基于视觉显示的要求，碰撞检测的速度一般至少要达到 24Hz；而另一方面是基于触觉要求，速度至少要达到 300Hz 才能维持触觉交互系统的稳定性，只有达到 1000Hz 才能获得平滑的效果。精确性的要求取决于虚拟现实系统在实际应用中的要求。

2. 碰撞检测技术的实现方法

最简单的碰撞检测方法是对两个几何模型中的所有几何元素进行两两相交测试。这种方法可以得到正确的结果，但当模型的复杂度增大时，计算量过大，十分缓慢。对两物体间的精确碰撞检测的加速实现，现有的碰撞检测算法主要可划分为两大类：包围盒算法和空间分解法。

3.6.2　碰撞检测技术在人工智能中的应用

碰撞检测和追踪技术在人工智能机器人方面的应用越来越多，图 3.28 为机器人碰撞检测技术。圣地亚哥大学的一个研究小组设计了一种更快的算法，能协助机器人利用机器学习避开障碍物；麻省理工学院下属子公司 Humatics 正在开发人工智能辅助室内雷达系统，该系统能辅助机器人精确地跟踪人类活动。

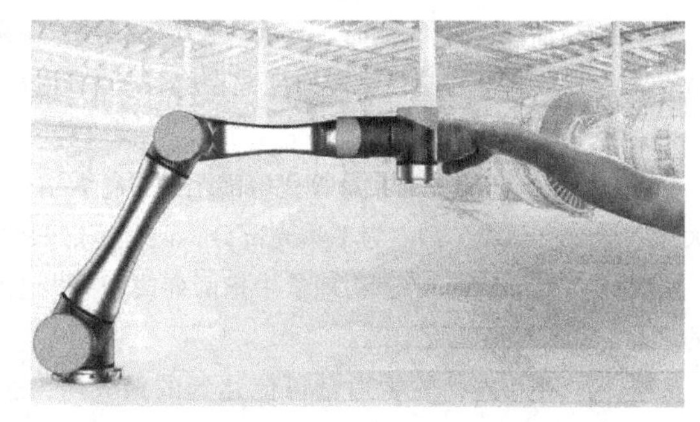

图 3.28　机器人碰撞检测技术

该碰撞检测技术的基本原理是利用开发的 Fastron 算法使机器学习加速和简化了碰撞检测的过程。它根据机器人的配置空间（C 空间）模型对移动物体的碰撞或非碰撞进行分类，该模型只使用少量碰撞点和无碰撞点。现有的碰撞检测算法的计算量很大，因为要指定机器人的三维几何图形中的所有点以及它们的障碍物，然后检查每一个点，以寻找两个物体之间可能发生的碰撞。当这些物体移动时，计算负荷会急剧增加。Fastron 的 C 空间模型被用作基于运动学的碰撞检测的代理。该算法将一个改变版的内核感知器学习算法与主动学习算法相结合，以减少基于运动学的碰撞检测次数。它不是检查每个点，而是检查边界附近，并将碰撞与非碰撞进行分类。它们之间的分类边界随着对象的移动而变化，因此算法会快速更新其分类方法，然后继续循环。

在模拟中，研究小组已经证明，代理碰撞检测可以比高效的多面体检测仪快两倍，是高效高精度碰撞检查器的八倍，而且不需要 GPU 加速或并行计算。除了在工厂的地板上使用，还有一个潜在的医学领域应用是帮助机器人手臂在手术中更安全地完成辅助任务（抽吸、冲洗或拉伸组织），而不妨碍外科医生自己的手臂或病人的器官。

本章小结

虚拟现实技术是由计算机产生，通过视觉、听觉、触觉等作用，使用户产生身临其境感觉的交互式视景仿真，具有多感知性、存在感、交互性和自主性等特征。本章阐述了虚拟现实系统核心技术的分类、特点及应用，重点介绍了三维建模、立体显示、真实感实时绘制、三维虚拟声音、人机自然交互以及碰撞检测几种技术。本章的学习要点是各种技术的原理和实现方法，以及一些技术在智能医学领域的应用。从虚拟现实技术的发展历程来看，虚拟现实技术在今后的发展过程中依然会遵循“低成本、高性能”的原则，主要的发展方向为：动态环境建立技术、实时三维图像生成与显示、研制新型交互设备、智能语音虚拟建模、应用大型分布式网络虚拟现实。随着虚拟现实技术在越来越多的领域的应用与发展，必将给人类带来巨大的经济和社会效益。

【注释】

1. 曲率：针对曲线上某个点的切线方向角对弧长的转动率，通过微分来定义，表明曲线偏离直线的程度。数学上表明曲线在某一点的弯曲程度的数值。曲率越大，表示曲线的弯曲程度越大。曲率的倒数就是曲率半径。

2. 体素（Volume Pixel）：是用来构造物体的原子单位，包含体素的立体可以通过立体渲染或者提取给定阈值轮廓的多边形等值面表现出来。

3. 三维扫描仪（3D Scanner）：是一种科学仪器，用来侦测并分析现实世界中物体或环境的形状（几何构造）与外观数据（如颜色、表面反照率等性质）。搜集到的数据常被用来进行三维重建计算，在虚拟世界中创建实际物体的数字模型。

4. 光栅（Grating）：由大量等宽等间距的平行狭缝构成的光学器件。一般常用的光栅是在玻璃片上刻出大量平行刻痕制成，刻痕为不透光部分，两刻痕之间的光滑部分可以透光，相当于一狭缝。

5. 干涉（Interference）：物理学中指两列或两列以上的波在空间中重叠时发生叠加，从而形成新的波形的现象。

6. 振幅：是指振动的物理量可能达到的最大值，通常以 A 表示。它是表示振动的范围和强度的物理量。

7. OpenGL：是一个跨编程语言、跨平台的编程接口规格的专业的图形程序接口。

8. 杜比：杜比是英国 R. M. DOLBY 博士的中译名，他在美国设立的杜比实验室，先后发明了杜比降噪系统、杜比环绕声系统等多项技术，对电影音响和家庭音响产生了巨大的影响。家庭中常常用到的杜比技术主要包括杜比降噪系统和杜比环绕声系统。

9. 生理声学：是声学的分支，主要研究声音在人和动物引起的听觉过程、机理和特性，也包括人和动物的发声。

10. 心理声学（Psychoacoustics）：是研究声音和它引起的听觉之间关系的一门边缘学科。心理声学就是指“人脑解释声音的方式”。压缩音频的所有形式都是用功能强大的算法将人们听不到的音频信息去掉。

11. 模板匹配：数字图像处理的重要组成部分之一。把不同传感器或同一传感器在不同时间、不同成像条件下对同一景物获取的两幅或多幅图像在空间上对准，或根据已知模式到另一幅图中寻找相应模式的处理方法就叫作模板匹配。

12. 人工神经网络（Artificial Neural Network，简称 ANN）：从信息处理角度对人脑神经元网络进行抽象，建立某种简单模型，按不同的连接方式组成不同的网络。在工程与学术界也常直接简称为神经网络或类神经网络。

13. 统计分析：指运用统计方法及与分析对象有关的知识，从定量与定性的结合上进行的研究活动。它是继统计设计、统计调查、统计整理之后的一项十分重要的工作，是在前几个阶段工作的基础上通过分析从而达到对研究对象更为深刻的认识。

14. Encoder-Decoder：又叫作编码-解码模型，这是一种应用于 seq2seq 问题的模型。

15. 包围盒算法：包围盒检测法就是将物体简化为多面体或球体，计算两个待测实体中心点的距离与它们半径之和的关系，以此来判定两物体是否可能碰撞。

16. 空间分解法：空间分解法则将包含实体的空间划分为多个子空间，子空间中的实体按照一定顺序进行排列，碰撞检测只限制在某个子空间中进行。

第 4 章 虚拟现实的输入设备

导 学

内容与要求

本章主要介绍了虚拟现实的定位追踪、跟踪器的定义和主要性能参数，一些常用的定位追踪技术、跟踪器和输入设备。

三维位置跟踪器中要理解维度的概念，掌握 6 自由度的概念。了解定位追踪技术包括：电磁追踪技术、声波追踪技术、惯性追踪技术和光学追踪技术等。了解跟踪器的主要性能参数，包括精度、抖动、偏差和延迟。了解多种跟踪器，包括电磁跟踪器、超声波跟踪器、光学跟踪器、惯性跟踪器和混合跟踪器。

导航（Navigation）输入设备中了解三维鼠标、传统手柄与动作感应手柄。

手势输入设备中要理解手势接口的工作原理，掌握数据手套的传感器基本配置情况，了解数据衣的基本工作方式。

重点、难点

本章的重点是跟踪器的概念、主要的跟踪技术及手势接口的工作原理。难点是理解 6 自由度的概念和数据手套传感器的配置情况。

输入设备（Input Devices）是用来输入用户发出的动作，使用户可以操控一个虚拟境界。在与虚拟场景进行交互时，大量的传感器用来管理用户的行为，并将场景中的物体状态反馈给用户。为了实现人与计算机间的交互，需要使用专门设计的接口把用户命令输入给计算机，同时把模拟过程中的反馈信息提供给用户。

4.1 三维位置跟踪器

跟踪器是指虚拟现实系统中用于测量三维对象位置和方向实时变化的专门硬件设备。跟踪器是虚拟现实中一个关键的传感设备，它的任务是检测方位与位置，并将数据报告给虚拟现实系统。例如，虚拟现实中常需要检测头部与手在三维空间中的位置和方向，一般需要跟踪 6 个不同的运动方向，即 6 自由度。

（1）维度　维度又称维数，指独立的时空坐标的数目。零维度空间是一个点，无限小的点，不占任何空间，点就是零维空间；当无数点集合排列之后，形成了线，直线就是一维空间；无数的线构成了一个平面，平面就是二维空间；无数的平面并列构成了三维空间，也就是立体的空间。三维是指在平面二维系中又加入了一个方向向量构成的空间，所谓三维，通俗地说也就是人为规定的互相垂直的三个方向，用这个三维坐标，看起来可以把整个世界任意一点的位置确定下来。

三维即坐标轴的三个轴，即 X 轴、Y 轴、Z 轴，其中 X 轴表示左右空间，Y 轴表示上下空间，Z 轴表示前后空间，这样就形成了人的视觉立体感，三维动画就是由三维制作软件制作的立体动画。

虚拟现实是三维动画技术的延伸和拓展，它们的不同是有无互动性。除此之外，虚拟现实需要确定位置和方向所以是 6 度，而三维是 3 度。

（2）6 自由度　在理论力学中，物体的自由度是确定物体的位置所需要的独立坐标数，当物体受到某些限制时，自由度减少。如果将质点限制在一条线上或一条曲线上运动，它的位置可以用一个参数表示。当质点在一个平面或曲面上运动时，位置由两个独立坐标来确定，它有 2 个自由度。假如质点在空间运动，位置由 3 个独立坐标来确定。物体在三维空间运动时，其具有 6 个自由度：3 个用于平移运动，3 个用于旋转运动。物体可以上下、左右运动，称为平移；物体可以围绕任何一个坐标轴旋转，称为旋转。由于这几个运动都是相互正交的并对应 6 个独立变量，即用于描述三维对象的 X、Y、Z 坐标值和 3 个参数俯仰角（Pitch）、横滚角（Roll）及航向角（Yaw），因此这 6 个变量通常为 6 个自由度（Degree Of Freedom，DOF），即 3 个平移自由度（即 X、Y、Z）和 3 个旋转自由度（Pitch、Roll、Yaw）。因此虚拟现实是 6 度，而非三维动画的 3 度，如图 4.1 所示。

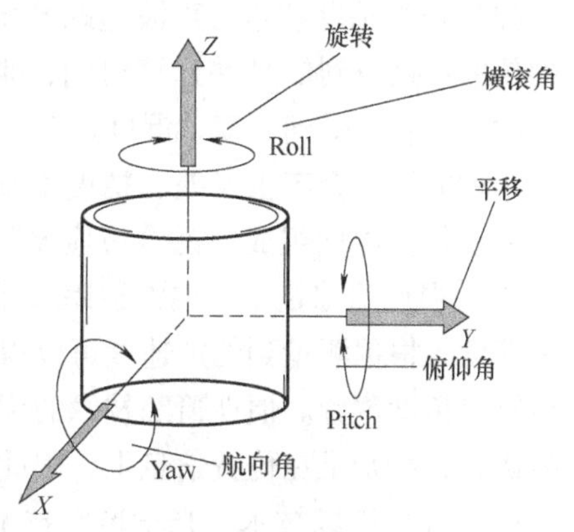

图 4.1　6 自由度示意图

4.1.1　虚拟现实的定位追踪

虚拟现实最大的特点是沉浸感。这种沉浸感一方面来自于光学透视产生的大视场角，能够包裹玩家的视野，像观看 IMAX 电影（Image Maximum，巨幕电影）一样身临其境；另一方面来自于每一次智能交互时，都能在虚拟世界中产生相应的效果，产生“现场”感，如用户的移动、旋转等。而这些沉浸感的产生都离不开定位追踪技术。

虚拟现实的定位追踪技术主要用来解决 6 自由度问题。即物体在三维空间的自由运动，包括 3 个平移和 3 个旋转。如果离开了定位追踪技术，虚拟现实将毫无沉浸感可言。

1. 定位追踪基础模型

定位追踪技术的基础模型基本相似：一个信号产生源在发出信号后，被能够感应到此信号的传感器检测到（传感器放置在被追踪物体上），通过 USB 或无线方式传输给计算单元，计算单元根据不同技术路径建立相应的数学模型，使用相应的算法计算出物体的位置信息（6 自由度信息）。定位追踪基础模型示意图如图 4.2 所示。

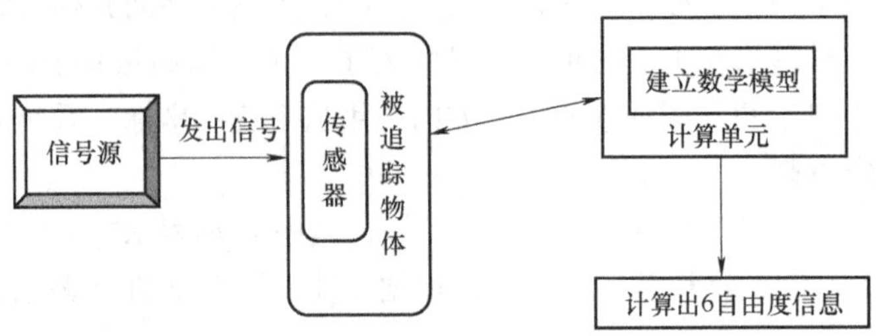

图 4.2　定位追踪基础模型示意图

2. 定位追踪技术

定位追踪技术可以根据用户的动作（如跳起、下蹲或前倾）来改变用户的视角，连接现实与虚拟世界。目前在虚拟现实中常见的定位追踪技术包括电磁追踪技术、声波追踪技术、惯性追踪技术和光学追踪技术等。这些追踪技术都被用于本书后面讲解的追踪器中。

（1）电磁追踪技术　电磁追踪技术的信号产生源来自于通电后的螺旋线（电生磁），传感器能够感应到磁场信息，根据传感器返回的信息，判断物体的 6 自由度信息。该技术具有实时性好、精度高的优点；缺点是容易受到干扰，如电动机、磁铁、通电的导线等。

（2）声波追踪技术　声波追踪技术是指由超声波发射器发出特定的声波，被追踪物体上的传感器接收到信号并计算时间，来获得位置信息和方向信息，从而达到定位追踪的效果。此技术容易受到温度、湿度、气压等因素影响，并且声波追踪设备调试过程很费时，而且由于环境噪声会产生误差、精度不高的问题。所以声波追踪设备通常和其他设备（如惯性追踪设备）共同组成“融合感应器”，以实现更准确的追踪。

（3）惯性追踪技术　惯性追踪技术是使用加速度计和陀螺仪实现的：加速度计测量线性加速度，根据测量到的加速度可以得到被追踪物的位置；陀螺仪测量角速度，根据角速度可以算出角度位置。惯性追踪技术的优点是性价比高，能提供高更新率及低延迟；缺点是会产生漂移，特别是在位置信息上，因此很难仅依靠惯性追踪确定位置。

（4）光学追踪技术　光学追踪技术是目前虚拟现实设备中应用最广泛的追踪技术，光学追踪可以分为红外光定位、可见光定位和激光定位。

① 红外光定位：基本原理是利用多个红外发射摄像头对室内定位空间进行覆盖，在被追踪物体上放置红外反光点，通过捕捉这些反光点反射回摄像机的图像，确定其在空间中的位置信息。这类定位系统有着非常高的定位精度，如果使用帧率很高的摄像头，延迟也会非常微弱，能达到非常好的效果。它的缺点是造价非常高，且供货量很小。应用这类定位技术最具代表性的产品有 OptiTrack 的光学定位摄像头。红外光定位示意图如图 4.3 所示。

图 4.3　红外光定位示意图

② 可见光定位：基本原理是用摄像头拍摄室内场景，但是被追踪点不是用反射红外线的材料，而是主动发光的标记点（类似小灯泡），不同的定位点用不同颜色进行区分。与红外光定位技术一样，该技术需要摄像头来采集这些颜色光，然后将这些信息通过一定的算法分别计算出各设备的位置。正是因为这种特性，可追踪点的数量也非常有限。该技术的优点是定位精度较高，价格较低；缺点是容易受其他光源干扰，移动范围不大。PS VR 的两个手柄上的两盏灯并不是装饰，而是定位技术所需要的可见光。PS VR 示意图如图 4.4 所示。

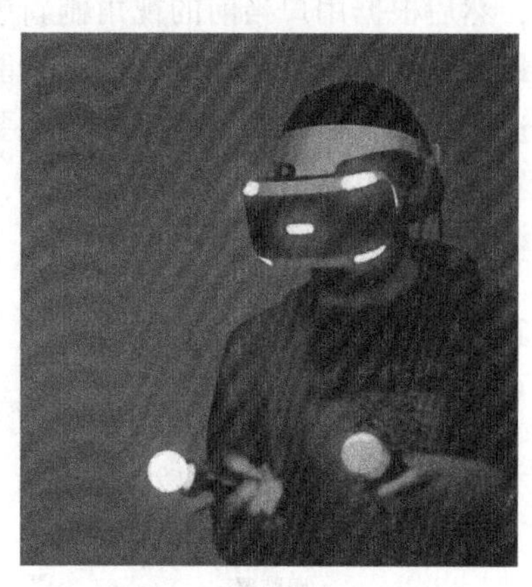

图 4.4 PS VR 示意图

③ 激光定位：基本原理是利用定位光塔，对定位空间发射横竖两个方向扫射的激光，在被定位物体上放置多个激光感应接收器，通过计算两束光线到达定位物体的角度差，解算出待测定位节点的坐标。该技术的优点是定位精度很高、稳定性强、运动范围大；缺点是价格较贵。这类定位技术的代表产品为应用 Lighthouse 室内定位技术的 HTC Vive，该产品是目前体验最好的追踪方案，如图 4.5 所示。HTC Vive 头盔和手柄上安装着光敏传感器，当激光扫过的时候，头盔开始计数，传感器接收到激光后，通过时间和方向就能计算出准确的位置。只要光敏传感器多，采集到很多的数据，就能形成一个 3D 的模型。

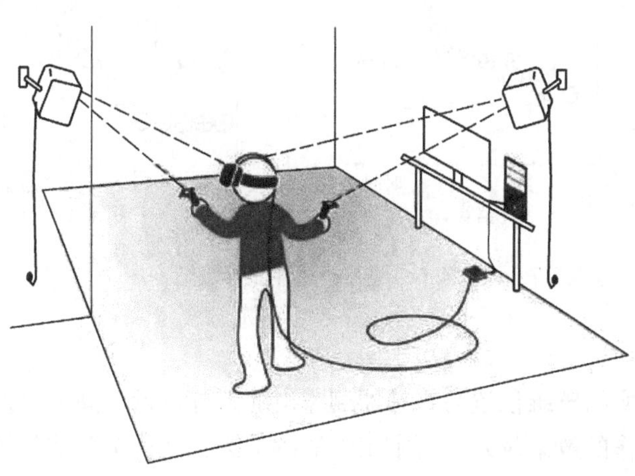

图 4.5 HTC Vive 图

还有其他一些定位技术，比如 WiFi 定位、射频识别技术等，但目前为止由于定位精度有限，在 VR 领域很少被应用。而有些不同厂商根据需求及各自产品特点，也有不同的跟踪定位技术，如 Oculus Rift 采用的“星座”系统、Intel 的 Alloy、超宽带（UWB）定位技术等，但这些产品目前仍然存在各种各样的问题，如成本、体积等。因此，如何实现体积小、易携带、定位精准、成本低等需求，也是未来需要解决的。

跟踪器能够实时地测量用户身体或其局部的方向和位置，并将信息输入给虚拟现实系统，然后根据用户当前的视角刷新虚拟场景的显示。它是虚拟现实和其他人机实时交互系统中最重要的输入设备之一，也是智能医学辅助治疗系统的重要组成部分。根据上面所讲的定位追踪技术，目前常见的跟踪器主要包括电磁跟踪器、光学跟踪器、超声波跟踪器、惯性跟踪器、GPS 跟踪器及混合跟踪器等，可以参考跟踪器的主要性能参数综合测评跟踪器的性能优劣。

4.1.2　跟踪器的性能参数

跟踪器的性能指标主要包括精度、抖动、偏差和延迟。跟踪器的性能参数图如图 4.6 所示。

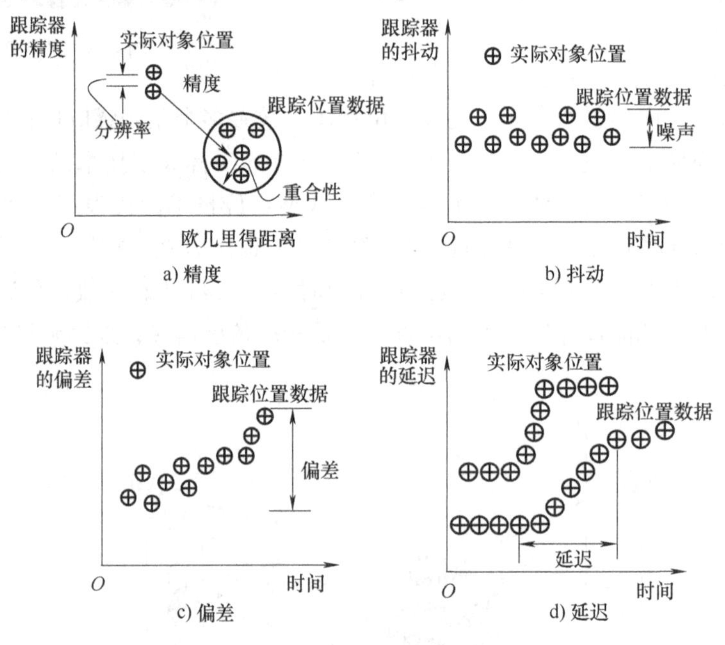

图 4.6　跟踪器的性能参数图

1. 精度

精度是指对象真实的三维位置与跟踪器测量出的三维位置之间的差值。

跟踪用户实际动作的效果越好，要求跟踪器越精确，则这个差值就越小。对于平移和旋转运动，需要分别给出跟踪精度（单位分别为毫米和度）。精度是变化的，会随着离坐标系原点的距离的增加而降低。分辨率与精度是不同的，分辨率是指跟踪器能够检测出的被跟踪对象的最小三维位置变化。如图 4.6a 所示。

2. 抖动

抖动是指当被跟踪对象固定不变时，跟踪器输出结果的变化。

当被跟踪对象固定时，没有抖动的跟踪器会测量出一个常数值。抖动有时也称为传感噪声，它使得跟踪器的数据围绕平均值随机变化，如图 4.6b 所示。在跟踪器的工作范围内，抖动不是一个常数值，会受附近环境条件的影响。

3. 偏差

偏差是指跟踪器随时间推移而累积的误差。

随着时间的推移，跟踪器的精确度降低，数据的准确性下降。因此需要使用一个没有偏差的间接跟踪器周期性地对它进行零位调整，以便控制偏差，如图 4. 6c 所示。

4. 延迟

延迟是动作与结果之间的时间差。对三维跟踪器来说，延迟是对象的位置或方向的变化与跟踪器检测这种变化之间的时间差，如图 4. 6d 所示。

延迟比较大的跟踪器会带来很大的时间滞后，因此仿真中需要尽量小的延迟。例如，在使用虚拟头盔时，虚拟头盔的运动与用户所看到的虚拟场景的运动之间存在很大的时间滞后。这种时间上的滞后会导致“仿真病”，包括恶心、疲劳和头痛等。用户感受到的是系统延迟，包括跟踪器测量对象位置变化的延迟、跟踪器与主计算机之间的通信时间延迟以及计算机绘制和显示场景所需的时间延迟。

4. 1. 3　电磁跟踪器

电磁跟踪器是一种非接触式的位置测量设备，它使用由一个固定发射器产生的电磁场，来确定移动接收单元的实时位置。

电磁跟踪器的原理就是利用磁场的强度来进行位置和方向跟踪，一般由一个控制部件、几个发射器和几个接收器组成，如图 4. 7 所示。首先发射器发射电磁场，发射器是由缠绕在一个立方体磁心上的三个方向相互垂直的线圈做成的天线组成。然后这些天线被依次激励，产生三个正交磁场，这三个磁场穿过接收器，产生一个包含九个电压值（每个正交的发射磁场产生三个电压）的信号。当发射器被关掉时，直流电磁跟踪器会再产生三个电压，这些电压对应于大地直流电磁场（当使用交流电磁场时，接收器由三个正交线圈组成；当使用直流电磁场时，接收器由三个磁力计或者霍尔效应传感器组成）。最后接收器的电压被一个电子单元采样，并使用校准算法确定接收器相对于发射器的位置和方向。这些数据包（三个位置值和三个旋转角度值）通过通信线按顺序发送给主计算机。如果接收器被绑在远处移动的对象上，那么计算机就可以间接地跟踪到该对象相对于固定发射器的运动。

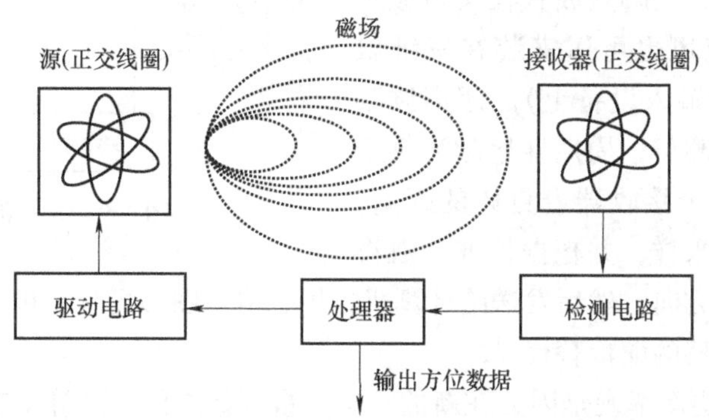

图 4. 7　交流电磁跟踪器原理图

电磁跟踪器根据磁发射信号和磁感应信号之间的耦合关系确定被测对象的方位。环境中的金属物体、电子设备、CRT及环境磁场会对接收装置造成干扰。

磁传感器是一种将磁场或磁感应强度等物理量转换成电信号的磁电转换元器件或装置，大部分磁传感器是基于固定材料的磁电效应的传感器，其中主要是半导体材料。当给一个线圈中通上电流后，在线圈的周围将产生磁场。根据所发射磁场的不同，可分为直流式电磁跟踪器和交流式电磁跟踪器，其中交流式电磁跟踪器使用较多。

电磁跟踪器的优点是其敏感性不依赖于跟踪方位，基本不受视线阻挡的限制，体积小、价格便宜，因此对于手部的跟踪大都采用此类跟踪器；缺点是其延迟较长，跟踪范围小，且容易受环境中大的金属物体或其他磁场的影响，从而导致信号发生畸变，跟踪精度降低。

目前电磁跟踪系统也多用于医学手术导航中，针对临床上介入手术中的手术“盲区”以及微创手术中更精准的手术导航需求，电磁跟踪技术通过与各种手术器械自由组合，进一步解决了手术中遇到的各种难题。如图4.8所示，NDI Aurora电磁追踪系统是一个专为医疗应用而设计的导航技术，它基于电磁技术，不要求视角，可以将NDI Aurora电磁追踪微型传感器与手术工具和设备（如针头、导管、探针）整合。将Aurora传感器放置于医疗器械的末端，能够让本地化工具在身体内灵活使用，开辟了很多过去无法实现的医疗应用新领域。

图4.8　NDI Aurora电磁追踪系统

4.1.4　超声波跟踪器

超声波跟踪器是应用声学跟踪技术最常用的一种，它是一种非接触式的位置测量设备，使用固定发射器产生的超声信号来确定移动接收单元的实时位置。

超声波跟踪器是由发射器、接收器和电子单元三部分组成，如图4.9所示。它的发射器由三个超声扬声器组成，安装在一个稳固的三脚架上。接收器的组成是三个麦克风安装在一个稳固的小三脚架上，三脚架放置在头盔显示器的上面（接收麦克风也可以安装在三维鼠标、立体眼镜和其他输入设备上）。超声波跟踪器的测量基于三角测量，周期性地激活每个扬声器，计算它到三个接收器麦克风的距离。控制器对麦克风进行采样，并根据校准常数将采样值转换成位置和方向，然后发送给计算机，用于渲染图形场景。由于其简单性，超声波跟踪器成为电磁跟踪器的廉价替代品。

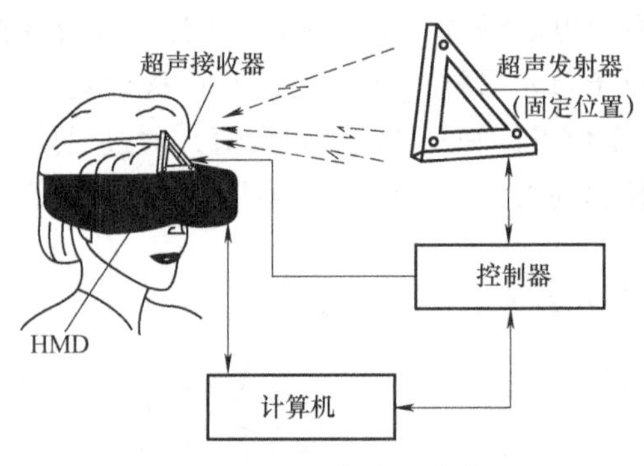

图4.9　超声波跟踪器

超声波跟踪器的更新率慢是因为在新的一次测量开始之前，要等待前一次测量的回声消失。当需要跟踪身体多个部位时，则会使用多路复用，即四个接收器共用一个发射器，这样会再次降低跟踪器的更新率，导致仿真延迟的进一步增加。在使用多个接收器和一个发射器时，还会限制使用者的活动空间。超声波信号在空气中传播时的衰减，也会影响超声波跟踪器的工作范围。超声波跟踪器的发射器和接收器之间要求无阻挡，如果发射器和接收器之间被某个对象阻挡了，则跟踪器的信号都会丢失。此外，背景噪声和其他超声源也会破坏跟踪器的信号。

Codamotion 超声波位置追踪系统，如图 4.10 和图 4.11 所示，是一款便携式实时 3D 运动测量领域的产品，其每个元件都具备独立的 3D 测量功能，可实现测量数据的高带宽实时传输，同时为系统供电。应用范围包括临床医学、生物力学、神经科学、体育、人机工程学等诸多领域。

图 4.10　Codamotion 标记驱动盒

图 4.11　Codamotion 步态分析魔杖套装

4.1.5　光学跟踪器

光学跟踪器是一种较常见的空间位置跟踪定位设备，是一种非接触式的位置测量设备，使用光学感知来确定对象的实时位置和方向。

光学跟踪器可以使用多种感光设备，从普通摄像机到光敏二极管都有。光源也是多种多样的，如自然光、激光或红外线等，但为避免干扰用户的观察视线，目前多采用红外线方式。例如，头盔显示器上装有传感器（光敏二极管），通过光敏管产生电流的大小及光斑中心在传感器表面的位置来推算出头部的位置与方向。光学跟踪器可分为两类：从外向里看（Outside-Looking-In）的光学跟踪器和从里向外看（Inside -Looking-Out）的光学跟踪器。光学跟踪器的布置如图 4.12 所示。

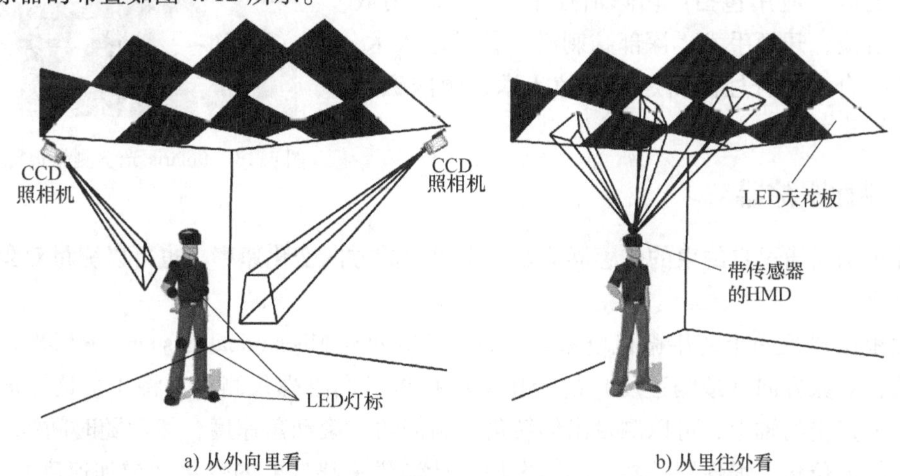

图 4.12　光学跟踪器的布置

1. 从外向里看的光学跟踪器

在被跟踪的运动物体上安装一个或几个发射器（图4. 12a 中的 LED 灯标），由固定的传感器（图4. 12a 中的 CCD 照相机）从外面观测发射器的运动，从而得出被跟踪物体的位置与方向。其优点是精度高、延迟低，可以减少出现晕动症的概率。其缺点一方面是跟踪物体被遮挡问题，如被跟踪物体突然走到沙发或高大植物的背后，远离传感器的视距，系统将会难以追踪具体位置；另一方面是传感器的限制，被跟踪物体需要一直维持在传感器视场范围之内，一旦超出范围，沉浸感就会被打破，如果设置的空间有限，这个问题将会更加突出。

2. 从里向外看的光学跟踪器

如图4. 12b 所示，从里向外看的光学跟踪器是在被跟踪的对象上安装传感器（如带传感器的 HMD），发射器是固定位置的（如 LED 天花板），装在运动物体上的传感器从里向外观测固定的发射器，来得出自身的运动情况。其优点是移动性增强，使得体验感更真实；缺点是精度低、有延迟。例如，Facebook 即将推出的新产品取消了外置传感追踪系统，转而使用（Inside-Looking-Out）追踪系统，简化了用户的设置过程，但准确性容易受到光线环境影响。

光学追踪需要与被追踪物体保持在无障碍的视线之中，所以很多光学追踪器需要校准。在大范围空间内设立动作捕捉系统是很复杂的，很多追踪器都需要有同步器或者进行外部的运算，而且重叠区域的空间会浪费。

Polaris 光学测量追踪系统，采用全球领先的计算机辅助手术和治疗系统内的核心 3D 测量技术。NDI Polaris 位置传感器安装在手术室内，在手术进行过程中进行定位以便最大限度地提高追踪设备的可见度。患者头部被固定在 Mayfield 架上，如图 4. 13 所示。NDI Polaris 集成系统具有很大的灵活性，适用于计算机辅助疗法，是高精确度主被动追踪工具。光学追踪系统的智能医学应用包括：切除治疗手术、近距离放射治疗、活检、开颅手术、深部脑刺激、骨科植入术、脊柱关节融合术、脊柱内固定螺钉植入术、颅内磁疗法、肿瘤切除术等。

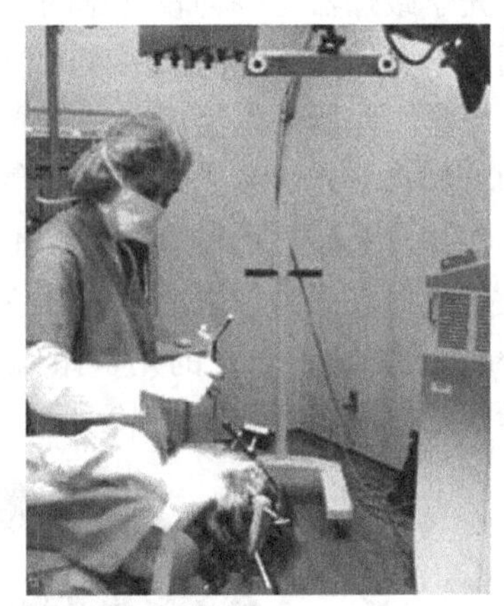

图 4. 13　Polaris 光学测量追踪系统

4. 1. 6　惯性跟踪器

惯性跟踪器通过自约束的传感器测量一个对象的方向变化速率，也可以测量对象平移速度的变化率。

惯性跟踪器是一个使用微机电系统（Micro-Electro-Mechanical System，MEMS）技术的固态结构，对象方向（或角速度）的变化率由科里奥利陀螺仪测量。将 3 个这样的陀螺仪安装在互相正交的轴上，可以测量出偏航角、俯仰角和滚动角速度，然后随时间综合得到 3 个正交轴的方位角。惯性跟踪器使用固态加速计测量平移速度的变化（或加速度）。测量相对于身体的加速度需要 3 个共轴的加速计和陀螺仪。知道了被跟踪对象的方向（从陀螺仪的测量数据得到)，减去重力加速度，就可以计算出世界坐标系中的加速度。被跟踪对象的位置最终可以通过对时间的二重积分和已知的起始位置（校准点）计算得到。

惯性跟踪器由于角度和距离的测量分别通过对陀螺仪和加速度计的一次和二次积分得到，系统误差会随着时间积累。由于积分的缘故，任何一个陀螺仪的偏差都会导致跟踪器的方向错误随时间线性增加；加速计的偏差会导致误差随时间呈平方关系增加。如果计算位置时使用了有偏差的陀螺仪数据，则问题会变得更复杂。

惯性跟踪器无论是在虚拟现实应用领域，还是在控制模拟器的投影机运动时，亦或是在生物医学的研究中，均是测量运动范围和肢体旋转的理想选择。如今的惯性位置跟踪器内置低功耗信号处理器，可提供实时无位移 3D 方向、校准 3D 加速度、3D 转弯速度以及 3D 地球磁场数据，在基于惯性传感器定位和导向的跟踪解决方案开发领域居于领先地位，主要代表品牌有 Xsens、Polhemus、InterSense、Ascension、Trivisio、VMSENS 等。如 Xsens MTw Awinda 惯性跟踪器，如图 4. 14 所示，其多应用于康复治疗、生物力学、步态分析等领域。

a)

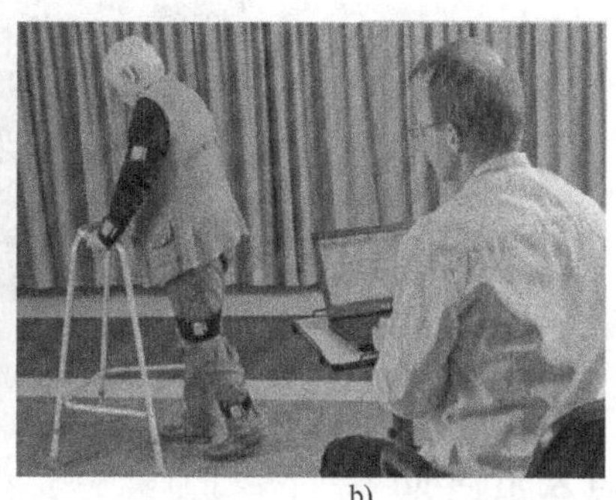
b)

图 4. 14　Xsens MTw Awinda 惯性跟踪器

4. 1. 7　GPS 跟踪器

GPS 跟踪器是目前应用最广泛的一种跟踪器。GPS 跟踪器是内置了 GPS 模块和移动通信模块的终端，用于将 GPS 模块获得的定位数据通过移动通信模块（GSM/GPRS 网络）传至 Internet 上的一台服务器上，从而可以实现在计算机上查询终端位置。

GPS 系统包括三大部分：空间部分（GPS 卫星星座）、地面控制部分（地面监控系统）、用户设备部分（GPS 信号接收机）。GPS 系统由 24 颗卫星组成，地球上的任何一点都能收到 4 ~9 颗卫星的信号。对于导航定位来说，GPS 卫星是一动态已知点，卫星的位置是依据卫星发射的星历来描述卫星运动及其轨道的参数算得的，每颗 GPS 卫星所播发的星历是由地面监控系统提供的。卫星上的各种设备是否正常工作以及卫星是否一直沿着预定轨道运行，都要由地面设备进行监测和控制。地面监控系统的另一个重要作用是保持各颗卫星处于同一时间标准（GPS 时间系统），这就需要地面站监测各颗卫星的时间、求出时钟差，然后由地面注入站发给卫星，卫星再由导航电文发给用户设备。GPS 工作卫星的地面监控系统包括 1 个主控站、3 个注入站和 5 个监测站。

GPS 信号接收机的任务是：能够捕获到按一定卫星高度截止角所选择的待测卫星的信

号，并跟踪这些卫星的运行，对所接收到的 GPS 信号进行变换、放大和处理，以便测量出 GPS 信号从卫星到接收机天线的传播时间，解译出 GPS 卫星所发送的导航电文，实时地计算出监测站的三维位置甚至三维速度和时间。

GPS 跟踪器的优点是拥有全球范围的有效覆盖面积、系统比较成熟、定位服务比较完备；缺点是信号受建筑物影响较大，衰弱很大，定位精度相对较低，甚至在航线控制区域会完全没有信号。

GPS 卫星发送的导航定位信号是一种可供无数用户共享的信息资源。对于陆地、海洋和空间的广大用户，只要用户拥有能够接收、跟踪、变换和测量 GPS 信号的接收设备即 GPS 信号接收机，就可以在任何时间用 GPS 信号进行导航定位测量。根据使用目的的不同，用户要求的 GPS 信号接收机也各有差异。目前世界上已有几十家工厂生产 GPS 接收机，产品也有几百种，这些产品可以按照原理、用途、功能等来分类，如图 4.15 所示。

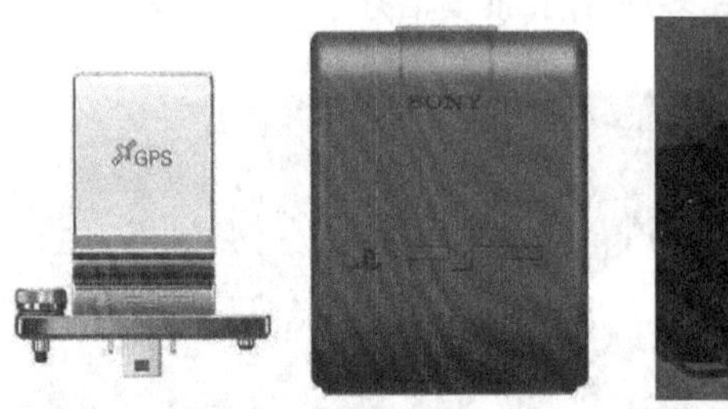

图 4.15　Sony PSP GPS 接收机

4.1.8　混合跟踪器

混合跟踪器指使用了两种或两种以上位置测量技术来跟踪对象的系统，它能取得比使用任何一种单一技术更好的性能。

与单一跟踪器相比，混合跟踪器虽然增加了虚拟现实系统的复杂性，但其最大的好处是保持了高精度姿态跟踪时还增强了跟踪鲁棒性。目前，混合跟踪器的应用比较广泛。

图 4.16 是由 3 个不同类型跟踪器构成的典型混合跟踪器示意图，3 个跟踪器分别由跟踪器 1（摄像机）、跟踪器 2（惯性）和跟踪器 3（GPS）表示并刚性连接，C、I、G 分别是 3 个跟踪器的局部坐标系，W 是场景世界坐标系，U 为摄像机的图像坐标系，S 为摄像机的跟踪目标。跟踪器输出数据可以是自身的测量数据，也可以是间接计算得到的姿态数据，比如视觉摄像机的直接数据是环境中跟踪目标 S 在图像坐标系 U 中的像素坐标 s，而间接得到的姿态数据是摄像机坐标系 C 相对世界坐标系 W 的坐标变换。由于各个跟踪器的测量数据所对应的参考坐标系各自不同，因此必须首先标定各个跟踪器之间的恒定坐标变换，然后将跟踪器测量数据变换到一个统一的参考坐标系中才能够进行跟踪测量数据的混合或融合；而且因跟踪器的数据测量时间点的不同，进行数据融合时还要考虑跟踪器之间的时间同步问题。混合跟踪器一般由至少 2 个跟踪器构成，混合跟踪器中跟踪器的类型越多，所涉及的混合跟踪方法、相对姿态标定方法及时间同步方法就越复杂。可见，混合跟踪方法、标定方法及时间同步方法是混合跟踪技术实现良好鲁棒性的关键，是混合跟踪虚拟现实应用中需要重点解决的关键问题。

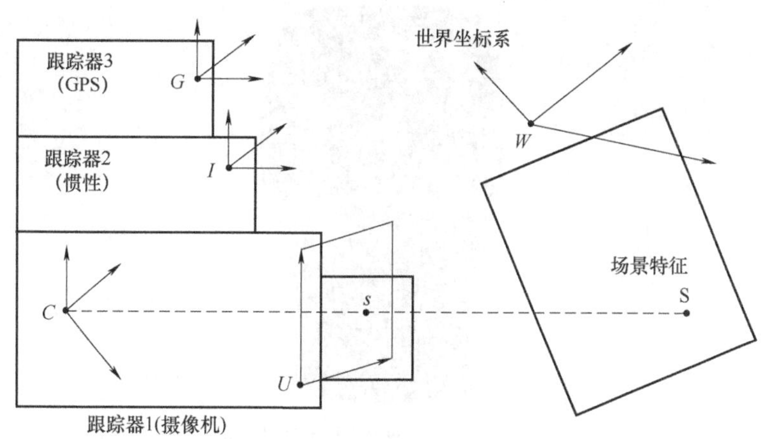

图 4.16　典型混合跟踪器及坐标示意图

混合跟踪器面向不同应用具有不同混合类型，其中光学混合、超声波-惯性和视觉-惯性混合跟踪器的发展技术水平已比较成熟，而未来发展重点在于视觉-惯性-GPS 等复杂跟踪器。除了传统工业、医疗、军事、文化遗迹保护、导航等领域，混合跟踪器还能够为核工业、机器人、互动娱乐以及普适计算等室内外虚拟现实应用注入新活力。

不同的跟踪器各有其特点，其优缺点也是相对于使用者的情况而言。

4.2　导航输入设备

虚拟现实中的交互是在绝对坐标系或者相对坐标系中完成的。前面介绍的跟踪器都是返回一个移动对象相对于固定坐标系的方向和位置，都是在绝对坐标系下完成的。导航（Navigation）输入设备是允许用户通过选择和操纵感兴趣的虚拟对象，交互式地改变虚拟环境和探索过程中的视图。导航输入设备主要包括三维鼠标、传统手柄与运动感应手柄。

4.2.1　三维鼠标

常用的二维鼠标是一个 2 自由度的输入设备，适用于平面内的交互，可以与后面学习的 Unity3D 相结合，在平面内控制 3D 模型。但在三维场景中的交互需要在不同的角度和方位对空间物体进行观察、操纵，这时二维鼠标就无能为力了。

三维鼠标是虚拟现实应用中比较重要的输入设备，可以从不同的角度和方位对三维物体进行观察、浏览和操纵。它可以完成在虚拟空间中 6 个自由度的操作，包含 3 个平移及 3 个旋转参数。其工作原理是在鼠标内部装有超声波或电磁发射器，利用配套的接收设备可检测到鼠标在空间中的位置与方向。三维鼠标与其他设备相比成本较低，常应用于建筑设计等领域。

三维鼠标能够为每个想体验三维乐趣的人提供更加强大而便利的操作，为三维应用程序提供自然而灵敏的三维环境和物体的操控方式。通过推、拉、转动或倾斜三维鼠标的控制器，人们能够对三维物体和环境进行移动、旋转、缩放等操作。图 4.17 是由罗技的子公司 3Dconnexion 研发制造的 SpacePilot Pro 3D 鼠标。

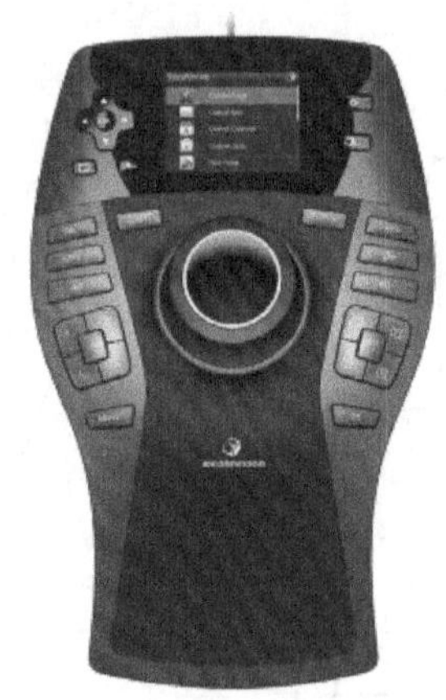

图 4.17　SpacePilot Pro 3D 鼠标

4.2.2　手柄

手柄是可以定位手的位置，并用触摸板、扳机、按钮实现多种交互的输入设备，可以实现模拟射击、抓取、挥舞等多种交互操作，还可以通过外部摄像头实现手柄的位置追踪，也可以通过按钮方式进行人机交互并通过振动马达的方式实现反馈，增强使用者的沉浸感。手柄可分为传统手柄与动作感应手柄。

1. 传统手柄

传统手柄采用惯性传感器、振动马达，使用按钮、摇杆或触板进行操作，并通过振动感交互。其基本原理是利用惯性敏感元件（陀螺仪、加速度计）测量载体相对于空间的线运动和角运动参数，来检测姿态参数和导航定位参数。典型代表是 Oculus Rift 消费者版默认的 Xbox 无线手柄和 PlayStation VR 搭配的 PS4（同时还需要 PlayStation Camera 摄像头辅助使用），如图 4.18 所示。

图 4.18　传统手柄

2. 动作感应手柄

动作感应手柄一般会通过惯性传感系统加上光学追踪系统或者磁场感应来提供 6 自由度的动作跟踪。典型代表是 Oculus Touch 手柄，如图 4.19 所示。

基于惯性传感器的手柄根据加速度和磁场传感器在各测量轴方向上的分量，计算得出手柄相对于重力加速度轴和地磁场轴的俯仰角和方位角，将这两个角度作为手柄的状态变量计算得到动作指令，通过串口传送到主机端，然后在虚拟场景中完成相应虚拟场景动作。

Touch 的技术框架是“多模式传感融合 + 手势识别”，即配置惯性传感器以及 Oculus 的动作追踪系统 Constellation 做光学跟踪，实现 Touch 的 6 自由度追踪。

图 4.19　Oculus Touch 手柄

手柄具备结构简单、性能稳定、成本低廉、使用方便的特点，现阶段比较适用于家庭，并且只需更改虚拟场景内容即可将该系统移植到其他应用领域，可移植性非常强。手柄也有着明显的缺陷：对于手部关节的精细动作无法还原，无法进行手部动作的精准定位，容易受周围环境铁磁体的影响而降低精度。

4.3 手势输入设备

虚拟现实系统是一个人机交互系统，而且在虚拟现实系统中要求人与虚拟世界之间是自然交互的。自然交互的一个重要方式就是直接追踪和定位人手，把手势作为输入。如果能直接使用手与虚拟世界进行交互，将日常生活中获得的经验直接运用到交互活动中，则可以充分提高虚拟世界的可操作性，并可在虚拟世界中完成更复杂的任务，手势输入设备也就由此诞生。

4.3.1 手势接口

手势接口是测量用户手指（有时也包括手腕）实时位置的设备，其目的是为了实现与虚拟环境的基于手势识别的自然交互。手势识别是基于手指的追踪，是把单个或多个手指构成特定的动作关联成一个程序动作。

在虚拟现实技术中实现基于手势的交互，需要有能让用户手部在一定范围内自由运动的输入/输出设备、额外的自由度以及表示对用户某个手指运动的感知。人类手指的自由度包括弯曲、伸展以及横向外展和内收。此外，拇指还有前置和后置运动，使它能到达手掌的对面位置。手和手指运动的术语如图4.20所示。

大多数手势接口都是嵌入了传感器的数据手套，传感器用于测量每个手指相对于手掌的位置。各种数据手套之间的主要区别是：所使用的传感器的类型、给每个手指分配的传感器的数目、感知分辨率、手套的采样速度以及它们的范围是无限的还是有限制的。

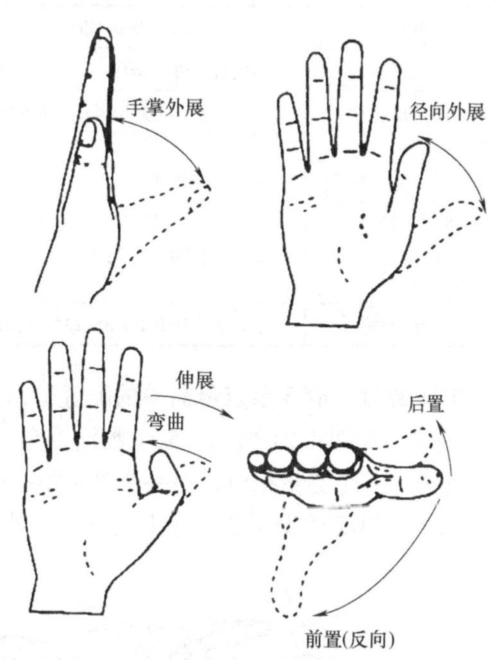

图4.20 手和手指运动的术语

4.3.2 数据手套

数据手套是虚拟仿真应用中主要的交互设备，是虚拟现实系统的重要组成部分。数据手套可以实时获取人手的动作姿态，如进行物体抓取、移动、旋转、装配、操纵、控制等动作，能够在虚拟环境中再现人手动作，达到人机交互的目的，是一种通用的人机接口。传感器技术是数据手套系统中的关键技术，数据手套的交互能力直接取决于传感器的性能。数据手套设有弯曲传感器，通过导线连接至信号处理电路，检测手指的伸屈，并把手指伸屈时的各种姿势转换成数字信号传送给计算机，计算机通过应用程序来识别并执行相应的操作，达到人机交互的目的。

数据手套的基本原理是：数据手套设有弯曲传感器，一个节点对应一个传感器，有 5 节点、14 节点、18 节点、22 节点之分。弯曲传感器由力敏元件、柔性电路板、弹性封装材料组成，通过导线连接至信号处理电路；在柔性电路板上设有至少两根导线，以力敏材料包覆于柔性电路板大部，再在力敏材料上包覆一层弹性封装材料，柔性电路板留一端在外，以导线与外电路连接。这样可以把人手姿态准确实时地传递给虚拟环境，而且能够把与虚拟物体的接触信息反馈给操作者，使操作者以更加直接、更加自然、更加有效的方式与虚拟世界进行交互，大大增强了互动性和沉浸感。

数据手套代表性产品有 5DT、CyberGlove、Measurand、Dexmo 等。本节主要介绍 5DT 数据手套。

1. 5DT 数据手套

5DT 数据手套是虚拟现实等领域专业人士使用的虚拟交互产品，具有超高的数据质量、较低的交叉关联以及高数据频率的特点。5DT 数据手套有 5 节点和 14 节点之分，见表 4.1。5DT 数据手套可以测量用户手指的弯曲程度以及手指的外围轮廓，可以用来替代鼠标和操作杆，系统通过一个 RS-232 接口与计算机相连接。

表 4.1　5DT 数据手套 5 节点和 14 节点技术参数

参数	5DT Data Glove 5 Ultra	5DT Data Glove 14 Ultra
材质	黑色合成弹力纤维	黑色合成弹力纤维
传感器解析度	12-bit A/D（典型范围：10bits）	12-bit A/D（典型范围：10bits）
曲形传感器	基于纤维光学 总共 5 个传感器，每个手指 1 个传感器，测量指节和第一个关节	基于纤维光学 总共 14 个传感器，每个手指 2 个传感器，一个测量指节、另一个测量第一个关节。在手指之间有 1 个传感器
接口	全速率的 USB 1.1 RS-232（可选的串口设备）	全速率的 USB 1.1 RS-232（可选的串口设备）

5DT 数据手套 5 节点最简单的配置中，每个手指都配有 1 个传感器，用于测量指节和第一个关节，如图 4.21 所示。5DT 数据手套 14 节点的配置中总共有 14 个传感器，每个手指 2 个传感器，一个测量指节、另一个测量第一个关节，在手指之间有 1 个传感器，共 4 个指间的传感器。5DT 数据手套还为小关节以及手指的外展和内收提供了传感器。另外还有一个倾

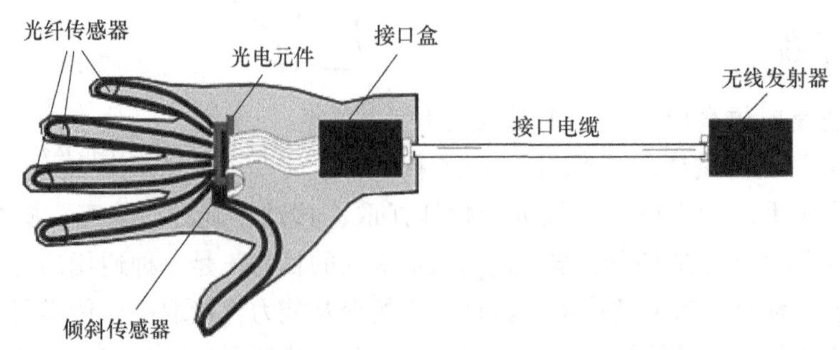

图 4.21　5DT 数据手套结构图

斜传感器用于测量手腕的方向，每个手指都固定有一个光纤回路，允许由于手指弯曲而产生微小的平移。

新版的 5DT 数据手套系列产品应用了彻底改良的传感器技术。新的传感器使得手套更加舒适，并能够在一个更大尺寸的范围内提供更加稳定的数据传输，其数据干扰被大大降低。数据手套软件开发工具包（Software Development Kit，SDK）兼容 Windows、Linux、UNIX 操作系统。由于其支持开放式通信协议，所以能在没有 SDK 的情况下进行通信。新版的 5DT 数据手套支持当前主流的三维建模软件和动画软件。

2. 其他新型数据手套

随着 VR 技术快速的发展，新型数据手套不断呈现，主要体现在传感器的数目增多、感知分辨率的提高、手套采样速度的加快、有范围限制到无限的转变以及舒适性的提高等，如 Manus VR（图 4.22）、Control VR、PowerClaw 和 CaptoGlove（图 4.23）等。Manus VR 开发套件是一款高端手部追踪手套，该手套可以实时跟踪使用者的手部，可用于模拟训练和运动捕捉，每个手套由自己的电池供电，续航长达 3 ~ 6h，有多种用途。CaptoGlove 可穿戴虚拟现实手套，在使用时只需要戴上 VR 眼镜和手套即可，可以完全无束缚地体验游戏中开枪、驾驶的乐趣。

图 4.22　Manus VR

图 4.23　CaptoGlove

数据手套的优点是输入数据量小，速度快，直接获得手在空间的三维信息和手指的运动信息，可识别的手势种类多，能够进行实时地识别。缺点是由于受技术及材料的影响，该类产品价格昂贵，普通应用场合难以承受，受众范围小，而且由于数据手套上一些硬件设备（如传感器）的材料比较娇贵，存在老化快、不能长时间应用等缺点。此外，数据手套穿戴复杂，给人带来很多不便，并且因为本身不能提供与空间位置相关的信息，所以数据手套必须配合位置跟踪器使用以达到获取空间位置信息的目的。

4.3.3　运动捕捉设备

数据衣是在虚拟现实系统中比较常用的运动捕捉设备，是为了让虚拟现实系统识别全身运动而设计的输入装置。当虚拟世界的环境和物体通过物理规律对用户的虚拟形象产生作用时，如刮风、下雨、温度变化、受到虚拟人物的攻击、物体抛掷或降落等，通过触觉反馈装置和多感知反馈装置让用户产生身临其境的感觉。

数据衣是根据数据手套的原理研制出来的，如图 4.24 所示。数据衣装备着许多触觉传感器，使用者穿上后，衣服里面的传感器能够根据使用者身体的动作进行探测，并跟踪人体的所有动作。数据衣对人体大约 50 个不同的关节进行测量，包括膝盖、手臂、躯干和脚。通过光电转换，身体的运动信息被计算机识别，反过来衣服也会反作用在身体上产生压力和摩擦力，使人的感觉更加逼真。和头盔显示器、数据手套一样，数据衣也有延迟大、分辨率低、作用范围小、使用不便的缺点；另外，数据衣还存在着一个潜在的问题，就是人的体型差异比较大，为了检测全身，不但要检测肢体的伸张状况，还要检测肢体的空间位置和方向，这就需要许多空间跟踪器。

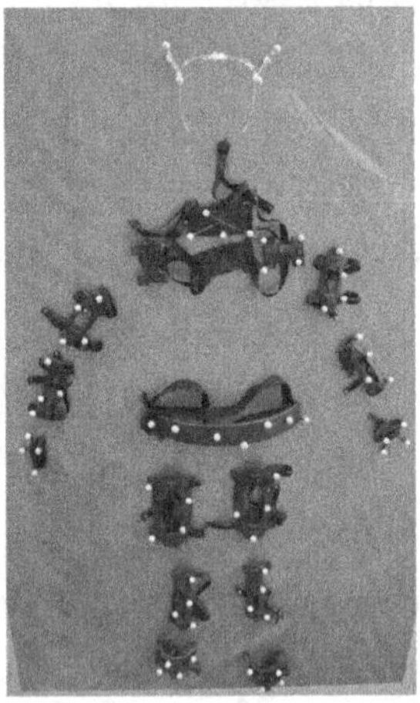

图 4.24　数据衣

数据衣主要应用在一些复杂环境中，对物体进行的跟踪和对人体运动的跟踪与捕捉。例如，GPSport 运动数据内衣，可以实时监测运动员的跑动距离、路线以及心率变化等。这个装备由两部分组成，装备里面有 GPS 模块、心率带，以及多轴加速仪、陀螺仪等跟踪设备，另外还有分析设备，可以对同步传输到计算机的运动员数据进行对比和分析。

本章小结

本章介绍了定位追踪技术和一些输入设备，如跟踪器和跟踪器的主要性能参数，从三维鼠标、传统手柄到动作感应手柄。随着对虚拟世界可操作性的提高，为了在虚拟世界中完成更复杂的任务，出现了手势输入设备，包括数据手套和根据数据手套的原理研制出来的数据衣。这些设备的目标都是实时捕捉用户的输入，并发送给运行仿真程序的计算机。正是这些特殊设备，使用户在与虚拟世界之间的自然交互中产生一种身临其境的逼真感。而虚拟技术应用于智能医学的诊疗方式最大限度地减少了手术的外力侵入损伤，改善治疗效果，并减少并发症从而提高安全性。随着科学的不断进步，将有更新更便利的输入设备出现，如脑波识别可以直接用意念控制，这或许是输入的终极形态。

【注释】

1. 耦合关系：一般来说，某两个事物之间如果存在一种相互作用、相互影响的关系，那么这种关系就称耦合关系。这种耦合关系在电学里面经常存在。

2. CRT：全称 Cathode Ray Tube，简称 CRT，是一种使用阴极射线管的显示器。

3. 霍尔效应传感器：霍尔传感器是根据霍尔效应制作的一种磁场传感器。霍尔效应是磁电效应的一种，是研究半导体材料性能的基本方法。通过霍尔效应实验测定的霍尔系数，能够判断半导体材料的导电类型、载流子浓度及载流子迁移率等重要参数。

4. CCD：电荷耦合元件（Charge-Coupled Device，CCD）为一种集成电路，CCD 上有许多排列整齐的电容，能感应光线，并将影像转变成数字信号。经由外部电路的控制，每个小电容能将其所带的电荷转给它相邻的电容。CCD 广泛应用在数码摄影、天文学，尤其是光学遥测技术、光学与频谱望远镜以及高速摄影技术。

5. 微机电系统：微机电系统（Micro-Electro-Mechanical System，MEMS）也叫作微电子机械系统、微系统、微机械等，是在微电子技术（半导体制造技术）基础上发展起来的，融合了光刻、腐蚀、薄膜、LIGA、硅微加工、非硅微加工和精密机械加工等技术制作的高科技电子机械器件。

6. 陀螺仪（角运动检测装置）：陀螺仪是用高速回转体的动量矩敏感壳体相对惯性空间绕正交于自转轴的一个或两个轴的角运动检测装置。利用其他原理制成的角运动检测装置有同样功能的也称陀螺仪。

7. 鲁棒性：鲁棒是 Robust 的音译，也就是健壮和强壮的意思，它是在异常和危险情况下系统生存的关键。比如说，计算机软件在输入错误、磁盘故障、网络过载或有意攻击情况下，能够不死机、不崩溃就是该软件的鲁棒性。

8. 光敏二极管：又叫光电二极管（Photodiode），是一种能够将光根据使用方式，转换成电流或者电压信号的光探测器。

9. 注入站：向导航卫星注入导航信息的地面无线电发射站。

10. 刚性连接：对用交联材料制成的热收缩管（带）进行火焰加热，使热收缩管（带）内表面的热熔胶与管材外表面粘接成一体，热收缩管（带）冷却固化形成恒定的包紧力的管道连接方法，属刚性连接。

11. 世界坐标系：是系统的绝对坐标系，在没有建立用户坐标系之前，画面上所有点的坐标都是以该坐标系的原点来确定各自的位置的。

12. 普适计算：普适计算又称普存计算、普及计算（Pervasive Computing 或者 Ubiquitous Computing），这一概念强调和环境融为一体的计算，而计算机本身则从人们的视线里消失。在普适计算的模式下，人们能够在任何时间、任何地点、以任何方式进行信息的获取与处理。

13. 力敏元件：其特征参数随所受外力或应力变化而明显改变的敏感元件。

14. SDK：即软件开发工具包（Software Development Kit，SDK）。

第 5 章 虚拟现实系统的输出设备

导 学

内容与要求

本章介绍虚拟现实系统的输出设备，输出设备为用户提供仿真过程对输入的反馈。通过输出接口给用户产生反馈的感觉通道，包括视觉（通过图形显示设备）、听觉（通过三维声音显示设备）和触觉（通过触觉反馈设备）。

图形显示设备部分要求了解图形显示设备的概念；了解人类视觉系统原理；掌握头盔显示器的概念和常用头盔显示器的应用；了解常用沉浸式立体投影系统的原理和应用；了解立体眼镜的原理。

三维声音显示设备部分要求了解声音显示设备的概念；了解人类听觉系统原理；了解基于 HRTF 的三维声音和基于扬声器的三维声音的原理和应用。

触觉反馈设备部分要求掌握接触反馈和力反馈的概念与区别；了解人类触觉系统；了解触觉鼠标和 iMotion 触觉反馈手套的原理和应用；了解力反馈操纵杆和 CyberGrasp 力反馈手套的原理和应用；了解触觉反馈在智能医学中的应用。

重点、难点

本章的重点是图形显示设备、声音显示设备、接触反馈设备和力反馈设备的概念和应用；头盔显示器的概念；常用沉浸式立体投影显示系统的原理；基于 HRTF 的三维声音和基于扬声器的三维声音的原理。难点是人类视觉系统原理、人类听觉系统原理和人类触觉系统原理。

人置身于虚拟世界中，要体验到沉浸的感觉，就必须让虚拟世界能模拟人在现实世界中的多种感受，如视觉、听觉、触觉、力觉、痛感、味觉、嗅觉等。输出设备的作用就是将虚拟世界中各种感知信号转变为人所能接受的多通道刺激信号，现在主要应用的输出设备是视觉、听觉和触觉（力觉）的设备。

5.1 虚拟现实系统的图形显示设备

图形显示设备是一种计算机接口设备，它把计算机合成的场景图像展现给虚拟世界中参与交互的用户。在 VR 系统中，图形显示设备是不可或缺的。

在人的感觉中，视觉摄取的信息量最大，反应最敏锐。所以，视觉感知的质量在用户对环境的主观感知中占有最重要的地位。对于虚拟现实环境而言，实时动态的图形视觉效果是产生现实感觉的首要条件，也是实现交互性的关键。因此，在各种各样的虚拟现实应用环境中，图形显示设备是最重要的设备。头盔显示器、沉浸式立体投影系统、立体眼镜等都是虚拟现实系统中最常见的图形显示设备。图形显示设备正向高分辨率、低延迟、重量轻、行动限制小、跟踪精度高等方向发展。

5.1.1　人类的视觉系统概述

要设计图形显示设备，必须先了解人类的视觉系统。一个有效的图形显示设备需要使它的图像特性与人类观察到的合成场景相匹配。

人眼有 1.26 亿个感光器，这些感光器不均匀地分布在视网膜上。视网膜的中心区域称为中央凹，它是高分辨率的色彩感知区域，周围是低分辨率的感知区域。被显示的图像中投影到中央凹的部分代表聚焦区。在仿真过程中，观察者的焦点是无意识地动态变化的，如果能跟踪到眼睛的动态变化，就可以探测到焦点的变化。

人类视觉系统的另一个重要特性是视场（Field Of View，FOV）。一只眼睛的水平视场大约 150°，垂直视场大约 120°，双眼的水平视场大约 180°。观察体的中心部分是立体影像区域，在这里两只眼睛定位同一幅图像，水平重叠的部分大约 120°。大脑利用两只眼睛看到的图像位置的水平位移测量深度，也就是观察者到场景中虚拟对象的距离。人类立体视觉的生理模型如图 5.1 所示。

在视场中，眼睛定位观察者周围的对象，如对象 A 位于对象 B 的后面。当目光集中在对象 B 的一个特征点时，聚焦在固定点 F 上。视轴和固定点的连线之间的夹角确定了会聚角。这个角度同时也依赖于左眼瞳孔和右眼瞳孔之间的距离，这个距离称为内瞳距（Interpupillary Distance，IPD），成年男女的内瞳距为 53 ~ 73mm。IPD 是人们解释真实世界中距离对象远近的基线，IPD 越大，会聚角就越大。由于固定点 F 对于两只眼睛的位置不同，因此在左眼和右眼呈现出水平位移，这个位移称为图像视差。

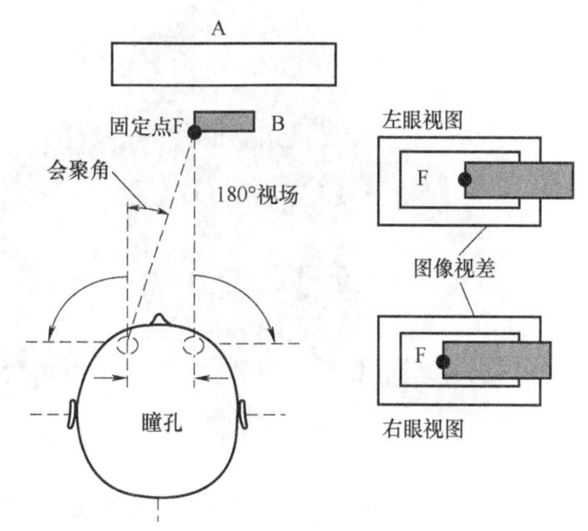

图 5.1　人类立体视觉的生理模型

为了使人脑能理解虚拟世界中的深度，VR 的图形显示设备必须能产生同样的图像视差。实现立体图形显示，需要输出两幅有轻微位移的图像。当使用两个设备时（如头盔显示器），每个设备都为相应的眼睛展示它生成的图像；当使用一个显示设备时，需要按时间顺序（如使用快门眼镜）或空间顺序（如自动立体图像显示）一次产生两幅图像。

立体视觉在图像视差非常大的近场显示中是一个很好的深度线索。当观察对象距离观察者越远，观察体中的水平偏移就越小，因此在距离用户 10m 以外的地方，立体视差会大幅度降低，这时根据图像中固有的线索也可以感知到深度，如线性透视、阴影、遮挡（远处的对象被近处的对象挡住）、表面纹理和对象细节等。运动视差在单场深度感知中同样很重要，因此当用户移动头部时，近处的对象看上去比远处的对象移动得更多。即使使用一只眼睛，这些深度仍然是有效的。

设计满足所有这些需要同时符合人机工程学的要求，并且价格便宜的图形显示设备，是一项非常艰难的技术任务，下面介绍几种常见的图形显示设备。

5.1.2 头盔显示器

头盔显示器（Head Mounted Display，HMD）即头显，是最常见的图形显示设备，利用头盔显示器将人对外界的视觉封闭，引导用户产生一种身在虚拟环境中的感觉。头盔显示器使用方式为头戴式，辅以 3 个自由度的空间跟踪定位器可进行 VR 输出效果观察，同时观察者可做空间上的自由移动，如自由行走、旋转等。

1. 头盔显示器的起源与发展趋势

早在 1968 年，美国 ARPA 信息处理技术办公室主任 Ivan Sutherland 建立了“达摩克利斯之剑”头盔显示器，它被认为是世界上第一个头盔显示器。它采用传统的轴对称光学系统以及体积和重量都较大的 CRT 显示器，佩戴者可以看到一个悬浮在空中的立体正方体。“达摩克利斯之剑”头盔显示器如图 5.2 所示。

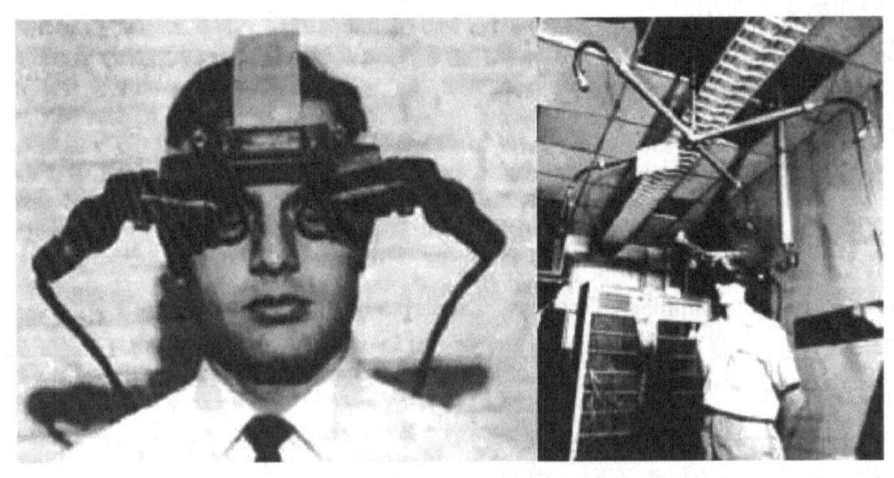

图 5.2 “达摩克利斯之剑”头盔显示器

“达摩克利斯之剑”已经具备了现代虚拟现实头盔显示器的基本要素：立体显示，用两个一寸的 CRT 显示器显示出有深度的立体画面；虚拟画面生成，图像实时计算渲染立方体的边缘角度变化；机械连杆和超声波检测的头部位置追踪；通过空间坐标建立定位立方体的 8 个顶点，使得立方体可以随着人的视角而变化。

CRT 显示器成本低、来源容易、可靠、影像质量良好，但其电源需求、高正极电压、产生高热仍是缺点。所以现在的头盔显示器器件主要为：平板（Flat Panel）显示器、液晶显示器、场致发光（Electroluminescent）显示器、发光二极管显示器、场致发射（Field Emission）显示器、真空荧光（Vacuum Fluorescent）显示器、等离子（Plasma）显示器、微镜片装置（Micro-mirror Device）显示器。

在引进人工智能和光纤传输技术后，预计未来头盔显示器会有革命性的发展，头盔显示器和各种传感器间的综合程度会更好，并有更高的资料更新率以及智能型的信息显示。同样，目前飞行员在转动头部时出现的图像迟滞现象，未来应该都会完全克服。

在未来的研究中，实现眼部无疲劳将成为头盔显示器发展的重要趋势；另外，为了调高用户使用的舒适度，在头盔显示系统中加入手势识别等更加智能的交互技术，也是头盔显示器未来发展的重要趋势。

2. 头盔显示器的原理

头盔显示器把图像投影到用户面前 1 ~ 5m 的位置，如图 5.3 所示。放置在 HMD 小图像面板和用户眼睛之间的特殊光学镜片，能使眼睛聚焦在很近的距离而不易感到疲劳，同时也能起到放大小面板中图像的作用，使它尽可能填满人眼的视场，如图 5.3 所示。唯一的负面影响是显示器像素之间的距离（A_1 ~ A_2）也同时被放大了。因此，HMD 显示器的颗粒度（Arc-Minutes/Pixel）在虚拟图像中变得很明显。HMD 分辨率越低，FOV 越高，眼睛视图中对应于每个像素的 Arc-Minutes 数目也就越大。但是，如果 FOV 过大会使得出口瞳孔直径变大，从而在图像边缘产生阴影。

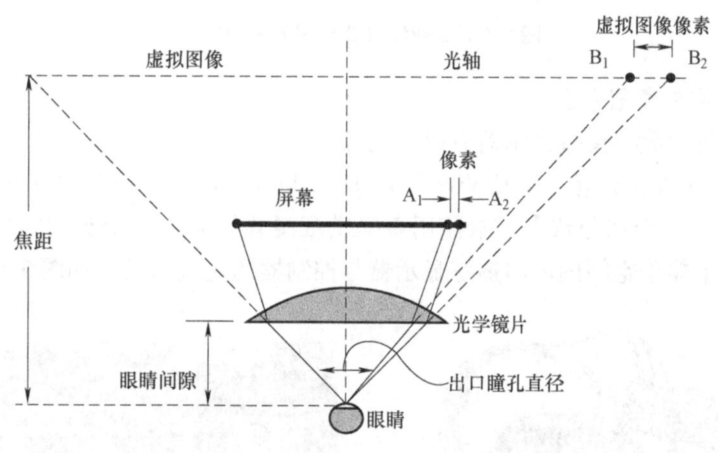

图 5.3　简化的 HMD 光学模型

3. 头盔显示器的显示技术

普通消费级的 HMD 使用 LCD，主要是为个人观看电视节目和视频游戏设计的，而不是为 VR 设计的，它们能接受 NTSC（在欧洲是 PAL）单视场视频输入。当集成到 VR 系统中时，需要把图形流输出的红绿蓝（RGB）信号格式转换成 NTSC/PAL，如图 5.4 所示。HMD 控制器允许手工调节亮度，也允许把同样的信号发送给 HMD 的所有显示器。

专业级 HMD 设备则使用 CRT 的显示器，它能产生更高的分辨率，是专门为 VR 交互设计的，它接受 RGB 视频输入。如图 5.5 所示，在图形流中，两个 RGB 信号被直接发送给 HMD 控制单元，用于立体观察。通过跟踪用户的头部运动，把位置数据发送给 VR 引擎，用于图形计算。

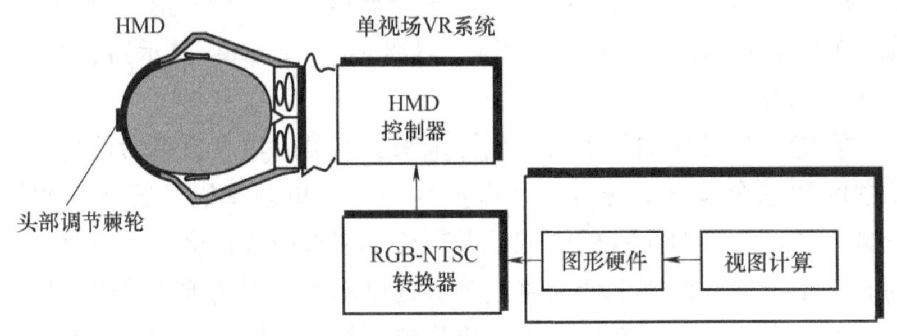

图 5.4　普通消费级（单视场）HMD

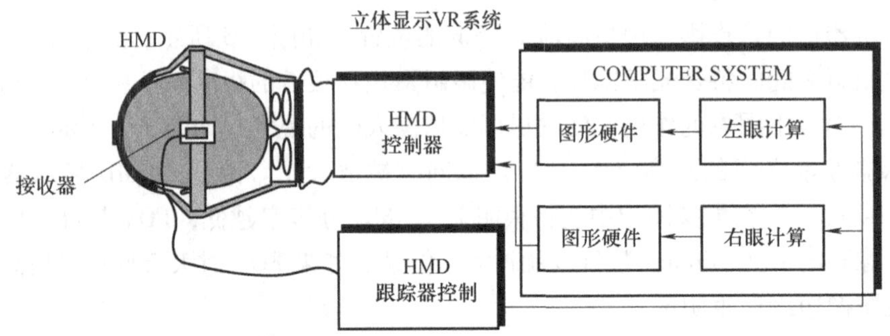

图 5.5　专业级（立体显示）HMD

4. 常见的数字头盔显示器

当今比较流行的数字头盔显示器有以下几种：

(1) HTC Vive 数字头盔　HTC Vive 是由 HTC 与 Valve 联合开发的一款 VR 头显产品，HTC Vive 通过以下 3 个部分致力于给使用者提供沉浸式体验：一个头戴式显示器、两个单手持控制器、一个能于空间内同时追踪显示器与控制器的定位系统，如图 5.6 所示。

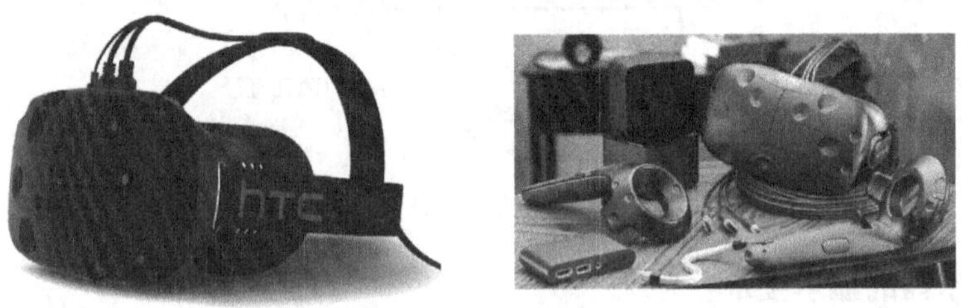

图 5.6　HTC Vive 数字头盔

HTC Vive 开发者版采用了一块 OLED 屏幕，单眼有效分辨率为 1200×1080，双眼合并分辨率为 2160×1200。用户能在佩戴眼镜的同时戴上 HTC Vive，即使没有佩戴眼镜，400 度左右近视依然能清楚地看到画面的细节。画面刷新率为 90Hz，显示延迟为 22ms，实际体验几乎零延迟，也不觉得恶心和眩晕。

HTC Vive 从最初给游戏玩家带来沉浸式体验，延伸到可以在更多领域施展想象力和应用开发潜力。一个最现实的例子是，可以通过虚拟现实搭建场景，实现在医疗和教学领域的应用。比如帮助医学院和医院制作人体器官解剖，让学生佩戴 VR 头显进入虚拟手术室观察人体各项器官、神经元、心脏、大脑等，并进行相关临床试验。

（2）Oculus Rift 数字头盔　Oculus Rift 是一款为电子游戏设计的头戴式显示器，如图 5.7所示。Oculus Rift 具有两个目镜，每个目镜的分辨率为 640×800，双眼的视觉合并之后拥有 1280×800 的分辨率。由于 Oculus Rift 中配有陀螺仪、加速计等惯性传感器，可以实时感知使用者头部的位置，并对应调整显示画面的视角。Oculus Rift 能够使使用者身体感官中“视觉”的部分如同进入游戏中，戴上后几乎没有“屏幕”这个概念，用户看到的是整个世界。设备支持方面，开发者已有 Unity3D、Source 引擎、虚幻 4 引擎提供官方开发支持。

（3）5DT 数字头盔　5DT 数字头盔具有超高分辨率，可提供清晰的图像和优质的音响效果，产品外形设计简约流畅、表面光洁、舒适、超轻，便于携带。用户可根据自己对沉浸感的需求进行不同层级的调节，另外还有可进行大小调节的顶部旋钮、背部旋钮、穿戴式的头部跟踪器以及便于检测的翻盖式设计，如图 5.8 所示。

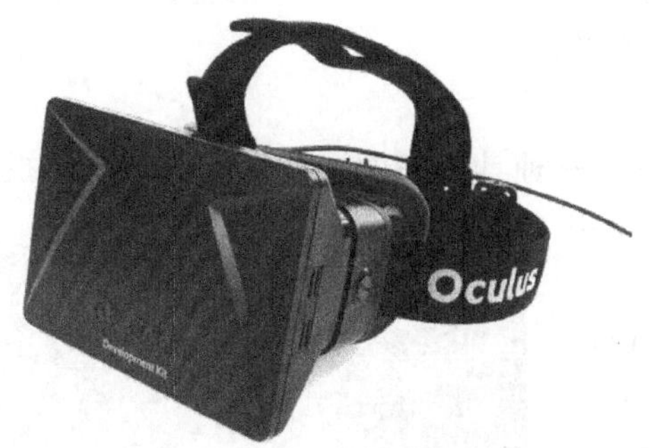

图 5.7　Oculus Rift 数字头盔

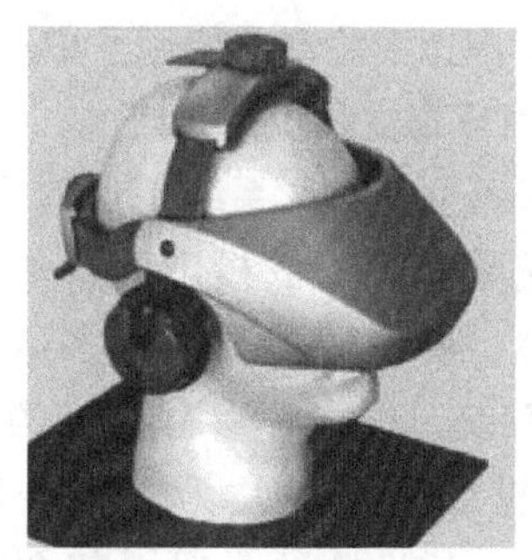

图 5.8　5DT 数字头盔

5.1.3　沉浸式虚拟现实显示系统

沉浸式立体投影系统是一种最典型、最实用、最高级的沉浸式虚拟现实显示系统。系统以大幅面甚至是超大幅面的虚拟现实立体投影为显示方式，为参与者提供团体式（10～200人）多人参与、集体观看、具有高度临场感的投入型虚拟空间环境，让所要交互的虚拟三维世界高度逼真地浮现于参与者的眼前，再结合必要的虚拟外设（如数据手套、6 自由度位置跟踪系统或其他交互设备），参与者可从不同的角度和方位自由地交互、操纵，实现三维虚拟世界的实时交互和实时漫游。

根据沉浸程度的不同，沉浸式虚拟现实显示系统通常可分为大屏幕三维立体显示系统、柱面环幕立体投影系统、沉浸式虚拟现实显示墙系统、洞穴状自动虚拟系统、球面投影显示系统、桌面互动投影系统等。这类沉浸式显示系统非常适合于军事模拟训练、CAD/CAM（虚拟制造、虚拟装配）、建筑设计与城市规划、虚拟生物医学工程、3D GIS 科学可视化、教学演示等诸多领域的虚拟现实应用。

1. 大屏幕三维立体显示系统

大屏幕三维立体显示系统是沉浸式虚拟现实显示系统的初级形式，是一套基于高端 PC

虚拟现实工作站平台的入门级虚拟现实三维投影显示系统，该系统通常以一台图形计算机为实时驱动平台、两台叠加的立体专业 LCD 或 DLP 投影机作为投影主体来显示一幅高分辨率的立体投影影像，所以通常又称之为单通道立体投影系统。与传统的投影相比，该系统最大的优点是能够显示优质的高分辨率三维立体投影影像，为虚拟仿真用户提供一个有立体感的半沉浸式虚拟三维显示和交互环境，同时也可以显示非立体影像，而由于虚拟仿真应用的特性和要求，通常情况下均使用其立体模式，如图 5.9 所示。

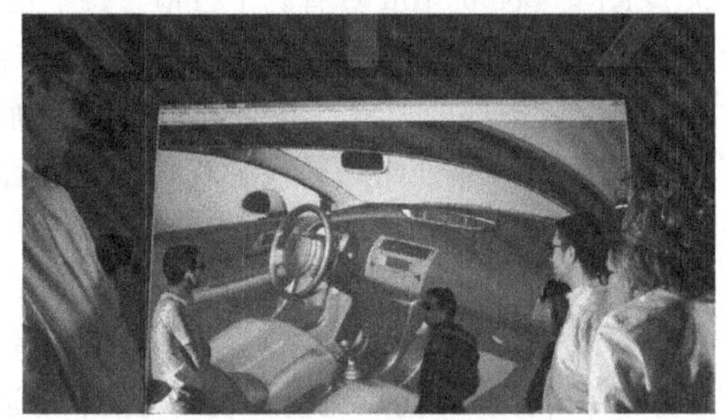

图 5.9　大屏幕三维立体显示系统

在众多的虚拟现实三维显示系统中，大屏幕三维立体显示系统是一种低成本、操作简便、占用空间较小、具有极好性价比的小型虚拟三维投影显示系统，其集成的显示系统使安装、操作使用更加容易，被广泛应用于高等院校和科研院所的虚拟现实实验室中，中国医科大学虚拟实验室就使用了单通道投影系统。

2. 柱面环幕立体投影系统

柱面环幕立体投影系统是目前非常流行的一种具有高度沉浸感的虚拟现实投影显示系统。该系统采用环形的投影屏幕作为仿真应用的投射载体，所以通常又称为多通道环幕立体投影显示系统。根据环形幕半径的大小，柱面环幕立体投影系统通常为 120°、135°、180°、240°、270°、360°弧度不等，如图 5.10 所示。由于其屏幕的显示半径巨大，通常用于一些大型的虚拟仿真应用，比如虚拟战场仿真、虚拟样机、数字城市规划、三维地理信息系统等大型场景仿真环境，近年来开始向展览展示、工业设计、教育培训、会议中心等专业领域发展。

图 5.10　柱面环幕立体投影系统

3. 沉浸式虚拟现实显示墙系统

沉浸式虚拟现实显示墙系统是目前非常流行的一种高度沉浸的虚拟仿真显示系统。该系统以多通道视景同步技术和数字图像边缘融合技术为支撑，将三维图形计算机生成的实时三维数字影像实时输出并以 1∶1 的大比例的立体图像显示在一个超大幅面的平面投影幕墙上，使观看者和参与者获得一种身临其境的虚拟仿真视觉感受，如图 5.11 所示。它可根据场地空间的大小灵活地配置两个、三个甚至是若干个投影通道，无缝地拼接成极高分辨率的三维立体图像。

图 5.11　沉浸式虚拟现实显示墙系统

4. 洞穴状自动虚拟系统

洞穴状自动虚拟系统（Cave Automatic Virtual Environment，CAVE）是一种基于投影的沉浸式虚拟现实设备，其特点是分辨率高、沉浸感强、交互性好。如图5.12所示，该系统可提供一个同房间大小的四面（或六面）立方体投影显示空间，供多人参与，所有参与者均完全沉浸在一个被三维立体投影画面包围的高级虚拟仿真环境中，借助相应虚拟现实交互设备（如数据手套、力反馈装置、位置跟踪器等），从而获得一种身临其境的高分辨率三维立体视听影像和6自由度交互感受。由于投影面积能够覆盖用户的所有视野，所以CAVE能提供给使用者一种前所未有的带有震撼性的身临其境的沉浸感。这种完全沉浸式的立体显示环境，为科学家带来了空前创新的思考模式。

图5.12　洞穴状自动虚拟系统

科学家能通过CAVE直接看到他们的可视化研究对象。例如，大气学家能“钻进”飓风的中心观看空气复杂而混乱无序的结构；生物学家能检查DNA规则排列的染色体链对结构，并虚拟拆开基因染色体进行科学研究；理化学家能深入到物质的微细结构或广袤环境中进行试验探索。可以说，CAVE可以应用于任何具有沉浸感需求的虚拟仿真应用领域，是一种全新的、高级的、完全沉浸式的科学数据可视化手段。

5. 球面投影显示系统

球面投影显示系统也是近年来最新出现的沉浸式虚拟现实显示系统，也是采用三维投影显示方式予以实现，其最大的特点是视野非常广阔，能覆盖观察者的所有视野，从而能让观察者感觉完全置身于飞行场景中，给人身临其境的沉浸感，如图5.13所示。

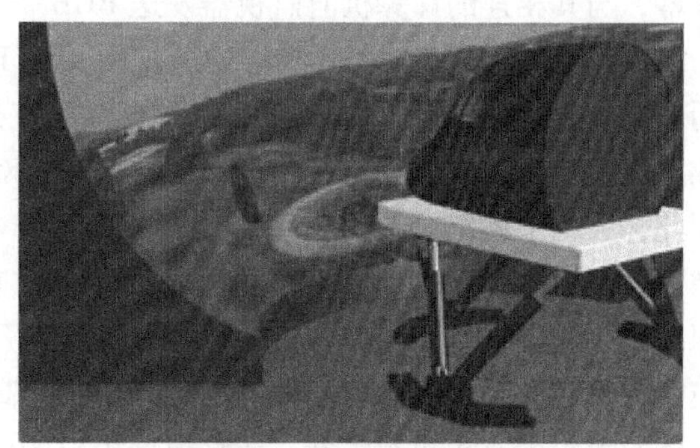
图5.13　球面投影显示系统

球面投影显示系统不仅仅是普通科研工作者想象的那样简单，其所包括的技术模块有球面视锥的科学设计算法、多通道图像边缘融合曲面几何矫正、PC-Cluster并行集群同步渲染技术。其中球面视锥的科学设计算法是球面显示系统的最关键技术门槛，如果不能解决这个问题，即使做好边缘融合和几何校正，最后显示出来的三维效果也是错误的。

6. 桌面互动投影系统

桌面互动投影系统通过小型投影系统将动态图像投影于投影屏上，取代传统文字、图像展示方式，具有展示新颖、设计独特等特点。用户可以在屏幕进行触控操作，取代传统的触摸屏，让人和数字内容交互变得直接，使用户得到全新的操作体验。多点触摸系统基于先进的计算机视觉技术，获取并识别手指在投影区域上的移动，以自然的手势姿态控制软件，实现图像的点击、缩放、三维旋转、拖拽，是一种极为自然和方便的互动模式，如图 5.14 所示。

图 5.14　桌面互动投影系统

5.1.4　立体眼镜显示设备

立体眼镜（3D 眼镜）种类很多，其中比较先进的一种采用“分时法”，通过 3D 眼镜与显示器同步的信号来实现。立体眼镜使观众观看的电影或电视节目就像一幕在面前发生的真实三维场景，戴上立体眼镜让观众感觉身临其境的感觉。立体眼镜以其结构简单、外形轻巧和价格低廉成为理想的选择，是目前最为流行和经济适用的虚拟现实观察设备，如图 5.15 所示。

它的结构原理是：经过特殊设计的虚拟现实监视器能以 120～140f/s 或 2 倍于普通监视器的扫描频率刷新屏幕，与其相连的计算机向监视器发送 RGB 信号中含有 2 个交互出现的、略微有所漂移的透视图。与 RGB 信号同步的红外控制器发射红外线，立体眼镜中红外接收器依次控制正色液晶检波器、保护器，轮流锁定双眼视觉。因此，大脑中就记录有一系列快速变化的左、右视觉图像，再由人眼视觉的生理特征将其加以融合，就产生了深度效果即三维立体画面。检波器、保护器的开/关时间极短，只有几毫秒，而监视器的刷新频率又很高，因此，产生的立体画面无抖动现象。有些立体眼镜也带有头部跟踪器，能够根据用户的位置变化实时做出反应。与 HMD 相比，立体眼镜结构轻巧、造价较低，而且佩戴很长时间眼睛也不至于疲劳。

图 5.15　3D VISION2 立体眼镜

5.2　虚拟现实系统的声音显示设备

声音显示设备是一类计算机接口，它把计算机合成的场景声音展现给虚拟世界中参与交互的用户。声音可以是单声道的（两只耳朵听到相同的声音），也可以是双声道的（每只耳朵听到不同的声音）。声音显示设备在增加仿真的真实感中扮演着重要的角色，它是对前面介绍的图形显示设备提供的视觉反馈的补充。

5.2.1　人类的听觉系统概述

要了解三维声音显示原理，必须先了解人类在空间中定位声源的方法。声源定位是听觉系统对发声物体位置的判断过程，可以通过以下几个线索对声音进行识别和判断。

1. 纵向极坐标系统

纵向极坐标系统来表示三维声源位置，为了测量声音的位置，就必须先建立一个附着在头部的坐标系统。

如图 5.16 所示，声源的位置由三个变量唯一确定，分别称为方位角、仰角和范围。方位角 θ（±180°）是鼻子与纵向轴 Z 和声源的平面之间的夹角；仰角 φ（±90°）是声源和头部中心点的连线与水平面的夹角；范围 r（大于头的半径）是沿这条连线测量出的声源距离。大脑根据声音的强度、频率和时间线索判断声源的位置（方位角、仰角和范围）。

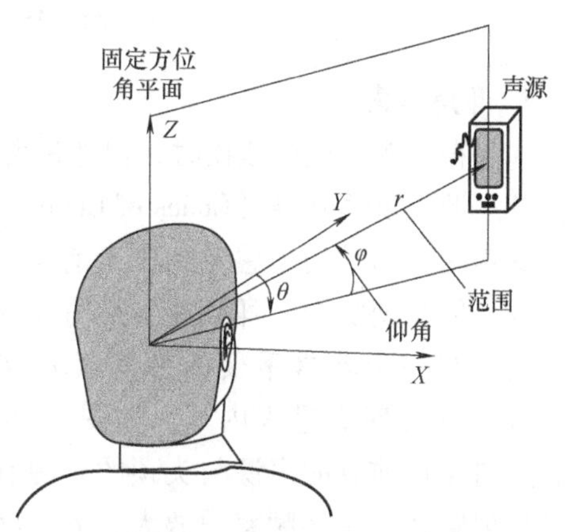

图 5.16　用于定位三维声音的纵向极坐标系统

2. 方位角线索

声音从声源出发，以不同的方向在空气传播介质中经过衰减以及人的头脑反射和吸收过程，最后到达人的左右耳，左右耳因此感受到不同的声音。

声音在空间中的传播速度是固定的，那么声音先到达距离声源比较近的那只耳朵。如图 5.17所示，声波稍后到达另一只耳朵，因为声音到达另一只耳朵需要多走一段距离，这段距离可表示为 $a\theta + a\sin\theta$。声音到达两只耳朵的时间差称为两耳时差（Interaural Time Difference，ITD），可用下列公式来表达：

$$\mathrm{ITD} = \frac{a}{c}\ (a\theta + a\sin\theta)$$

其中，a 是头的半径，c 是声音的传播速度，θ 是声源的方位角。当 θ 等于 90°时，两耳时差最大；当声源位于头的正后方或者正前方时，两耳时差为 0。

大脑估计声源方位角的第二个线索是声音到达两只耳朵的强度，称为两耳强度差（Interaural Intensity Difference，IID）。如图 5.18 所示，声音到达比较近的耳朵的强度比比较远的耳朵强度大，这种现象称为“头部阴影效果”。对于高频声音（大于 1.5kHz），用户能感觉到这种现象的存在；对于频率非常低的声音（低于 250Hz），用户是感觉不到这种现象的。

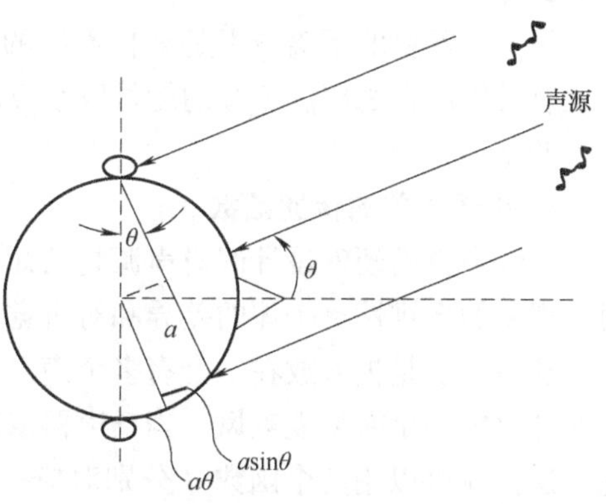

图 5.17　两耳时差示意图

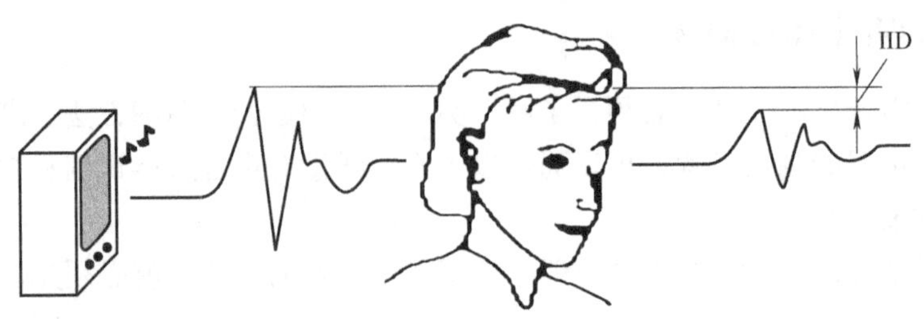

图 5.18　两耳强度差示意图

3. 仰角线索

如果在对头部进行建模时，把耳朵表示成简单的小孔，那么对于时间线索和强度线索都相同的声源，误区圆锥（Cones of Confusion）会导致感觉倒置或前后混乱。实际上位于用户后面的声源，却被用户感觉到位于前面，反之一样。但在现实中，耳朵并不是简单的小孔，而是有一个非常重要的外耳（耳郭），声音被外耳反射后进入内耳。如图 5.19 所示，来自用户前方的声源与头顶的声源有不同的反射路径，一些频率被放大，另一些被削弱。之所以会被削弱，是因为声音和耳郭反射声音之间是有冲突的。既然声音和耳郭反射声音之间的路径差异随仰角的变化而变化，那么耳郭提供了声源仰角的主要线索。

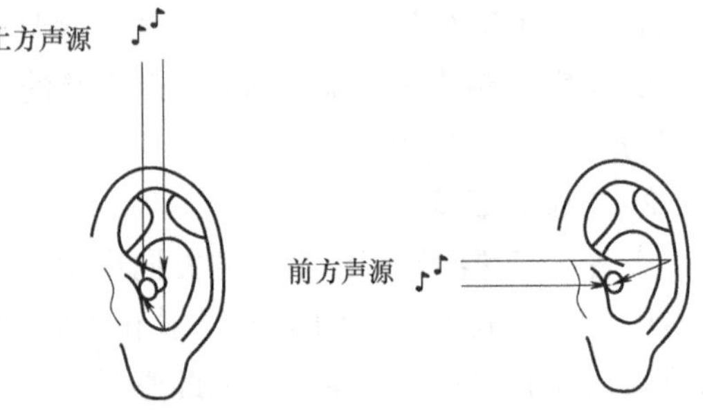

图 5.19　声音线路变化与声源仰角

4. 距离线索

大脑利用对给定声源的经验知识和感觉到的声音响度估计声源和用户之间的距离。

其中一个距离线索就是运动视差，或者说是当用户平移头部时声音方位角的变化。运动视差大，意味着声源就在附近。而对于距离很远的声源，当头部发生平移时，方位角几乎没有什么变化。

另一个重要的距离线索是来自声源的声音与经周围环境（墙、地板或天花板等）第一次反射后的声音之比。声音的能量以距离的平方衰减，而反射的声音不会随距离的变化发生太大变化。

5. 头部相关的传递函数

三维声音的硬件设计假设声源是已知的，需要有一个相应声音到达内耳的模型。但是，由于现象的多维性、个体的差异和对听觉系统的不全面理解，使得建模工作非常复杂。

建模方法是把人放在一个有多个声源（扬声器）的圆屋顶（Dome）下，并且在实验者的内耳放置一个微型麦克风。当扬声器依次打开时，把麦克风的输出存储下来并且进行数字化。这样就可以用两个函数（分别对应一只耳朵）测量出对扬声器的响应，称为与头部相关的脉冲响应（Head-Related Impulse Responses，HRIR）。相应的傅里叶变换称为与头部相关的传递函数（Head-Related Transfer Functions，HRTF），它捕获了声音定位中用到的所有物理线索。正如前面讨论过的，HRTF 依赖于声源的方位角、高度、距离和频率。对于远声场声音，HRTF 只与方位角、高度和频率有关。每个人都有自己的 HRTF，因为任何两个人的外耳和躯干的几何特征都不可能完全相同。

5.2.2　基于 HRTF 的三维声音显示设备

一旦通过实验确定了用户的 HRTF，就有可能获得任何声音，将有限脉冲响应（Finite Impulse Response，FIR）滤波器，通过耳机传递给用户回放声音。这样用户就会产生听到了声音的感觉，并且能感觉到这个声音来自放置在空间中相应位置的虚拟扬声器。这种信号处理技术称为卷积，实验表明，该技术具有非常高的识别率，特别是当听到的声音是用自己的 HRTF 生成时，识别率会更高。

通用的方法就是围绕一些通用的 HRTF 设计硬件。第一个虚拟三维音频输出设备是 1988 年由 Crystal River Engineering 为美国航空航天局签约开发的。这个实时数据信号处理器称为 Convolvotron，由旋转在分离外壳中的一组与 PC 兼容的双卡组成。随着数字信号处理（DSP）芯片和微电子技术的进步，现在的 Convolvotron 更加小巧。它们由处理每个声源的卷积引擎组成，如图 5.20 所示。

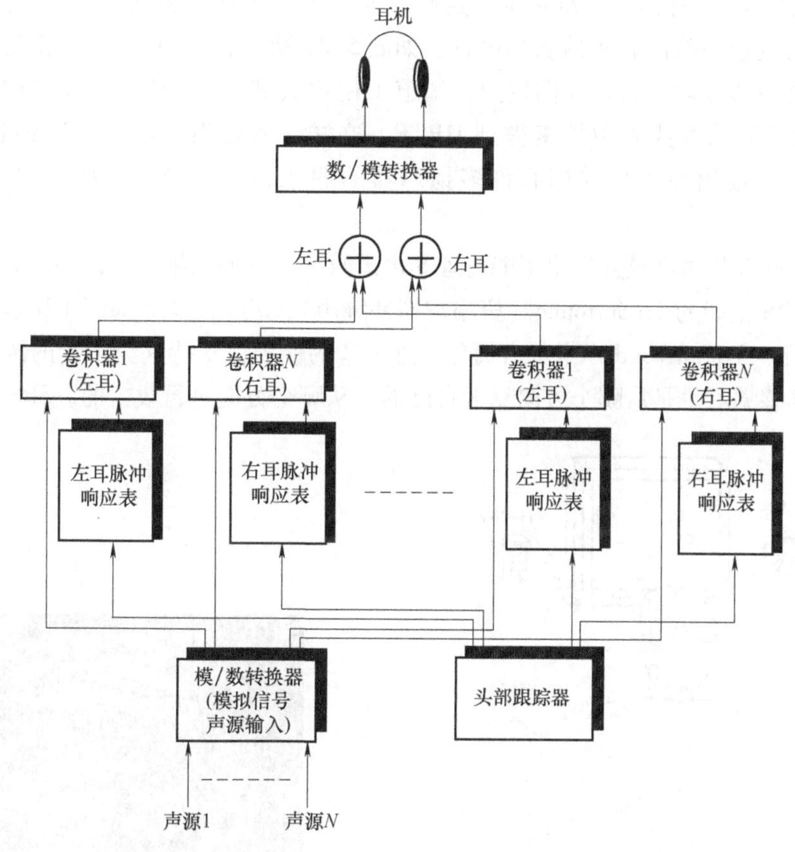

图 5.20　Convolvotron 处理器结构图

来自三维跟踪器的头部位置数据，通过 RS-232 总线被发送给主计算机。Convolvotron 主板上的每个卷积引擎开始计算相应的模拟声源相对于用户头部的新位置，然后根据脉冲查找相应的数据表，使用这些数据分别为左耳和右耳计算出新的 HRTF。接下来，通过卷积引擎将滤波器作用于输入声音（第一次数字化之后的），再把从卷积器 1 得到的声音与卷积器 2 得到的声音累加到一起，以此类推，直到把所有的输出都累加到一起。最后把对应于所有的三维声源的合成声音转换成模拟信号，并发送到耳机。

5.2.3 多扬声器听觉系统

最简单的多扬声器听觉系统是立体声格式的，它产生的声音来自 2 个扬声器所定义的平面。立体声格式可进一步改进为四声道的格式，在用户前面和后面各放 2 个扬声器。另一种配置是“5.1 环绕”格式，即在用户前面放 3 个扬声器，侧面（左面和右面）放 2 个扬声器，还有 1 个是重低音扬声器。

这种多通道音频系统能产生出比立体声更丰富的声音，但是价格昂贵、结构复杂，而且占用更多的空间。最重要的是，这个声音显示是从扬声器中发出的，而不是来自周围的环境，听起来像是环绕在房间的四周，由于没有使用 HRTF，所以无法实现来自某个位置的声音。

近年来出现了新一代 PC 三维声卡。这些声卡使用 DSP 芯片处理立体声或 5.1 格式的声音，并且通过卷积输出真实的三维声音。如图 5.21 所示，PC 的扬声器装在监视器的左右两侧，与监视器方向一致，面向用户。知道了用户头部的相对位置（面向 PC，位于最佳区域），就可以从查找表中检索得到 HRTF。这样，只要用户保持处于最佳位置区域中，就有可能创建出在用户周围有许多扬声器的假象，并且能设置扬声器的方位角和位置。

近年来，许多公司已经开发出了能处理 6 声道数字声音的三维声卡，并用 2 个扬声器进行播放，如 SRS 生产的 TruSurround（资格虚拟环绕声），SRS TruSurround HD 虚拟环绕技术如图 5.22 所示。TruSurround 声卡具有简化三维声音的能力，支持这类声卡的游戏能让游戏玩家通过听觉感觉对手是从哪个方向靠近自己的、从哪个方向进行攻击的。SRS TruSurround

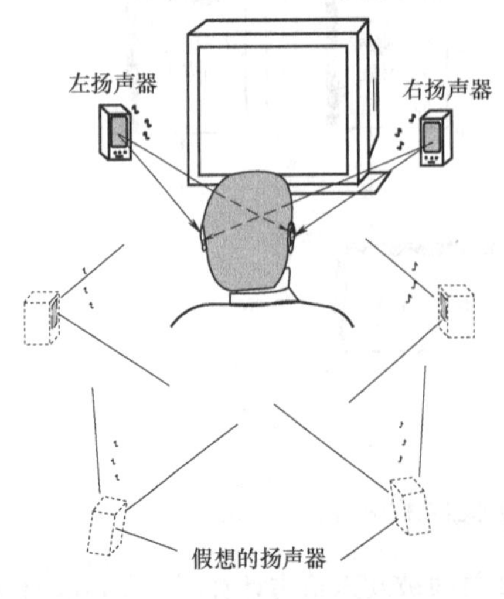

图 5.21　基于扬声器的三维声音

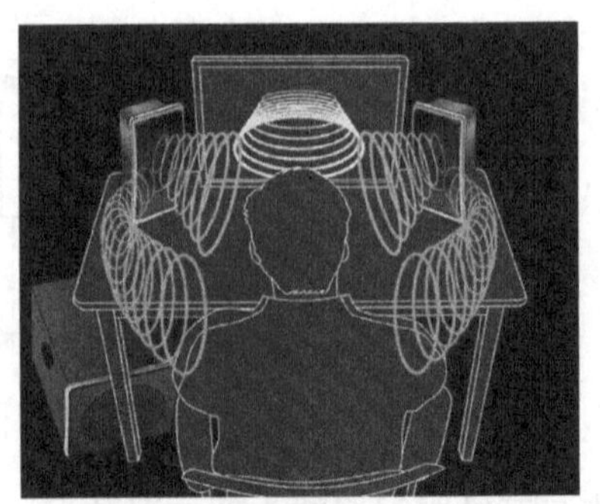

图 5.22　SRS TruSurround HD 虚拟环绕技术

处理显著特点是保留了这些声源中的原始多声道音频信息，从而能够形成附加幻觉声源，使聆听者感受到 SRS 3D 更加丰富的环绕声场效果。

5.3 虚拟现实系统的触觉反馈设备

触觉反馈这个词来自希腊语的 Happen，意思是接触，它能传送一类非常重要的感官信息，用户能利用触觉来识别虚拟环境中的对象。触觉反馈与前面介绍的视觉反馈和三维听觉反馈结合起来，大大提高了虚拟现实系统的真实感。

触觉反馈可以分为接触反馈（Touch Feedback）和力反馈（Force Feedback）。

5.3.1 人类的触觉系统概述

人类触觉系统的输入是由感知循环提供的，对环境的输出（对触觉反馈接口而言）是以传感器-发动机控制循环为中介的。输入数据由众多的触觉传感器、本体感受传感器和温度传感器收集，输出的是来自肌肉的力和扭矩。这个系统是不平衡的，因为人类产生触觉感知的速度要比做出反应的速度快得多。

1. 触觉

皮肤中有4种触觉传感器：触觉小体、Merkel 细胞小体、潘申尼小体和鲁菲尼小体。当这些触觉传感器受到刺激时，会产生很小的放电，最终被大脑所感知。

皮肤空间分辨率的变化取决于皮肤中感受器的密度。如指尖和手掌，指尖的感受器密度最高，可以区分出距离2.5mm 的两个接触点；手掌却很难分别出距离 11mm 以内的两个接触点，用户的感觉是只有一个点。当在很短的时间内，在皮肤上连续发生两次接触时，就需要用时间分辨率来补充空间分辨率。皮肤的机械性刺激感受器的连续感知极限仅为5ms，远远小于眼睛的连续感知极限 25ms。

本体感受是用户对自己身体位置和运动的感知，这是因为神经末梢位于骨骼关节中。感受器放电的振幅是关节位置的函数，它的频率对应于关节的速度。身体定位四肢的精确性取决于本体感受的分辨率，或者能检测出的关节位置的最小变化。

肌肉运动知觉是对本体感受的补充，它能感知肌肉的收缩和伸展。这是由位于肌肉和相应的肌腱之间的 Golgi 器官以及位于单个肌肉中的肌梭实现的。

2. 传感器-发动机控制

身体的传感器-发动机控制系统使用触觉、本体感受和肌肉运动知觉来影响施加在触觉接口上的力。人类的传感器-发动机控制的关键特征是最大施力能力、持续施力、力跟踪分辨率和力控制带宽。

手指的触点压力取决于该动作是有意识的还是一种本能反应、抓握对象的方式以及用户的性别、年龄和技巧。抓握方式可以分为精确抓握和用力抓握，如图5.23所示。精确抓握用于巧妙地操纵对象，对象只与手指接触；用力抓握，对象被握在手掌和弯曲90°以上的闭合手指指尖，它的稳定性更高，施加的力也更多，但是缺乏灵活性。触觉接口并不需要产生太大的力，因为用户无法维持太长时间的用力。

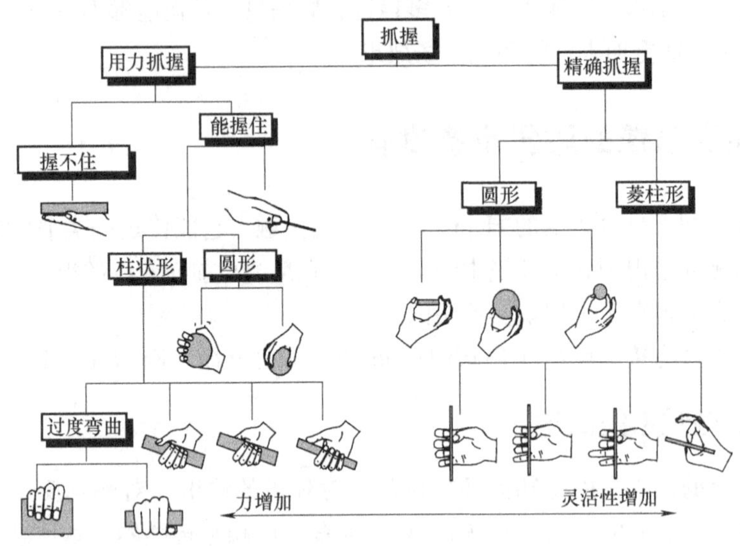

图 5.23　人的抓握方式

5.3.2　接触反馈设备

接触反馈（Touch Feedback）传送接触表面的几何结构、虚拟对象的表面硬度、滑动和温度等实时信息，它不会主动抵抗用户的触摸运动，不能阻止用户穿过虚拟表面。

接触反馈，就是能够模拟“感觉”的一项技术。例如，如果想推动智能手机上的按钮，你就会真实地感觉到凹槽或者按钮的触感，尽管实际上那里什么也没有，只是一个平面屏幕。想象一下这样的世界，可以随心所欲地将触摸屏“转换”成任何人们想要的屏幕。常用的接触反馈设备有以下几种：

1. 触觉鼠标

计算机鼠标是一种标准接口，可以用作开放回路漫游、指点和选择操作。开放回路意味着信息流是单向的，用户只能从鼠标发送到计算机（*X* 和 *Y* 位置增量或按钮状态）。

通常在使用鼠标时用户要一直观看屏幕，以免失去控制。触觉鼠标增加了响应用户动作的另一条线索，从而可以对此做出适当的补偿（即使把脸转过去也能感知到）。

iFeel Mouse 就是一种触觉鼠标，如图 5.24 所示，它的外观和重量都与普通的鼠标相似，不同的是附加的电子激励器可以引起鼠标外壳的振动。

图 5.24　iFeel 触觉鼠标

如图 5.25 所示，随着固定元件产生的磁场，激励器的轴上下移动。轴上有一个质量块，能产生超过 1N 的惯性力，使用户的手掌感觉到振动。激励器垂直放在鼠标底座上，产生沿 *Z* 方向的振动。这种设计能尽可能减少振动对鼠标在 *X*-*Y* 平面移动时的影响，避免鼠标指点不精确。鼠标垫要比普通的厚一些，而且最好是碎屑质地，目的是能吸收一些来自桌面的反作用力。安装在鼠标上的微处理器使用光学传感器数据来确定鼠标的平移量，这些数据通过通用串行总线（USB 线）发送给主计算机，USB 线同时也用于提供电能。主机软件探测鼠标控制的屏幕箭头与具有触觉特性的窗口边框、图标或表面的接触。

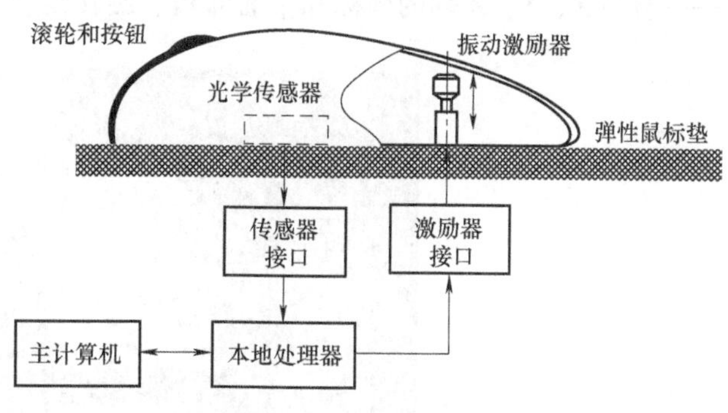

图 5.25　触觉反馈系统

其结果是，指示触觉反馈开始和反馈类型的鼠标命令被发送给鼠标处理器。处理器继而把这些高级命令转换成振动幅度和频率，并通过激励器接口驱动激励器。如果 PC 只发送了一个脉冲命令，用户感觉到的是一种“脉冲”触觉；如果 PC 发送的是复杂的调幅脉冲命令，那么用户就能感觉到各种触觉纹理。

2. iMotion 触觉反馈手套

Intellect Motion 开发了一款名为 iMotion 的触觉反馈手套，可以为 Oculus Rift 及任何配备摄像头的 Mac、PC 甚至 Android 设备带来动作操控，如图 5.26 所示。iMotion 是一款带有触觉反馈的体感控制器，可以通过设定的动作来实现对 PC、手机和平板计算机等设备的体感控制，并畅玩相关游戏。在外观上，iMotion 控制器的正面拥有三个 LED 灯，用于检测 *X*、*Y*、*Z* 轴的坐标和平面仰角、旋转角度等；背面拥有四颗力反馈装置，通过“绑带”来戴在手上甚至腰间；而控制器内置的陀螺仪和加速计能够精准检测到玩家的任何动作，并最终解析为相关操作指令。

iMotion 采用优雅的机身设计，风格跟苹果的鼠标近似。据官方介绍，iMotion 可以提供精准的 3D 动作控制，并且横跨各大平台和诸多 APP。该设备在用户面前创建了一个虚拟的触摸空间，并且拥有触觉反馈，迷你式让用户“真实触摸”到游戏或应用中的物体。它能够欺骗人的大脑，让人们误以为他的双手正在推、拉，或者进行其他应用（游戏）想要的动作，如图 5.27 所示。iMotion 兼容个人计算机、游戏机，甚至手机和平板计算机。iMotion 能够配对 Oculus Rift 头戴式显示器，因此人们可以真正地置身于游戏的场景当中。iMotion 虚拟的触觉反馈创造了真实的按钮触感和沉浸式体验。

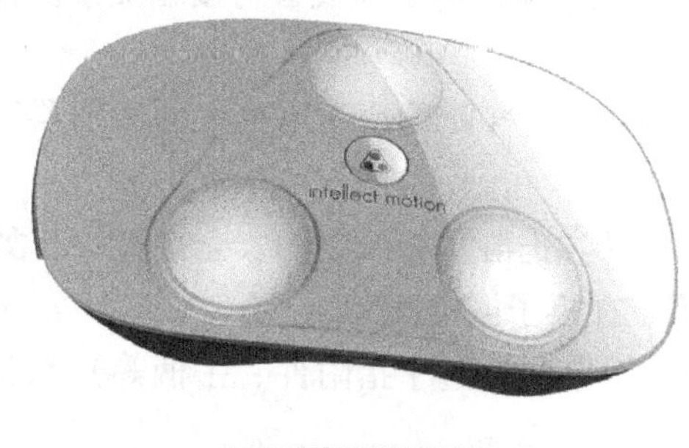

图 5.26　iMotion 触觉反馈手套

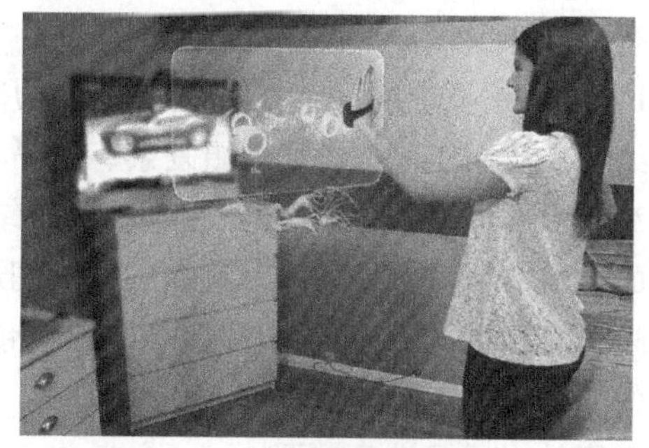
图 5.27　虚拟的触觉反馈

iMotion 内置陀螺仪、加速计，通过表面的三个 LED 灯来判断用户身体在 3D 空间的位置——检测 X、Y、Z 轴的坐标和平面仰角、旋转角度等，如图 5.28 所示。

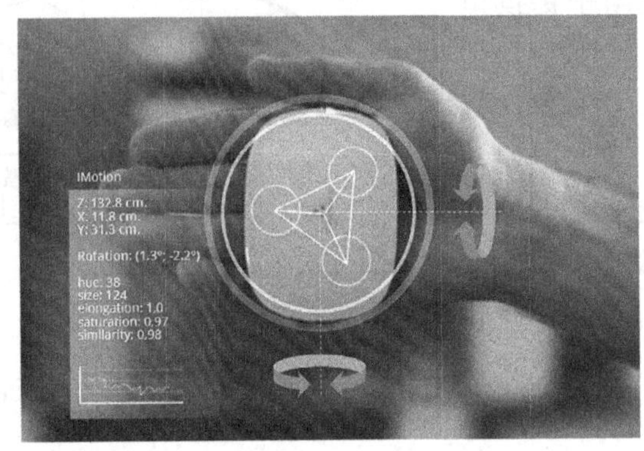

图 5.28　iMotion 内置的陀螺仪和加速计

iMotion 里面四个橙色的部件用来提供触觉反馈，如图 5.29 所示。iMotion 的触觉反馈技术是通过蓝牙向用户发出信息，提供 5 种不同的反馈模式，对应不同的强度和持续时间。

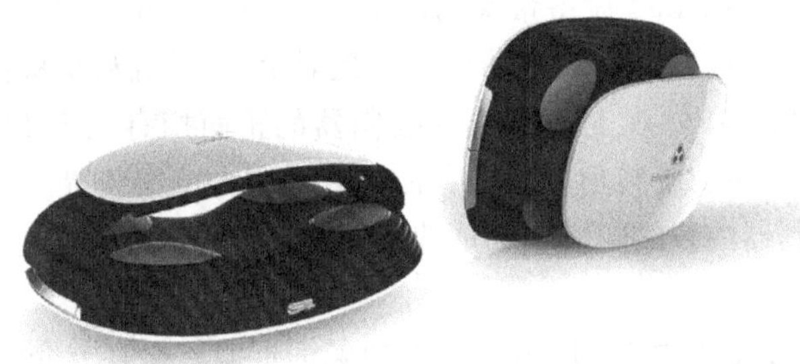

图 5.29　iMotion 里面四个橙色的部件用来提供触觉反馈

5.3.3　力反馈设备

力反馈（Force Feedback）利用机械表现出的反作用力，将游戏数据通过力反馈设备表现出来，可以让用户身临其境地体验游戏中的各种效果。力反馈设备适用于虚拟会议、虚拟模型、维持路径规划、多媒体和分子模型化等诸多应用领域。力反馈设备与接触反馈设备的区别有以下几点：

1）力反馈要求能提供真实的力来阻止用户的运动，这样就导致使用更大的激励器和更重的结构，从而使得这类设备更复杂、更昂贵。

2）力反馈需要牢固地固定在某些支持结构上，以防止滑动和可能的安全事故，比如操纵杆的力反馈接口就是不可以移动的，它们通常固定在桌子或地面上。

3）力反馈具有一定的机械带宽，机械带宽表示用户（通过手指附件、手柄等）感觉到的力的频率和转矩的刷新率（单位为 f/s）。

常用的力反馈设备如下：

1. 力反馈操纵杆

力反馈操纵杆的特点是自由度比较小，外观也比较小巧，能产生中等大小的力，有较高的机械带宽。比较有代表性的例子就是 WingMan Force 3D 操纵杆，如图 5.30 所示。它有 3 个自由度，其中 2 个自由度具有力反馈，游戏中使用的模拟按钮和开关也具有力反馈。这种力反馈结构安装在操纵杆底座上，有两个直流电子激励器，通过并行运动机制连接到中心操作杆上。每个激励器都有一个绞盘驱动器和滑轮，可以移动一个由两个旋转连杆组成的万向接头机制。这两个激励器与万向接头部件互相垂直，允许中心杆前后倾斜和侧面（左右）倾斜。操纵杆的倾斜程度通过两个数字解码器测量，这两个数字解码器与发动机传动轴共轴。测量得到的角度值由操纵杆中附带的电子部件（传感器接口）处理后，通过 USB 线发送给主 PC。当模/数转换器完成对模拟信号的转换后，操纵杆按钮的状态信息也被发送给计算机。计算机根据用户的动作改变仿真程序，如果有触觉事件（射击、爆炸、惯性加速）就提供反馈。这些命令继而被操纵杆的数/模转换器转换成模拟信号并放大，然后发送给产生电流的直流激励器。这样就形成了闭合的控制回路，用户就可以感觉到振动和摇晃，或者感觉到由操纵杆产生的弹力。

图 5.30　WingMan Force 3D 操纵杆

2. CyberGrasp 力反馈手套

力反馈手套是数据手套的一种，借助数据手套的触觉反馈功能，用户能够用双手亲自“触碰”虚拟世界，并在与计算机制作的三维物体进行互动的过程中真实感受到物体的振动。触觉反馈能够营造出更为逼真的使用环境，让用户真实感触到物体的移动和反应。此外，该系统也可用于数据可视化领域，能够探测出与地面密度、水含量、磁场强度、危害相似度或光照强度相对应的振动强度。

Immersion CyberGrasp 是一款设计轻巧而且有力反馈功能的装置，像是盔甲一般附在 Immersion CyberGlove 上。使用者可以通过 Immersion CyberGrasp 的力反馈系统去触摸计算机内所呈现的 3D 虚拟影像，感觉就像触碰到真实的东西一样，如图 5.31 所示。

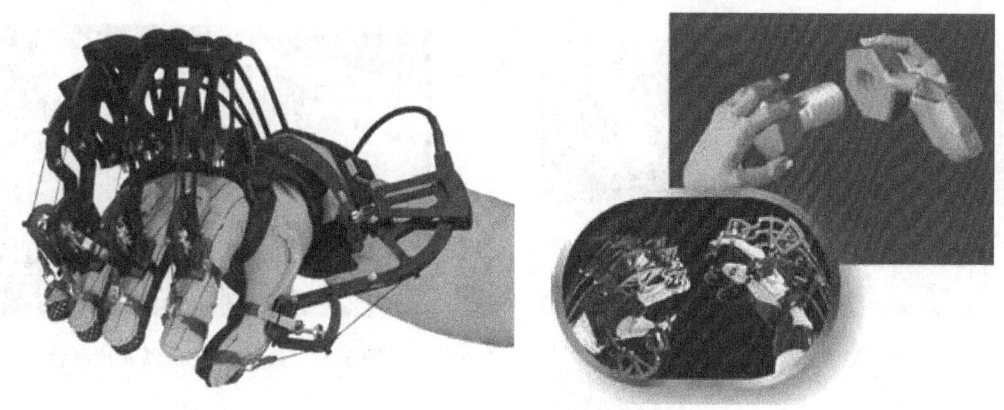

图 5.31　CyberGrasp 力反馈手套

Immersion CyberGrasp 最初是为了美国海军的远程机器人专项合同进行研发的，可以对远处的机械手臂进行控制，并真实地感觉到被触碰的物体。该产品重量很轻，可以作为力反应外骨骼佩戴在 Immersion CyberGlove 数据手套（有线型）上使用，能够为每根手指添加阻力反馈。使用 Immersion CyberGrasp 力反馈系统，用户能够真实感受到虚拟世界中计算机 3D 物体的真实尺寸和形状。接触 3D 虚拟物体所产生的感应信号会通过 Immersion CyberGrasp 特殊的机械装置而产生真实的接触力，让使用者的手不会因为穿透虚拟的物件而破坏了虚拟实境的真实感。

使用者手部用力时，力量会通过外骨骼传导至与指尖相连的肌腱。Immersion CyberGrasp 共有五个驱动器，每根手指一个，分别进行单独设置，可避免使用者的手指触摸不到虚拟物体或对虚拟物体造成损坏。高带宽驱动器位于小型驱动器模块内，可放置在桌面上使用。此外，由于 Immersion CyberGrasp 系统不提供接地力，所以驱动器模块可以与 GrapPack 连接使用，具有良好的便携性，极大地扩大了有效的工作区。在用力过程中，设备发力始终与手指垂直，而且每根手指的力均可以单独设定。Immersion CyberGrasp 系统可以完成整手的全方位动作，不会影响佩戴者的运动。

Immersion CyberGrasp 系统为真实世界的应用带来巨大的益处，包括医疗、虚拟现实培训和仿真、计算机辅助设计（CAD）和危险物料的遥操作。

5.3.4 触觉反馈在医学中的应用

1. 自带触觉反馈的机器人

澳大利亚迪肯大学和哈佛大学联手打造了一款叫作 Hero Surg 的机器人，如图 5.32 所示。这款机器人是专门为了腹腔镜手术打造的，所以它尤其适用于那些需要缝合微小组织的手术中。Hero Surg 和其他五花八门的微创手术工具不同，它可以通过触觉反馈机制将触觉传递给主刀医生以及 3D 图像处理器，这样一来，医生就可以看到手术刀到底割到了哪里，可以让手术更加安全、精准度更高。Hero Surg 是个主从式的手术系统：当它处于从属地位时，它配置了多重机械臂，上面带有各种手术工具和腹腔镜；而当它处于主导地位时，它就成了为外科医生提供触觉的操控手柄。Hero Surg 机器人控制台如图 5.33 所示。

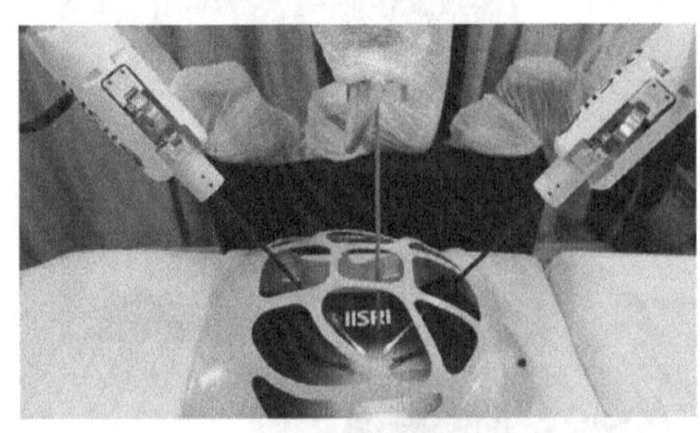

图 5.32　Hero Surg 机器人

图 5.33　Hero Surg 机器人控制台

2. 利用触觉反馈打造 VR 智能手术系统

英国 Fundamental VR 公司研发了一套 VR 智能手术系统，该系统可以通过触觉反馈让医生感受手术过程中人体的触感。这套 VR 智能手术系统包含一台 HoloLens 头显，以及一支连接到标准机械臂上的触笔。在 VR 智能手术系统中，这支触笔看起来就是一支注射器，通过一个按钮可以排空注射器，另一个按钮可以重新填满液体。在现实世界中移动触笔就可以在 VR 智能手术系统中移动注射器。当虚拟的针头接触到虚拟的皮肤、肌肉或者骨头时，不同介质带来的不同的阻力能够通过触笔传导给使用者，让他们对真实的人体有逼真的感受。

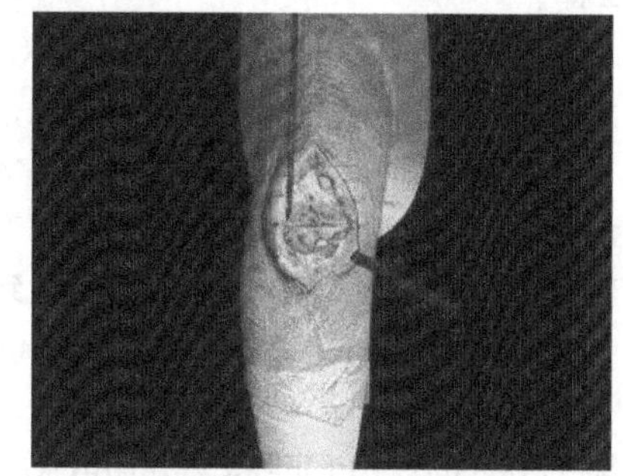

图 5.34　膝关节 3D 模型

Fundamental VR 的首个系统用于膝关节内窥镜手术中，这种虚拟膝关节手术系统已经在美国国内多个医学中心获得了应用。通过对膝关节的多角度成像，公司打造出了一个完整的膝关节 3D 模型，如图 5.34 所示。现成的触觉设备被用于在系统中替代注射器，当然也可以根据需要替代任何需要的工具。

打造一个真实重现手术体验的系统需要人类智慧和高科技的融合，在建造 VR 膝关节置换手术系统时，Fundamental VR 在每一个环节都咨询了外科医生的意见。外科医生们还要参与如何将实际的手术经验转换为 VR 的版本。这就需要使用公司的触觉反馈开发引擎来连接真实和 VR 的世界。

Stan Dysart 是一名关节置换手术专家，他参与了整个在 VR 中重建手术感觉的过程。他为人体不同的元素分配一个号码，以对应一种触觉的质感。触觉设备有一个打分系统，帮助开发人员决定针头在关节囊中是何种感觉以及在肌肉、脂肪、骨膜、骨头中是何种感觉。例如，如果是在纤维囊中，插入针头的感觉就像插入塑料；在关节囊中，由于关节囊具有一定的阻力，在针头不断深入时，这种阻力会释放。在 VR 中能够模拟出这种触觉的变化，并且在膝盖不同部位的触觉还不一样。在对这些不同的触觉编号之后，计算机就能够做出相应的处理：编号的数值越高就代表医生遇到的阻力越大。如图 5.35 所示，医生正在用 VR 智能手术系统进行膝关节手术。

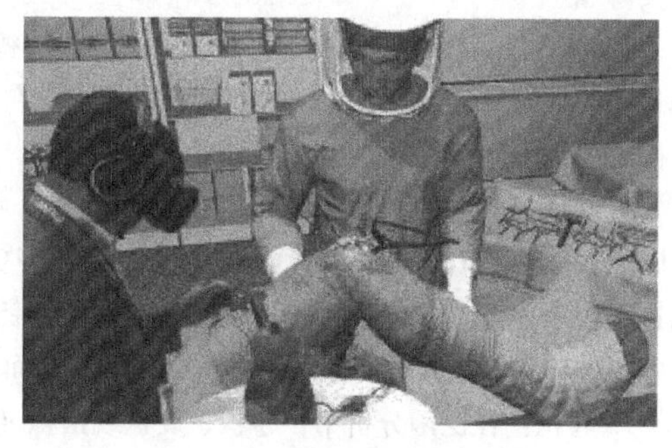

图 5.35　利用 VR 智能手术系统进行膝关节手术

外科医生们都很喜欢这种方式，最重要的一点就是因为他们可以不断地反复练习，同时不会伤害到患者。在 VR 中，如果不小心将针头捅得太深也没关系，医生会知道是自己操作不当，然后一遍一遍反复练习来获得正确的技巧。因此，医生们能够在 VR 中学习到必要的手术技巧，在真实病人的身上操作之前最大限度地提升自己的手术水平。

本章小结

本章介绍了 VR 专用的输出设备，通过输出接口给用户产生反馈的感觉通道。目前主要应用的输出设备是视觉、听觉和触觉（力觉）的设备，基于味觉、嗅觉等的设备有待开发研究。科技的不断进步，将会促使更便利、更智能的虚拟现实设备出现，在未来的研究中，在输出设备中加入手势识别等更加智能的交互技术将是输出设备未来发展的重要趋势。

【注释】

1. 视场：天文学术语，指望远镜或双筒望远镜所能看到的天空范围。视场代表着摄像头能够观察到的最大范围，通常以角度来表示，视场越大，观测范围越大。

2. LCD：Liquid Crystal Display 的简称，液晶显示器。LCD 的构造是在两片平行的玻璃基板当中放置液晶盒，下基板玻璃上设置 TFT（薄膜晶体管），上基板玻璃上设置彩色滤光片，通过 TFT 上的信号与电压改变来控制液晶分子的转动方向，从而达到控制每个像素点偏振光出射与否而达到显示目的。

3. NTSC：National Television Standards Committee 的简称，（美国）国家电视标准委员会。NTSC 负责开发一套美国标准电视广播传输和接收协议。此外还有两套标准：逐行倒相（PAL）和顺序与存储彩色电视系统（SECAM），用于世界上其他的国家。NTSC 标准从产生以来除了增加了色彩信号的新参数之外，没有太大的变化。NTSC 信号是不能直接兼容于计算机系统的。

4. PAL：电视广播制式，Phase Alteration Line 的简称，意思是逐行倒相，也属于同时制。

5. OLED：有机发光二极管，又称为有机电激光显示（Organic Light-Emitting Diode，OLED），由美籍华裔教授邓青云在实验室中发现，由此展开了对 OLED 的研究。OLED 显示技术具有自发光的特性，采用非常薄的有机材料涂层和玻璃基板，当有电流通过时这些有机材料就会发光，而且 OLED 显示屏幕可视角度大，并且能够节省电能。

6. HTC Vive：由 HTC 与 Valve 联合开发的一款 VR 虚拟现实头盔产品，于 2015 年 3 月在 MWC2015 上发布。由于有 Valve 的 SteamVR 提供的技术支持，因此在 Steam 平台上已经可以体验利用 Vive 功能的虚拟现实游戏。

7. DLP 投影机：数码光处理投影机，是美国德州仪器公司以数字微镜装置 DMD 芯片作为成像器件，通过调节反射光实现投射图像的一种投影技术。它与液晶投影机有很大的不同，它的成像是通过成千上万个微小的镜片反射光线来实现的。

8. 边缘融合技术：分为纯硬件边缘融合（单片机原理）、软件融合（GPU）、集成式边缘融合服务器（集融合矫正、布局窗口、信号输入、中央控制等功能为一体），主要技术特点是将多台投影机投射出的画面进行边缘重叠，并通过融合图像技术将融合亮带进行几何矫正、色彩处理，最终显示出一个没有物理缝隙并更加明亮、超大、高分辨率的整幅画面，画面的效果就像是一台投影机投射的画面。

9. 卷积：在泛函分析中，卷积、旋积或摺积（Convolution）是通过两个函数 f 和 g 生成第三个函数的一种数学算子，表征函数 f 与 g 经过翻转和平移的重叠部分的面积。如果将参加卷积的一个函数看作区间的指示函数，卷积还可以被看作是“滑动平均”的推广。

10. RS-232：个人计算机上的通信接口之一，由电子工业协会（Electronic Industries Association，EIA）所制定的异步传输标准接口。通常 RS-232 接口以 9 个引脚（DB-9）或是 25 个引脚（DB-25）的形态出现，一般个人计算机上会有两组 RS-232 接口，分别称为 COM1 和 COM2。

11. 触觉小体（Meissner Corpuscle）：又称 Tactile 小体，分布在皮肤真皮乳头内，以手指、足趾的掌侧的皮肤居多，感受触觉，其数量可随年龄增长而减少。

12. Merkel 细胞（Merkel cell）：是树枝状细胞的一种，位于光滑皮肤的基底细胞层及有毛皮肤的毛盘，数量很少。多数情况下位于神经末梢，因此被称为 Merkel 神经末梢（Merkel Nerve Endings）。

13. 潘申尼小体（Pacinian Corpuscle）：又称环层小体（Lamellar Corpuscle），体积较大（直径 1 ~ 4mm），卵圆形或球形，广泛分布在皮下组织、肠系膜、韧带和关节囊等处，感受压觉和振动觉。小体的被囊是由数十层呈同心圆排列的扁平细胞组成，小体中央有一条均质状的圆柱状。有髓神经纤维进入小体失去髓鞘，裸露轴突穿行于小体中央的圆柱体内。

14. 鲁菲尼小体（Ruffini Corpuscle）：是机械刺激感受器中的一种触觉感受器，呈长梭形，被膜松弛，位于真皮内，属于本体感觉器，是一种慢适应感受器，也称鲁菲尼小体。

15. Golgi 器官：最早由 Golgi 发现，故又名高尔基腱器官（Golgi Tendon Organ）。腱器官的功能是将肌肉主动收缩的信息编码为神经冲动，传入到中枢，产生相应的本体感觉。

16. 惯性力（Inertial Force）：是指当物体加速时，惯性会使物体保持原有运动状态的倾向，若是以该物体为参照物，看起来就仿佛有一股方向相反的力作用在该物体上，因此称之为惯性力。因为惯性力实际上并不存在，实际存在的只有原本将该物体加速的力，因此惯性力又称为假想力（Fictitious Force）。

17. Oculus Rift：一款为电子游戏设计的头戴式显示器。这是一款虚拟现实设备，这款设备很可能改变未来人们游戏的方式。Oculus Rift 具有两个目镜，每个目镜的分辨率为 640 × 800，双眼的视觉合并之后拥有 1280 × 800 的分辨率。

18. 转矩：机械元件在转矩作用下都会产生一定程度的扭转变形，故转矩有时又称为扭矩（Torsional Moment）。转矩是各种工作机械传动轴的基本载荷形式，与动力机械的工作能力、能源消耗、效率、运转寿命及安全性能等因素紧密联系，转矩的测量对传动轴载荷的确定与控制、传动系统工作零件的强度设计以及原动机容量的选择等都具有重要的意义。

第6章 三维数字建模与三维全景

导学

内容与要求

本章主要介绍了三维数字建模的概念、特点、方法、发展趋势和全景及三维全景的概念、分类、特点及应用领域，并对全景照片的拍摄硬件及方案进行了详细的讲解，介绍了三维全景的软件实现方法。

三维数字建模中掌握三维数字建模的概念、特点、方法。

三维全景概述中掌握全景的概念，虚拟全景和现实全景的区别，三维全景的特点和分类。了解三维全景的应用领域和行业。

全景照片的拍摄硬件中掌握常见的硬件设备及配置方案，了解全景云台与相机、三脚架的安装方法。

全景照片的拍摄方法中掌握柱面全景、球面全景、对象全景照片的拍摄流程和技巧，并能结合学习、工作环境进行实地拍摄。了解数码相机的参数和术语。

三维全景的软件实现中掌握全景大师软件制作三维全景漫游的方法。

智能三维全景的应用中了解智能化医院三维全景导航系统和智能全景盲区行车辅助系统。

重点、难点

本章的重点是三维数字建模的理论和三维全景的特点、分类和应用领域。本章的难点是全景照片的拍摄方法及后期软件实现。

数字信息和多媒体技术的迅猛发展，使人们进入了丰富多彩的图形世界。人类传统的认知环境是多维化的信息空间，而以计算机为主体处理问题的单维模式与人的自然认知习惯有很大区别。由此，虚拟现实技术应时而生，代表了包括信息技术、传感技术、人工智能、计算机仿真等学科技术的最新发展。计算机软硬件技术、计算机视觉、计算机图形学方面的高速发展，特别是三维全景技术的出现和日益成熟，为虚拟现实的广泛应用打开了新的领域，而且三维数字建模和三维全景技术将虚拟现实和人工智能、互联网传播有机结合，使其更具传递性和应用性。

6.1 三维数字建模概述

三维数字建模是利用三维数据将现实中的三维物体或场景在计算机中进行重建，最终实现在计算机上模拟出真实的三维物体或场景。而三维数据就是使用各种三维数据采集仪采集得到的数据，它记录了有限体表面在离散点上的各种物理参量。三维建模逐渐在各个领域中发挥着越来越重要的作用。

6.1.1　三维数字建模的概念

三维数字建模在现实中非常常见，雕刻、制作陶瓷艺术品等都是三维数字建模的过程。人脑中的物体形貌在真实空间再现出来的过程，就是三维数字建模的过程。广义地说，所有产品制造的过程，无论是手工制作还是机器加工，都是将人们头脑中设计的产品转化为真实产品的过程，都可称为产品的三维数字建模过程；狭义地说，三维数字建模是指在计算机上建立完整的产品三维数字模型的过程。一般来说，三维数字建模必须借助软件来完成，这些软件常被称为三维数字建模系统。

三维数字建模有以下特点：

1）三维数字建模呈现立体感，具有动画演示产品的动作过程，直观、生动、形象。

2）三维数字建模的图形、特征元素之间通过参数化技术保持数据一致，尺寸和几何关系可以随时调整，更改方便。

3）三维数字建模的造型方法多样，能较好地适应工程需要，支持工程应用，支持标准化、系列化和设计重用，提供对产品数据管理、并行工程等的支持。

6.1.2　三维数字建模的方法

三维数字建模的方法从原理上可以分为线框建模、表面建模、实体建模等几种方法。

1. 线框建模

线框建模是利用基本线素来定义设计目标的棱线部分而构成的立体框架图，线框建模生成的实体模型由一系列的直线、圆弧、点及自由曲线组成，来描述产品的轮廓外形。线框建模示意图如图 6.1 所示。

线框建模的优缺点如下：

1）优点：只有离散的空间线段，处理起来比较容易，构造模型操作简便、所需信息最少，数据结构简单，硬件的要求不高。系统的使用如同人工绘图的自然延伸，对用户的使用水平要求低，用户容易掌握。

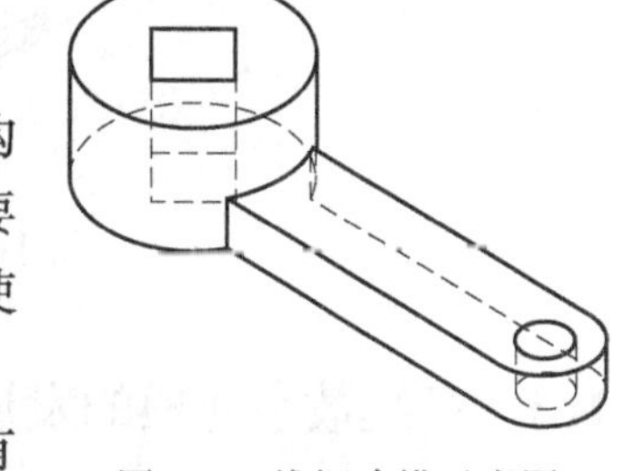

图 6.1　线框建模示意图

2）缺点：线框建模构造的实体模型只有离散的边，没有边与边的关系。信息表达不完整，会使物体形状的判断产生多义性。复杂物体的线框模型生成需要输入大量的初始数据，数据的统一性和有效性难以保证，加重输入负担。

2. 表面建模

表面建模是将物体分解成组成物体的表面、边线和顶点，用顶点、边线和表面的有限集合表示和建立物体的计算机内部模型。表面建模分为平面建模和曲面建模两类。

1）平面建模是将形体表面划分成一系列多边形网格，每一个网格构成一个小的平面，用一系列的小平面逼近形体的实际表面，如图 6.2 所示。

2）曲面建模是把需要建模的曲面划分为一系列曲面片，用连接条件拼接来生成整个曲面，如图 6.3 所示。

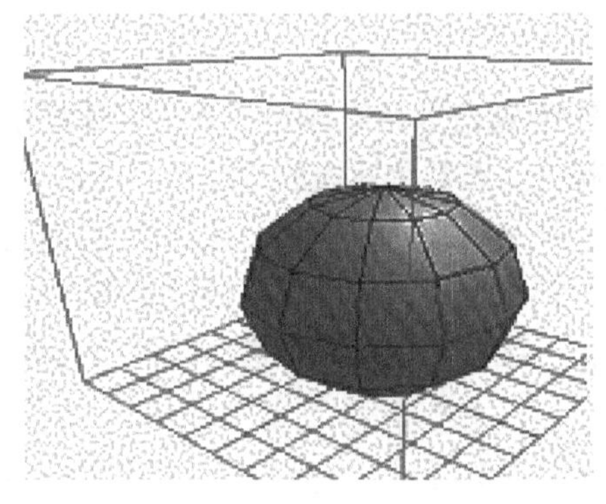

图 6.2　平面建模

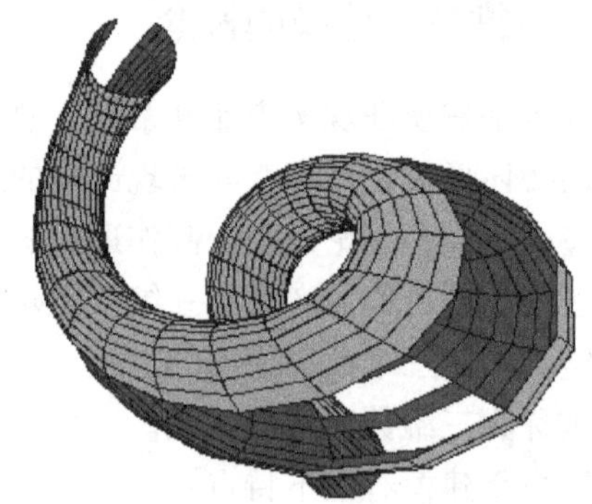

图 6.3　曲面建模

3. 实体建模

实体建模技术是利用实体生成方法产生实体初始模型，通过几何的逻辑运算形成复杂实体模型的一种建模技术。图 6.4 表示的是通过平面轮廓扫描法生成的实体模型。

实体模型有以下特点：

1）由具有一定拓扑关系的形体表面定义形体，表面之间通过环、边、点建立联系。

2）表面的方向由围绕表面的环的绕向决定，表面法向矢量指向形体之外。

3）覆盖一个三维立体的表面与实体可同时生成。

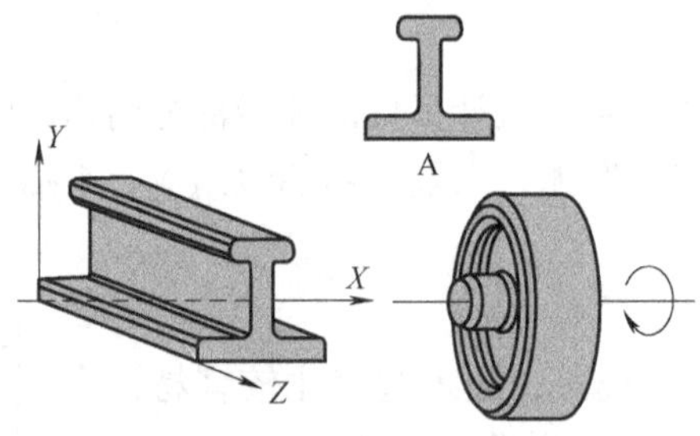

图 6.4　平面轮廓扫描法生成的实体模型

6.1.3　三维数字建模的发展趋势

三维数字建模方便、直观，包含的信息完整、丰富，对于提升虚拟现实产品的创新、开发能力非常重要。三维数字建模系统的主要发展方向如下：

1）标准化：主要体现在不同虚拟现实软件系统间的接口和数据格式标准化。

2）集成化：虚拟现实产品的各种信息（如材质等）与三维数字建模系统的集成。

3）智能化：三维数字建模更加人性化、智能化，如建模过程中的导航、推断、容错能力等。

4）网络化：包括硬件与软件的网络集成实现、各种通信协议及制造自动化协议、信息通信接口、系统操作控制策略等，是实现各种虚拟现实系统自动化的基础。

5）专业化：从通用设计平台向专业设计转化，结合行业经验，实现知识融接。

6）真实感：在外观形状上更趋真实化，外观感受、物理特性上更加真实。

不论从技术发展方向还是政策导向上看，三维数字建模都将在虚拟现实实现过程中占据举足轻重的地位，成为虚拟现实设计人员必备的技能之一。

6.2　三维全景概述

全景（Panorama）是一种虚拟现实技术，这项技术使用相机环绕四周进行 360°拍摄，将拍摄到的照片拼接成一个全方位、全角度的图像，这些图像可以在计算机或互联网上进行浏览或展示。全景可分为两种，即虚拟全景和现实全景。虚拟全景是利用 3ds Max、Maya 等软件制作出来的模拟现实的场景；现实全景是利用单反数码相机拍摄实景照片，由软件进行特殊的拼合处理而生成的真实场景。本章主要介绍现实全景。

三维全景（Three- dimensional Panorama）是使用全景图像表现虚拟环境的虚拟现实技术，也称虚拟现实全景。该技术通过对全景图进行逆投影至几何体表面来复原场景空间信息，简单地说就是用拍摄到的真实照片经过加工处理让用户产生三维真实的感觉，这是普通图片和三维数字建模技术都做不到的。虽然普通图片也可以起到展示和记录的作用，但是它的视角范围受限，也缺乏立体感，而三维全景在给用户提供全方位视角的基础上，还给人带来三维立体体验。

虚拟现实技术在实现方式上可分为两类，即完全沉浸式虚拟和半沉浸式虚拟。其中，完全沉浸虚拟需要特殊设备辅助呈现场景和反馈感官知觉；半沉浸式虚拟强调简易性和实时性，普通设备（如扬声器、显示器、投影仪等）都可以作为其表现工具。所以，如果从表现形式这个角度划分，三维全景技术属于半沉浸式虚拟。

6.2.1　三维全景的分类

据统计，60% ~80% 的外部世界信息是由人的视觉提供的，因此，生成高质量的场景照片成为虚拟现实技术的关键。目前，三维全景根据拍摄照片的类型可以分为柱面全景、球面全景、立方体全景、对象全景、球形视频等几种类型。

1. 柱面全景

柱面全景就是人们常说的“环视”。该技术起步较早，发展也较为成熟，实现起来较为简单。柱面全景的拍摄原理是把拍摄的照片投影到以相机视点为中心的圆柱体内表面，可以以水平 360°方式观看四周的景物。如图 6.5 所示。

图 6.5　柱面全景示意图

柱面全景图的优点：①因为圆柱面展开后成为一个矩形平面，所以柱面全景图展开后就成为一个矩形图像，然后利用其在计算机内的图像格式进行存取。②图像的采集快捷方便，仅通过简单的硬件如数码相机、三脚架、全景云台就可以实现采集，且不受周围环境的限制。

柱面全景图的缺点：用鼠标向上或向下拖动时，仰视和俯视的视野受到限制，既看不到天，也看不到地，即垂直视角小于 180°。

在实际应用中，柱面全景环境能够比较充分地表现出空间信息和空间特征，是较为理想的选择方案之一。

2. 球面全景

球面全景图是将原始图像拼接成一个球体的形状，以相机视点为球心，将图像投影到球体的内表面。球面全景图可以实现水平方向 360°旋转、垂直方向 180°俯视和仰视的视线观察。如图 6.6 所示。

图 6.6　理光相机 Ricoh Theta 拍摄的球面全景照片

球面全景图的存储方式及拼接过程比柱面全景图复杂，这是因为生成球面全景图的过程中需要将平面图像投影成球面图像，而球面为不可展曲面，实现一个平面图像水平和垂直方向的非线性投影过程非常复杂，同时也很难找到与球面对应且易于存取的数据结构来存放球面图像。

3. 立方体全景

立方体全景图由 6 个平面投影图像组合而成，即将全景图投影到一个立方体的内表面上，如图 6.7 所示。由于图像的采集和相机的标定难度相对较大，需要借助特殊的拍摄装置，如三脚架、全景云台等，依次在水平、垂直方向每隔 90°拍摄一张照片，获得 6 张可以无缝拼接于一个立方体的 6 个表面上的照片。立方体全景图可以实现水平方向 360°旋转、垂直方向 180°俯视和仰视的视线观察。

图 6.7　立方体全景示意图

4. 对象全景

对象全景是以一件物体（即对象）为中心，通过立体360°球面上的众多视角来看物体，从而生成对这个对象的全方位的图像信息，如图6.8所示。对象全景的拍摄特点是：拍摄时瞄准物体，当物体每转动一个角度，就拍摄一张，顺序完成拍摄一组照片。这与球面全景的拍摄刚好相反。当在互联网上展示时，用户用鼠标控制物体旋转、放大与缩小等来观察物体的细节。

对象全景的应用主要在电子商务领域，比如互联网上的家具、手机、工艺品、汽车、化妆品、服装等商品的三维展示。

图6.8　对象全景示意图

5. 球形视频

球形视频是以球形方式呈现的动态全景视频，是一种可以看到全方位、全角度的视频直播，如图6.9所示。比如美国美式橄榄球大联盟的爱国者队与名为Strivr Labs公司合作推出的球队360°全景训练视频，使球迷在家里就能与心爱的球队融为一体，参与训练甚至比赛，得到一种与众不同、充满刺激的视觉体验，这对于提高球迷的忠诚度、提升球队魅力、扩大球队宣传是大有裨益的。但是该项技术对网络带宽的要求较高，有可能限制其发展。

图6.9　球形视频直播现场

6.2.2　三维全景的特点

将三维全景图像与平面图像进行比较，可以发现平面图像表现相对单一，缺少交互性，且只能表现小范围内的局部信息。而三维全景图像通过全景播放软件的特殊透视处理，能够带给观赏者强烈的立体感、沉浸感，具有良好的交互功能，且在单张全景图上就可以表现360°范围内的场景信息。具体来讲，三维全景的特点及优势主要体现在以下几个方面：

1. 真实感强，制作成本低

基于照片制作的三维全景以真实场景图像为基础，其构成环境是对现实世界的直接表现。三维全景的制作速度快，生成时间与场景复杂度无关，制作周期短、成本低、操作方便，对计算机的要求也不高，用户在家里的计算机上就可以进行操作绘制。

2. 界面友好，交互性强

用户可以用鼠标或键盘控制环视的方向，进行上下、左右的浏览，也可进行场景的放大、缩小、前进、后退等，使用户能从任意角度、互动性地观察场景，具有身临其境的感觉。

3. 文件小，可传播性强

三维全景以栅格图片为内容构成，文件小（一般在 50KB ~ 2MB 之间），具有多种发布形式，能够适合各种需要和形式的展示应用。三维全景呈现时只需要基础设备（显示器及扬声器等）便可模拟真实场景，其易于表达、制作方便是其得以快速发展的重要原因。三维全景的特性易于互联网传播，在 B/S 模式下，只需在客户端浏览器上安装 HTML、Java、Flash、Active-X 等特定插件，便可实现虚拟浏览。

4. 可塑性和保密性强

可塑性就是可以根据不同的需求实现用户的目标，如添加背景音乐、旁白、解说以及添加天空云朵和彩虹等功能。同时可设计域名定点加密（全景只能在指定的域名下播放，下载后无法显示）、图片分割式加密等多种手段有效保护图片的版权。

6.2.3 三维全景的应用领域

三维全景以其立体感强、沉浸感强、交互性强等优势在诸多领域有着广泛的应用，主要包括以下几个应用领域：

1. 旅游景点

三维全景可以全方位、高清晰展示景区的优美环境，给观众一个身临其境的体验，是旅游景区、旅游产品宣传推广的最佳创新手法，还可以用来制作风景区的讲解光盘、名片光盘、旅游纪念品、特色纪念物等。如图 6.10 所示。

图 6.10 三维全景展示旅游景点

2. 宾馆、酒店

在互联网订房已经普及的时代，在网站上用全景展示酒店宾馆的各种餐饮和住宿设施是吸引顾客的好方法。客户可以远程浏览宾馆的外观、大堂、客房、会议室、餐厅等各项服务场所，通过此方式展现宾馆温馨舒适的环境，吸引客户并提高客房预订率。也可以在酒店大堂提供客房的全景展示，客户无需在各个房间、会场穿梭就能观看各房间的真实场景，更方便客户挑选和确认客房，进而提高工作效率。如图 6.11 所示。

图 6.11　三维全景展示宾馆、酒店环境

3. 房地产

房地产开发企业可以利用虚拟全景漫游技术，展示园区环境、楼盘外观、房屋结构布局、室内设计、装修风格、设施设备等。通过互联网，购房者在家中即可仔细查看房屋的各个方面，提高潜在客户的购买欲望。也可以将虚拟全景制作成多媒体光盘赠送给购房者，让其与家人、朋友分享，增加客户忠诚度，进行更精准有效的传播。还可以制作成触摸屏或者大屏幕现场演示，为购房者提供方便，节省交易时间和成本。如果房地产产品是分期开发，可以将已建成的小区做成全景漫游：对于开发商而言，是对已有产品的一种数字化整理归档；对于消费者而言，可以增加信任感，促进后期购买欲望。如图 6.12 所示。

图 6.12　三维全景展示房地产产品

4. 电子商务

有了三维全景展示，商城、家居建材、汽车销售、专卖店、旗舰店等相关的产品展示就不再有时间、空间的束缚，能够实现对销售商品进行多角度展示，客户可以在网上立体地了解产品的外观、结构及功能，与商家进行实时交流，拉近买家与商家的距离，在提升服务的同时，为公司吸引更多的客户，既节约了成本，也提高了效率。如图 6.13 所示。

图 6.13　汽车销售的三维全景展示

5. 军事、航天

传统上，大部分国家习惯通过实战演习来训练军事人员和士兵，但是反复的军事演习不仅耗费大量的物力财力，而且人员安全难以保障。在未来的高技术联合作战中，三维全景技术在军事测绘中的应用不仅直接为作战指挥提供决策信息，而且也可以作为“支撑平台”进入指挥中枢，培养学员适应联合作战的能力素质。如图 6.14 所示。

图 6.14　三维全景虚拟军事训练

在航天仿真领域中，三维全景漫游技术不但可以完善与发展该领域内的计算机仿真方法，还可以大大提高设计与实验的真实性、实效性和经济性，并能保障实验人员的人身安全。例如，在设计载人航天器座舱仪表布局时，原则上应把最重要、使用频率最高的仪表放在仪表板的中心区域，次重要的仪表放在中心区域以外的地方，这样能减少航天员的眼球转动次数，降低身体负荷，同时也让其精力集中在重要仪表上。但究竟哪块仪表放在哪个精确的位置以及相对距离是否合适，只有通过反复的实验来确定。利用三维全景漫游软件设计出具有立体感、逼真性强的仪表排列组合方案，再逐个进行试验，使被试者处于其中，仿佛置身于真实的载人航天器座舱仪表板面前，能达到理想客观的实验效果。

6. 医学虚拟仿真

图 6.15　CAVE2 虚拟现实系统

医生及研究人员可以借助三维全景设备及技术实现虚拟环境中对细微事物的观察。例如，美国一个研究小组研发出 CAVE2 虚拟现实系统，用计算机构造大脑及其血液的 3D 视图，将动脉、静脉和微血管拼凑在一起，为患者的大脑创造具有立体感的全大脑图像。在这个空间内，图像都是无缝显示，使用者可以完全沉浸在由三维数据构成的网络世界中，可以做一个真正的观察者。如图 6.15 所示。

7. 历史文化

博物馆的文物信息管理繁琐且难度大，传统文字图片往往难以形象生动地表现文物的众多信息。三维全景技术可将博物馆内的文物信息全面直观地记录下来，进行数字化管理。还可以借助博物馆或者剧院建筑的平面或三维地图导航，结合三维全景的导览功能，帮助观众自由地穿梭于每个场馆之中。观众只需轻轻点击鼠标或键盘即可实现全方位参观浏览，如果同时配以音乐和解说，更会增加身临其境的体验。

8. 企业宣传

在企业的招商引资、业务洽谈、人才交流等场合中，采用全景技术能立体展示企业的环境和规模。洽谈对象、客户不是简单地通过零碎照片或效果图做出决定，也不需要逐行逐字地研究企业的宣传文字，新奇的全景展示更加彰显企业的实力和魅力。

9. 娱乐休闲场所

美容会所、健身会所、茶艺馆、咖啡馆、酒吧、KTV 等场所可借助三维全景推广手段，把环境优势、服务优势全面地传递给顾客，创造超越竞争对手的有利条件。

10. 校园展示

在学校的宣传介绍中，三维全景虚拟校园展示可以实现随时随地参观优美的校园环境，展示学校的实力，吸引更多的生源。三维全景虚拟校园可以发布到网络上，也可以做成学校介绍光盘进行发送。三维全景漫游系统也可支持学校教学活动，如可对学校各教室、实验室等教学场所制作成全景作品发布到网络上，学生通过网络即可提前直观地了解教室、实验室的位置、布局、实验安排、实验要求、注意事项等信息。

11. 政府开发区环境展示

三维全景技术可以把政府开发区环境做成虚拟导览展示，并发布到网络上或做成光盘。向客商介绍推广时，三维全景的投资环境变得一目了然，说服力强、可信度高。如果发布到互联网上，则变成 24 小时不间断的在线展示窗口。

6.3 全景照片的拍摄硬件

全景图的效果很大程度上取决于前期素材照片的质量，而素材照片的质量与所用的硬件设备关系极大。

6.3.1 硬件设备

全景照片的拍摄通常需要的硬件有单反数码相机、三脚架、鱼眼镜头、全景云台等，其中比较特殊的是鱼眼镜头和全景云台。

1. 单反数码相机

单反就是指单镜头反光，也是当今最流行的取景系统，大多数“35mm 照相机”都采用这种取景器。单反数码相机有两个主要特点：一是可以交换不同规格的镜头，这是普通数码相机不能比拟的；二是通过摄影镜头取景。大多数相同卡口的传统相机镜头在单反数码相机上同样可以使用。单反数码相机的价格相对于普通家用数码相机要贵一些，前者更适合专业人士和摄影爱好者使用。日本佳能公司推出的 5D Mark Ⅲ单反数码相机就是一款面对专业级摄影用户以及摄影发烧友的产品，它能够搭配丰富的全画幅 EF 镜头进行多彩表现，充分发挥电子光学系统（EOS）的强大优势。佳能 5D Mark Ⅲ单反数码相机如图 6.16 所示，基本参数见表 6.1。

图 6.16　佳能 5D Mark Ⅲ单反数码相机

表 6.1　佳能 5D Mark Ⅲ单反数码相机基本参数

相机类型	全画幅数码单反相机
总像素	约 2340 万像素
有效像素	约 2230 万像素
传感器类型	CMOS
传感器尺寸	约 36mm × 24mm
传感器描述	自动、手动、添加除尘数据
图像处理系统	DIGIC 5 +
对焦系统	61 点（最多 41 个十字型对焦点）

2. 三脚架

三脚架的主要作用就是稳定照相机，保证相机的节点不会改变。尤其在光线不足和拍夜景的情况下，三脚架的作用更加明显。如图 6.17 所示。

使用三脚架时需要注意的事项：①如果使用重量较轻的三脚架，或在开启三脚架时出现不平衡或未上钮的情况，或在使用时过分拉高了中间的轴心杆等，都会使拍摄状态不稳定，得不到理想的效果；②如果选择重量较重的三脚架，拍摄状态稳定，拍摄的效果要好，但是移动起来不够灵活。

图 6.17　三脚架

3. 鱼眼镜头

鱼眼镜头是一种短焦距超广角的摄影镜头，一般焦距在6 ~ 16mm。一幅 360° × 180°的全景图一般由 2 幅或 6 幅照片拼合而成。为使镜头达到最大视角，这种镜头的前镜片直径很短且呈抛物状向镜头前部凸出，这点和鱼的眼睛外形很相似，因此有了鱼眼镜头的说法。如

图 6. 18 所示。

鱼眼镜头的用途是在接近被摄物拍摄时能造成强烈的透视效果，强调被摄物近大远小的对比，使所摄画面具有一种震撼人心的感染力。鱼眼镜头具有相当长的景深，有利于表现照片的长景深效果。用鱼眼镜头拍摄的图像，一般变形相当厉害，透视汇聚感强烈。直接将鱼眼镜头连接到数码相机上可拍摄出扭曲夸张的效果。如图 6. 19 所示。

图 6. 18　尼康 AF 16mm F2. 8D 鱼眼镜头

图 6. 19　鱼眼镜头拍摄效果

4. 全景云台

云台是指光学设备底部和固定支架连接的转向轴。许多照相机使用的三脚架并不提供配套的云台，用户需要自行配备，如需要拍摄全景照片则需要使用全景云台。如图 6. 20 所示。

图 6. 20　曼比利全景球形云台

全景云台的工作原理是：首先，全景云台具备一个具有 360°刻度的水平转轴，可以安装在三脚架上，并对安装相机的支架部分可以进行水平 360°的旋转。其次，全景云台的支架部分可以对相机进行向前的移动，从而达到适应不同相机宽度的完美效果。由于相机的宽度直接影响到全景云台节点的位置，所以如果可以调节相机的水平移动位置，那么基本就可以称之为全景云台。

5. 全景云台与相机、三脚架的安装方法

1）首先将云台的转轴及支架部分安装于三脚架之上。如图 6. 21 所示。

图 6. 21　云台安装在三脚架上

2）将扩装板与单反数码相机进行安装。如图 6. 22、图 6. 23 所示。

图 6. 22　扩装板安装

图 6. 23　单反数码相机安装

3）将单反数码相机安装至云台支架上。如图 6. 24 所示。

4）安装后的效果。如图 6. 25 所示。

图 6. 24　单反数码相机安装至云台支架上

图 6. 25　安装后的效果

6. 3. 2　硬件配置方案

全景图的拍摄一般采用以下两种硬件配置方案：

1. 单反数码相机 + 鱼眼镜头 + 三脚架 + 全景云台

这是最常见且实用的一种拍摄方法，采用外加鱼眼镜头的单反数码相机和云台来进行拍摄，拍摄后可直接导入到计算机中进行处理。一方面这种方法成本低，可一次性拍摄大量的素材供后期选择制作；另一方面其制作速度较快，对照片的删除、修改及预览很方便，是目前主流的硬件配置方案。

2. 三维数字建模软件营造虚拟场景

这种方法主要应用于那些不能拍摄或难以拍摄的场合，或是对于一些在现实世界中不存在的物体或场景。如房地产开发中还没有建成的小区、虚拟公园、虚拟游戏环境、虚拟产品展示等。要实现虚拟场景，可以通过三维数字建模软件如 3ds Max、Maya 等软件进行制作，制作完成后再通过相应插件将其导出为全景图片。

6.4　全景照片的拍摄方法

在全景图制作过程中，拍摄全景照片是第一个也是较为重要的环节。前期拍摄的照片质量直接影响到全景图的效果：如果前期照片拍摄的效果好，则后期的制作处理就很方便；反之则后期处理将变得很麻烦，带来不必要的工作量，所以照片的拍摄过程和技巧必须得到重视。

1. 柱面全景照片的拍摄

柱面全景照片可采用普通数码相机结合三脚架来进行拍摄，这样拍摄的照片能够重现原始场景，一般需要拍摄 10 ~ 15 张照片。拍摄步骤如下：

1）将数码相机与三脚架固定，并拧紧螺丝。

2）将数码相机的各项参数调整至标准状态（即不变焦），对准景物后，按下快门进行拍摄。

3）拍摄完第一张照片后，保持三脚架位置固定，将数码相机旋转一个合适的角度，并保证新场景与前一个场景要重叠 15% 左右，且不能改变焦点和光圈，按下快门，完成第二张照片的拍摄。

4）以此类推，不断拍摄直到旋转一周即 360°后，即得到这个位置点上的所有照片。

2. 球面全景照片的拍摄

球面全景照片的拍摄须采用专用数码相机加鱼眼镜头的方式来进行拍摄，一般需要拍摄 2 ~ 6 张照片，且必须使用三脚架辅助拍摄。拍摄步骤如下：

1）首先将全景云台安装在三脚架上，然后将相机和鱼眼镜头固定在一起，最后将相机固定在云台上。

2）选择外接镜头。对于单反数码相机一般不需要调节，对于没有鱼眼模式设置的相机则需要在拍摄之前进行手动设置。

3）设置曝光模式。拍摄鱼眼图像不能使用自动模式，可以使用程序自动、光圈优先自动、快门优先自动和手动模式等 4 种模式。

4）设置图像尺寸和图像质量。建议选择能达到的最高一档的图像尺寸，选择 Fine 按钮所代表的图像质量即可。

5）白平衡调节。普通用户可以选择自动白平衡，高级用户根据需要对白平衡进行详细设置。

6）光圈与快门调节。一般要把光圈调小，快门时间不能太长，要小于 1/4s。

7）拍摄一个场景的两幅或者三幅鱼眼图像。首先拍摄第一张图像，注意取景构图，通常把最感兴趣的物体放在场景中央，然后半按快门进行对焦，最后再完全按下快门完成拍摄。转动云台，拍摄第二幅或第三幅照片。

3. 对象全景照片的拍摄

要拍摄对象全景照片，通常使用数码相机结合旋转平台来辅助拍摄，旋转平台如图6.26所示。拍摄步骤如下：

图6.26　旋转平台

1）将被拍摄对象置于旋转平台上，并确保旋转平台水平且被拍摄对象的中心与旋转平台的中心点重合。

2）将相机固定在三脚架上，使相机中心的高度与被拍摄对象中心点位置高度一致。

3）在被拍摄对象后面设置背景幕布，一般使被拍摄对象与背景幕布具有明显的颜色反差。

4）设置灯光，保证灯光有足够的亮度和合适的角度，且不能干扰被拍摄对象本身的色彩，一般设置一个主光源并配备两个辅助光源。

5）拍摄时，每拍摄一张，就将旋转平台旋转一个正确的角度（360°/照片数量），以此类推，重复多次即可完成全部拍摄。也可以提前设置好旋转平台的旋转速度，自动完成全部照片的拍摄。

6.5　三维全景的软件实现

制作三维全景涉及图像的展开和拼接，这个过程离不开软件的支持，这些用来制作三维全景的软件称之为三维全景软件。

最初对图像的展开和拼合是利用Photoshop软件来完成的，甚至有人为此专门开发了相应的插件。随着三维全景的发展，专门用于制作三维全景的软件纷纷出现，界面越来越友好，功能也不断丰富，受到业内外人士的关注，全景大师就是其中一款颇受用户欢迎的三维全景实现软件。

全景大师（VRMaster）全称为“三维全景漫游展示制作大师软件”，是一套数字媒体制作软件，主要用于将一系列全景照片生成完整的三维全景虚拟现实系统，通过三维全景虚拟技术给浏览者带来沉浸式体验效果。通过这款软件，可以仅需简单拖放操作，人们就能制作出商业级全景展示系统。另外，通过深入学习动态XML，人们还可以进行深层开发，生产出功能更加丰富的三维展示系统。

6.5.1　全景大师的安装

1）登录网址http://www.vrm.net.cn，如图6.27所示。

图 6.27　全景大师网站首页

2）选择“软件下载”。按照下载页面提供的淘宝链接进行购买或下载正式版，也可以通过百度网盘下载试用版（但是试用版仅实现正式版的局部功能，且试用版的项目容量不得超过 5MB 并且有水印）。如图 6.28 所示。

图 6.28　软件下载页面

3）下载软件包为 VRmaster. rar 文件，将这个文件解压后，双击 VRmaster. exe 文件即可运行该软件，运行主界面如图 6.29 所示。

图 6.29　全景大师运行主界面

6.5.2　项目管理

全景大师软件的项目管理采用目录管理方式，操作方法与 Windows 相同。规划一个合理清晰的目录结构对项目维护非常重要。本小节主要讲解项目的管理方法，主要包括目录的建立和维护、项目属性设置和项目资源的维护等内容。

1）启动全景大师软件。

2）全景大师采用类 Windows 资源管理器风格，采用目录树方式对历史项目进行分类管理，可以按实际需求进行无限级分类。创建目录、删除目录、重命名目录，都可以在对应的目录上右击，在弹出的快捷菜单中操作。右击“我的全景”，在弹出的快捷菜单中选择“创建目录/文件夹”命令选项，如图 6.30 所示。在新建对话框中输入“风光展示”，如图 6.31 所示，单击 OK 按钮。

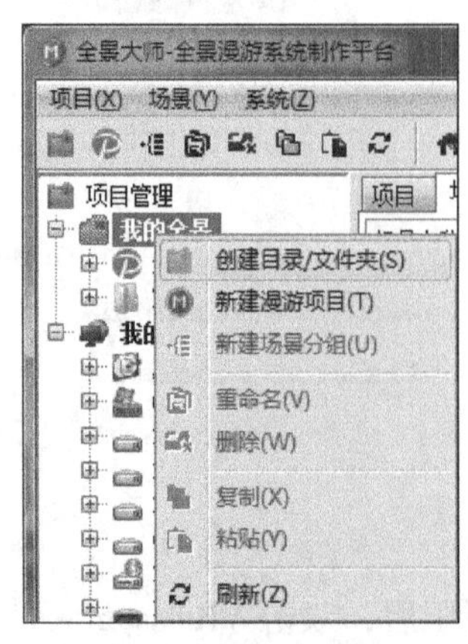

图 6.30　创建目录/文件夹

图 6.31　输入目录名称

3）“风光展示”目录树结构如图 6.32 所示。

4）右击“风光展示”，在弹出的快捷菜单中选择“新建漫游项目”命令选项，如图 6.33 所示。在新建对话框中输入“风光”，单击 OK 按钮。这时全景大师会自动导入相应的配置信息，如图 6.34 所示。

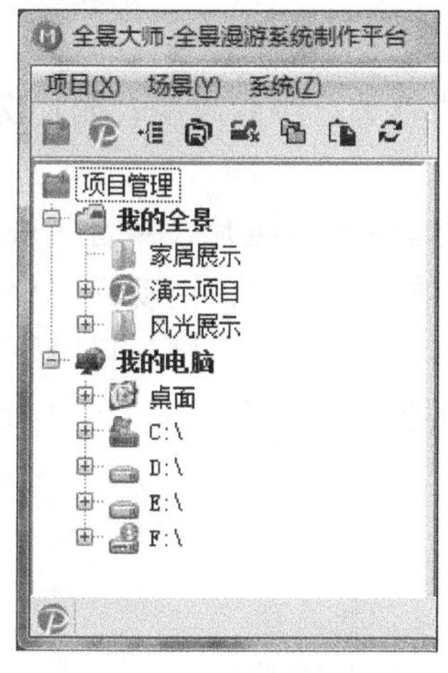

图 6.32　目录树结构

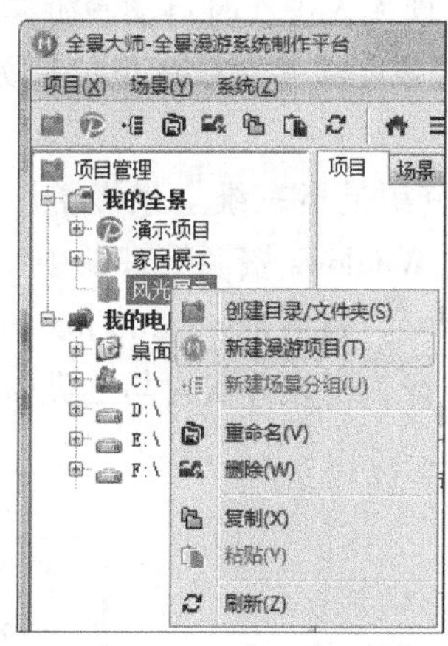

图 6.33　新建漫游项目

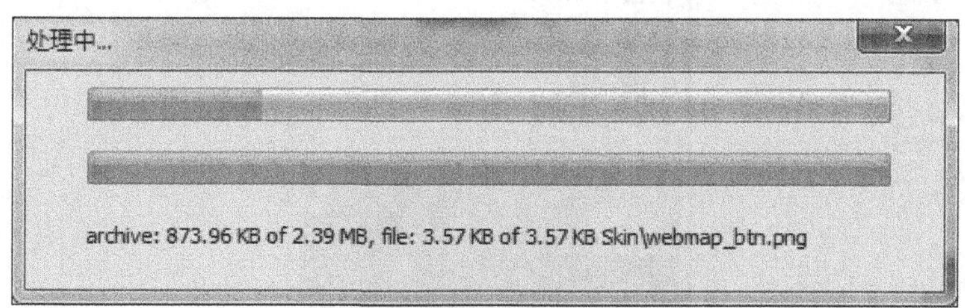

图 6.34　自动导入配置信息

5）单击“风光展示”目录中的“风光”项目，选择“项目”选项卡，即可在界面右侧看到该项目的相关属性，如图 6.35 所示。在项目属性界面里，常用的设置为：

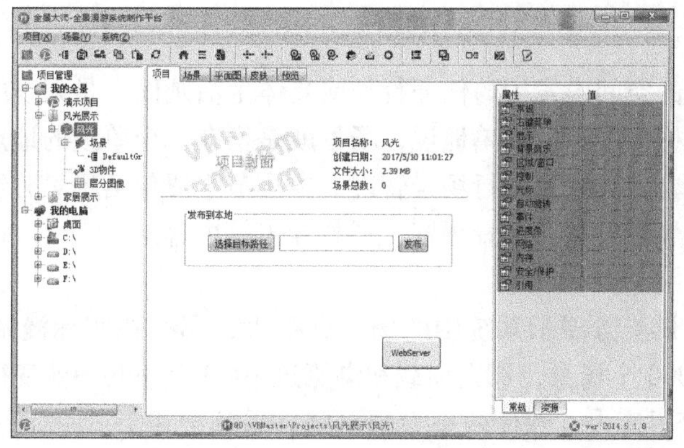

图 6.35　项目属性

①“添加右键菜单”：自行设计右键操作中快捷菜单的内容。

②“自动旋转播放”：当打开全景漫游展示项目时，是否让场景自动旋转，以实现播放影像的效果。其中 waittime 表示等待多长时间才开始旋转，单位为秒；speed 表示旋转速度，值域为 1～10，值越大，速度越快。

③“自动下一场景”：当一个场景播放结束后，是否自动播放下一个场景，当启用该选项时，可以实现无人操作时自动漫游循环展示全部场景。

④ 设置背景音乐：音乐音量值域为 0.0～1.0，值越大，声音越响；循环次数为 0，表示无限循环。

6）项目资源是指三维全景漫游展示项目中所用到的各种图片、声音、视频等素材文件。在左侧的 Windows 资源管理器中找到提前准备好的素材文件，拖动到“资源”窗格对应的目录下即可。如将 sky-earth. jpg 图片文件直接拖动到“图片素材”目录下，如图 6.36 所示。加入声音、视频等素材与之类似。注意：一定要拖到对应目录下，否则无法正常调用这些资源。

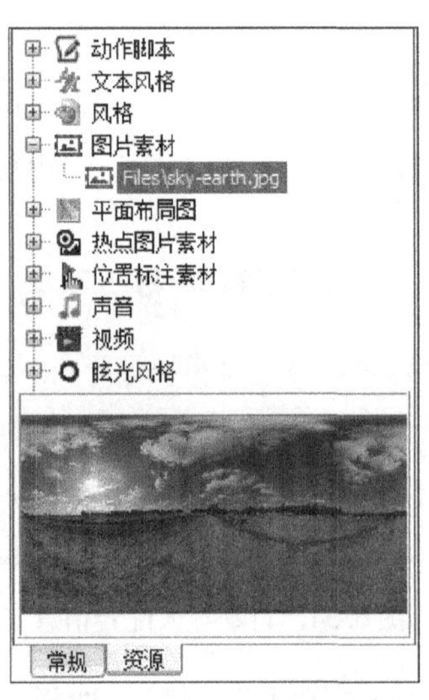

图 6.36　项目资源文件维护

6.5.3　场景管理

场景是指在一定的空间内发生的任务行动或具体生活画面，是人物的行动和生活事件表现剧情内容的阶段性横向展示。简单地说，场景就是指在一个单独的地点拍摄的一组连续的镜头。全景大师可以非常轻松地进行场景管理。本小节主要包括场景分组及作用、场景的添加/删除/排序、场景属性设置、场景预览、场景导出等内容。

1. 场景分组

如果一个三维全景漫游展示系统中的场景数很大，那么在实际漫游观看时效率就会下降。假如某项目有 1000 个场景，那么加载和浏览这 1000 个缩略图就变得困难，并且相关的 XML 文件体积也会变得庞大，致使效率大幅下降。采用分组方式后，一是可以解决效率问题；二是让项目的场景分类清晰，方便管理。

场景分组主要包括：新建场景分组、删除场景、重命名场景等功能。可以在场景上右击，在弹出的快捷菜单中进行相应操作。如图 6.37 和图 6.38 所示。

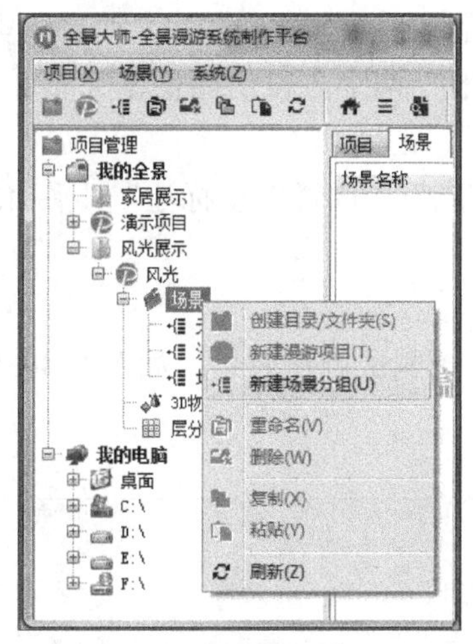

图 6.37　新建场景分组

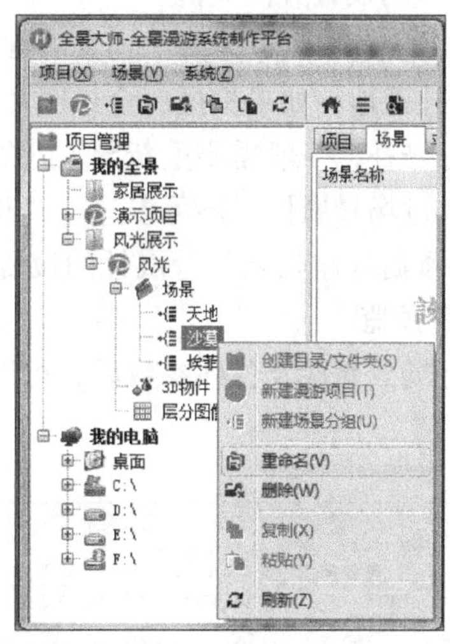

图 6.38　删除、重命名场景

2. 场景添加/删除/排序

1）场景添加：选择某一场景，如“天地”，然后从 Windows 资源管理器中将拼合好的 720°全景图片直接拖入即可，如图 6.39 所示。

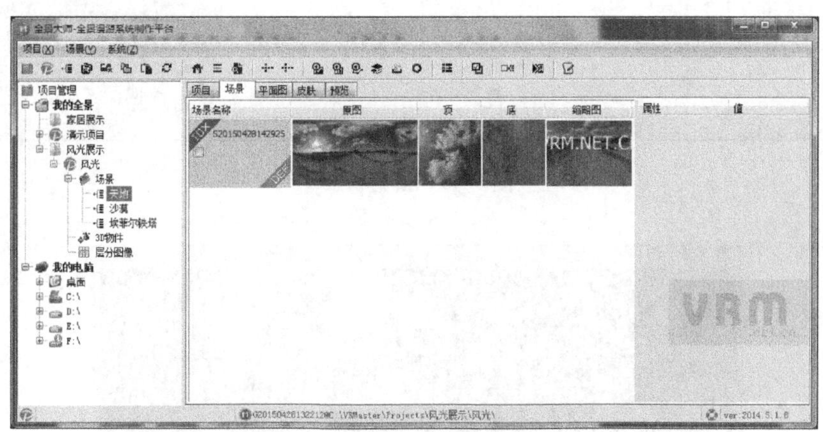

图 6.39　场景添加

2）场景删除：在场景窗口中右击某个场景，在弹出的快捷菜单中选择“删除”命令即可。

3）场景排序：场景条目在场景区显示的顺序与实际浏览时的缩略图顺序一致，并且在自动播放下一场景时，也会按显示的顺序依次播放。

3. 场景属性设置

1）正北偏角：在使用“平面图 + 雷达”进行漫游导航时，只有正确调整好场景的正北偏角，才会让雷达的视区与场景的实际视区一致。

2）视区/视角：视区与视角的作用都是设置场景“初始可视范围”。视区是指可视扇区的度数，默认为90°；视角分为水平视角与垂直视角，是指视区中心的水平及垂直方位角。可以通过最大视区与最小视角的设置，来限定某场景的可见范围。视区及视角的调整方法与“正北偏角”的设置方法类似。

3）语音讲解：可以为每个场景添加语音讲解功能，设置方法与项目背景音乐类似。

4）修补天地：如果拍摄的全景图片在“天”“地”两个方位的图像不完整，可以通过该功能进行修补，一般需要重新导入新的“天”“地”图片。

另外通过场景属性，还可以进行“更换缩略图 GPS”“位置信息标注”“平面图位置标注”“添加漫游导航热点”等属性的设置。

4. 场景预览

设置好场景属性及各种参数后，可以通过预览场景测试制作效果，如图6.40和图6.41所示。

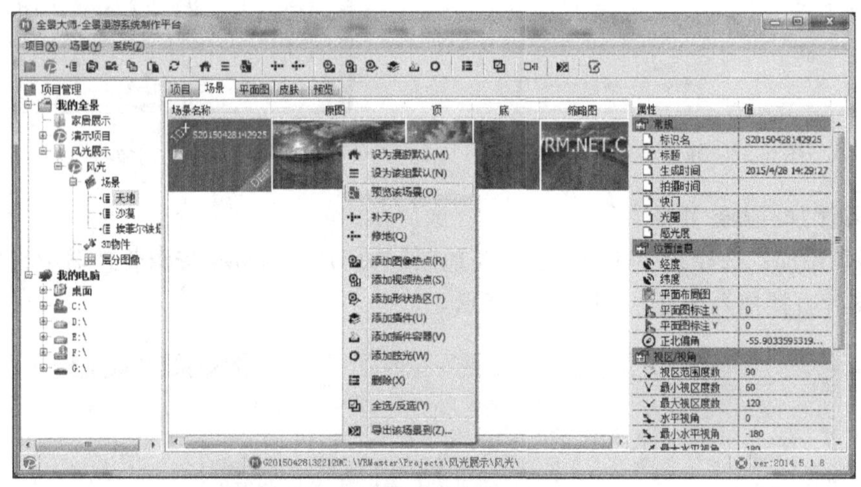

图6.40　预览场景

图6.41　预览效果

5. 场景导出

全景大师可以把设计好的三维漫游效果导出形成.html文件，方法是：在“场景”选项卡下，右击编辑好的场景，在弹出的快捷菜单中选择“导出该场景到…”命令，选择导出的文件位置，单击“确定”即可。

6.5.4　皮肤管理

全景大师自带多种经典皮肤，针对不同的具体业务，用户可以非常方便地自由切换皮肤。另外，全景大师内置功能强大的皮肤编辑功能，无论是图片添加还是图层叠放顺序都只是简单拖放即可完成，尤其是图层前后顺序及图层主从关系，与实际列表结构完全一致，全景大师的皮肤编辑操作自然流畅、一目了然、所见即所得。本小节主要介绍皮肤选取和皮肤制作流程、皮肤制作时常用语句。

全景大师的皮肤管理界面如图6.42所示。对于简单的项目，全景大师自带的皮肤完全可以满足需求，并且可以在官网免费下载最新的皮肤资源。

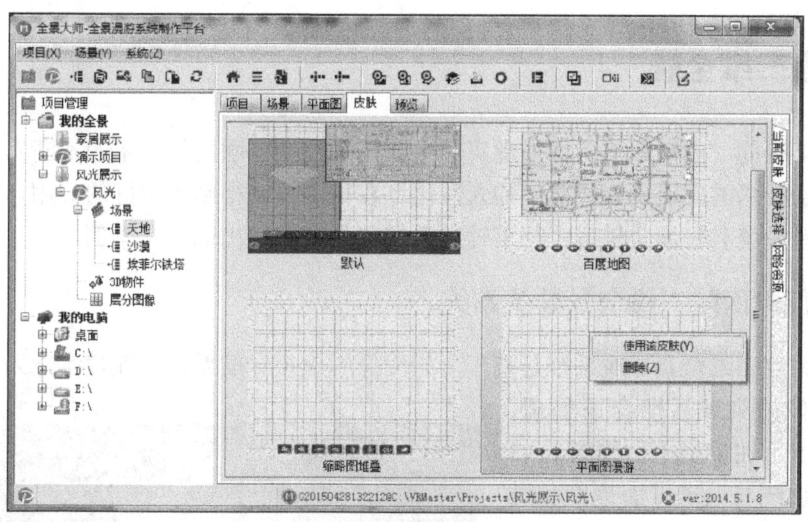

图6.42　皮肤管理界面

针对不同客户的个性需求，全景大师内置个性化皮肤编辑功能。设置个性化皮肤的通常步骤如下：

1）设计草图。

2）使用Photoshop制作素材并存为png格式。

3）将制作好的素材拖到全皮肤资源中。

4）创建图层并调用相应素材资源。

5）编写动作脚本。

6）测试、调整、完成。

另外，在设置个性化皮肤过程中，可能用到的语句见表6.2，仅供学有余力的读者参考。

表 6.2　皮肤制作时常用语句

功　能	语　法
获取当前场景名	get(this. scenename) ;
加载下一场景	VRM_LoadScene(get(this. next)) ;
加载上一场景	VRM_LoadScene(get(this. prev)) ;
显示当前场景关联的图片专集	showgallery(get(this. album)) ;
获取当前场景所在组的组名	get(Group. groupname) ;
获取当前场景所在组的场景总数	get(Group. Scenes. SceneItem. Count) ;
获取项目场景分组总数	get(Tour. Groups. GroupItem. Count) ; [name：组名；defaultscene：默认场景]
场景缩略图调用	% FIRSTXML% / scene/ < 组名 > / < 场景名 > / ThumbImage. jpg
获取平面图数量	get(picmap. count) ;
获取当前场景关联的平面图	get(location. picmap_url) ; [picmap_x，picmap_y：该场景在平面图上的坐标]
获取当前场景 GPS 坐标	get(location. gps_lon) ; get(location. gps_lat) ;

6.6　智能三维全景

随着人工智能、虚拟现实、增强现实、大数据、移动互联网等技术的不断发展和深度融合，三维全景技术的发展日趋智能化和人性化，在很多领域得到了很好的应用。智能化医院三维全景导航系统和智能全景盲区行车辅助系统就是其中突出的应用案例。

6.6.1　智能化医院三维全景导航系统

智能化医院三维全景导航系统是基于全景图像的虚拟导航系统，通过实地采集图像、建立模型、图像渲染和后期合成处理，将全景图像展示在手机上，如图 6.43 所示。导航系统与电子平面地图相结合，可以随时参考实景，又可以定位地图，提供清晰明了的导航体验。同时，导航系统与 HIS 对接，能够实时获取患者在院就诊医嘱信息，根据医嘱的缴费、预约、执行等状态，智能地为患者规划导航路径，改善患者的就医体验，提高医院的管理效率。

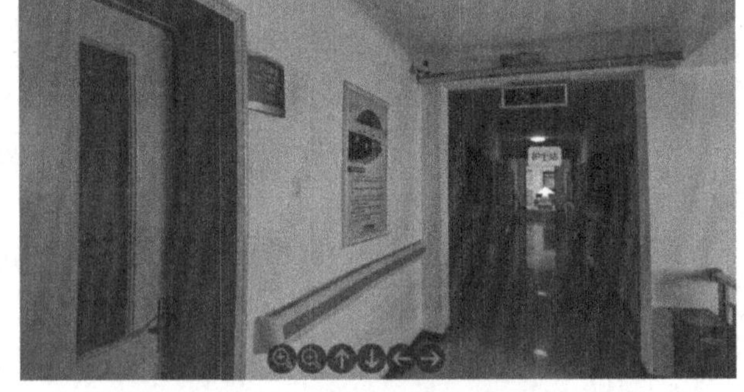

图 6.43　智能化医院三维全景导航系统

该系统的关键技术有以下几种：

1. 全景图像数据采集、拼接和渲染

1）图像采集。传统的图像采集系统会使用五台照相机协同拍摄，其中一台布置在垂直方向，四台相机分别朝向前、后、左、右四个面。该系统为了达到更完美的全景还原效果，增加了两台相机用于垂直方向的拍摄，五台相机负责水平方向的拍摄，使各个方向拍摄的照片都有足够的重叠部分，以利于作为后续图像的拼接。

在图像采集阶段应预先规划好采集点，在平面地图上予以坐标显示，同时输入到数据库中。在每个采集点用七台相机拍摄出一组照片，这样就能完成一组全景视野点的采集，并和数据库中的坐标吻合配对，为后续调用做好准备工作。

2）图像拼接。该系统采用了立方体形的全景图像拼接方法处理，使用七台相机采图，每个视野点共获取七张图像，并通过 Panorama Studio 软件完成一个立方体全景图的拼接，经过拼接之后得到球面全景图。

3）图像渲染。通过 Flash 方法对图像进行渲染工作，实质就是将全景图像中的某一块特定区域构建到二维平面的对应区域。经过渲染处理之后的图像就是一个单场景的球形全景图，可以提供水平 360°和垂直 180°的随意浏览功能。

2. WiFi 定位技术

由于室内定位的特殊性和局限性，该系统主要采用 WiFi 技术，对患者的智能手机终端提供定位服务。WiFi 定位的基本原理如图 6.44 所示。

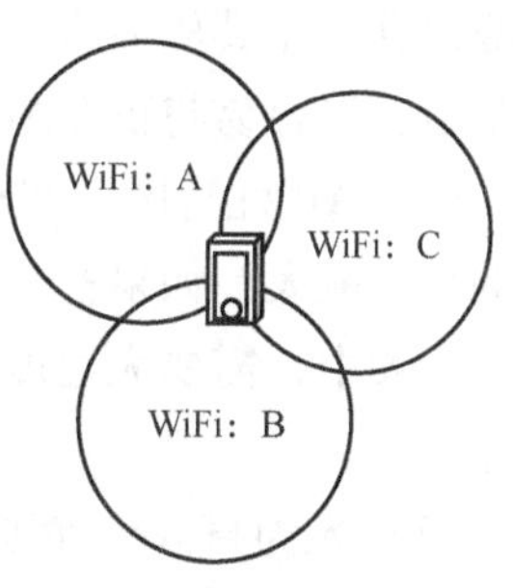

图 6.44　WiFi 定位的基本原理

1）手机作为发送端发射射频信号信息。

2）布置在室内的无线路由器作为接收端，相互收集用户手机终端发射出来的射频信号信息，然后根据这些射频信号的场强强弱，结合场强定位算法，最终可以估算出手机终端的来源、方向和距离。

3）有了初步的距离值，再结合位置的范围分布，利用三角定位原理，就可以比较精确地计算出用户的位置，从而实现室内的定位服务功能。

3. 路径规划的最优算法

导航引擎在获得用户的起始地和目的地之后，就会根据平面地图来规划路径和计算最佳路线。具体实现途径可以分为 4 步：

1）搜索区域。预设 A 点到 B 点，将区域分成小方格并简化成二维数组，并标记一个可否通过的标记。

2）开始搜索。从 A 点开始，依次检查它的相邻节点，然后以此类推并向外扩展，最终能找到 B 点。

3）路径排序。根据公式 $F(n)=G+H$，G 代表的是从初始位置 A 沿着已生成的路径到指定待检测格子的移动开销，H 代表的是从指定待检测格子到目标节点 B 的估计移动开销。目的路径是通过反复遍历开放列表并选择具有最小 F 值的方格来生成的。

4）通过递归的方法继续搜索，直至搜索完全部路径。

4. 手机终端展示

为了提供更好的免安装的用户体验，该系统采用了 Cheetah3D 和 Panorama Viewer 软件实现全景漫游。

6.6.2　智能全景盲区行车辅助系统

有数据表明，城市内部由于交通拥堵致使行车速度不快，出现的交通事故大多都是微小型事故，如两车剐碰、前后车追尾、剐蹭马路边石等。这些事故发生的共同特点就是司机没有正确判断车辆所处位置，各种盲区导致司机误判。

所谓驾驶盲区，就是驾驶人的视线死角或不容易注意到的地方，常见的盲区包括：

（1）前盲区　引擎盖前看不到的地方俗称前盲区。造成汽车前盲区有几个方面的因素，与车身、座椅的高度、车头的长度、驾驶人的身材等都有关系，如果没有很好地控制前盲区的距离，是很容易发生追尾事件的。

（2）后盲区　车辆后面的盲区俗称后盲区，是指从后车门开始向外侧展开有大约30°的区域在反光镜的视界以外，当后车的车头在前车的后车门附近时，前车的反光镜里观察不到后面来车，极易发生剐蹭和追尾事故。

（3）后视镜盲区　车两边的后视镜只能看到车身两侧，并不能完全收集到车身周围的全部信息，尤其从辅路上主路时从左后视镜是不能观察到车辆的，假如加速大角度切入最内侧车道，很容易与正在最内侧车道高速行驶的车辆发生碰撞。

（4）AB柱盲区　在转弯时，如果两侧的A柱较宽，宽的距离就把视线遮挡住，这样产生的盲区就大；如果柱子窄的话，则盲区就小。而B柱的盲区主要是在车辆的右侧，当车辆在行驶中，需要大角度拐到外侧时，B柱会遮挡视线，有可能与右侧正常行驶的车辆发生碰撞。

（5）人为盲区　除了车辆本身造成的视觉盲区外，还有一些是人为因素造成的视觉盲区，比如一些司机后挡风玻璃前，会贴有颜色较深的贴膜，或者驾驶员在后挡风玻璃上悬挂一些毛绒玩具等。

① 很多驾驶人人为制造了盲区，尤其是女性喜欢在车内后视镜上挂上一些饰物，行车时这些饰物不停晃动，造成了很大的盲区。

② 还有人喜欢将一些物品放在前后车窗下，也会挡住很大的视角。另外，过深的遮阳膜也会挡住视线。

（6）泊车盲区　车辆在泊车时，因为两边紧挨着其他车，后视盲区较大，越是座位低的车辆后视盲区越大，在停车或倒车时容易造成事故。

为避免因盲区造成的交通事故，国内的艾迪韦尔公司研发了智能全景盲区行车辅助系统，如图6.45所示。该系统通过加装4路超广角摄像头、配置前后超声波雷达，可实现车身360°全景鸟瞰，彻底消除了车辆周围视觉盲区，同时支持前、后、左、右各角度画面自由切换，方便驾驶人随时了解周围状况，为安全行车保驾护航。

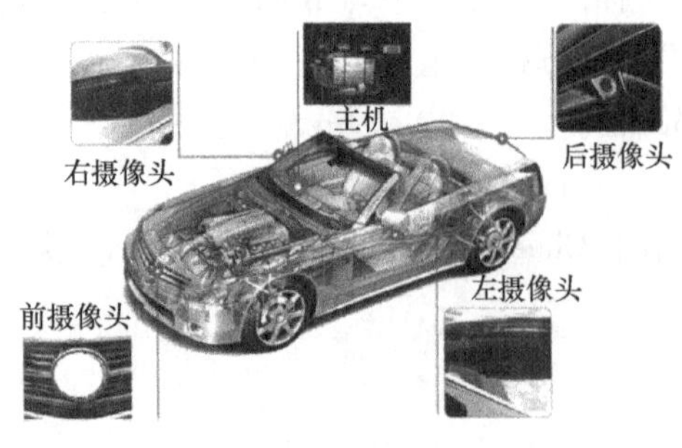

图6.45　智能全景盲区行车辅助系统示意图

该系统创新性地将倒车雷达与全景景象结合起来，填补了传统行车影像系统产品只能“录”与“看”、不能“测”与“听”的空白，通过解码原车雷达或加装前后专用雷达，实时探测障碍物距离并通过蜂鸣声报警、屏幕同步显示，实现盲区可视、距离探测、速控报警、循环录制等“看、测、听、录”四位一体的功能。

本章小结

三维数字建模是利用三维数据将现实中的三维物体或场景在计算机中进行重建，最终实现在计算机上模拟出真实的三维物体或场景。

三维全景技术是基于静态图像的虚拟现实技术，是目前迅速发展并逐步流行的一个虚拟现实分支，广泛应用于网络三维演示领域。

本章主要介绍了三维数字建模的理论知识和全景及三维全景的概念、分类、特点及应用领域，并对全景照片的拍摄硬件及方案进行了详细的讲解，介绍了三维全景的软件实现方法。三维数字建模和全景技术未来的发展方向是交互性、实时性、高速化和智能化。

【注释】

1. Panorama：源自希腊语，意为都能看见。
2. EF 镜头：EF 镜头能够在佳能所有数码单反上安装，适合初学者。
3. EOS：Electro Optical System，意为电子光学系统。
4. 白平衡：描述显示器中红、绿、蓝三基色混合生成后白色精确度的一项指标。
5. 焦距：是光学系统中衡量光的聚集或发散的度量方式，指平行光入射时从透镜光心到光聚集之焦点的距离。
6. 短焦距：即短焦距镜头，也即广角镜头，它的水平视角一般大于 30°，由于镜头的视角较宽，可以包容的景物场面较大，因此在表现空间环境方面具有较强的优势。
7. 超广角：即超广角镜头，它有着宽广的视野，又不像鱼眼镜头有强烈的畸变，能很好地消除畸变。
8. 快门：摄像器材中用来控制光线照射感光元件时间的装置。
9. Photoshop：即 Adobe Photoshop，简称“PS”，是由 Adobe Systems 开发和发行的图像处理软件。
10. Strivr Labs：成立于美国硅谷的一家 VR 初创公司，该公司致力于把科技加入球队和体育运动中。
11. 美式橄榄球大联盟：即国家橄榄球联盟（National Football League，NFL），是北美四大职业体育运动联盟之首，世界上最大的职业美式橄榄球联盟，也是世界上最具商业价值的体育联盟。
12. CMOS：即 Complementary Metal Oxide Semiconductor，意为互补金属氧化物半导体，电压控制的一种放大器件，是组成 CMOS 数字集成电路的基本单元。
13. DIGIC：即 DIGital Image Core，是佳能公司为自己的数码相机以及数码摄像机产品开发的专用数字影像处理器。
14. 像素：构成数码影像的基本单元，通常以像素每英寸 PPI（Pixels Per Inch）为单位来表示影像分辨率的大小。

第 7 章　三维建模软件 3ds Max

导　学

内容与要求

本章首先简单介绍了常见的三维建模软件，其后主要讲解了 3ds Max 软件的常用操作方法。

3ds Max 基本操作包含文件操作方法、工作界面布局设置、视图区常用操作及主工具栏常用工具介绍。要求熟悉界面 、重点掌握工具使用方法。

本章讲解的常用基础建模方法包括使用 3ds Max 内置几何体建模、样条线建模及常用复合建模。要求掌握基本建模方法。

材质与贴图的基本操作主要是如何使用材质编辑器进行材质设置、理解贴图的类型、贴图坐标。要求掌握材质及贴图的简易编辑方法。

对 3ds Max 的灯光、摄影机，本章简单地介绍了两者的类型及主要参数，要求了解这两部分最基本的类型。

介绍了 3ds Max 基础动画制作方法及基本流程，要掌握时间配置的方法，熟练掌握自动关键点动画以及设置关键点动画制作的方法，了解动画制作的一般方法步骤。

重点、难点

重点掌握基本建模方法。难点是修改器的使用、复合建模方式、复杂材质的编辑及基础动画制作方法。

现代医学不断向智能化发展，传统的医学资源已远远无法满足日益增加的医学形态学科实践需求。采用优秀的三维模型可以给人以身临其境的“真实”感受。诸如解剖学、组织胚胎学、法医学等学科更加迫切需要三维模型来展现医学形态学特征，以实现智能化。

7.1　常见的三维建模软件

三维建模软件可以提供虚拟现实中所需要的各种三维模型。当下，市场中拥有众多优秀的三维建模软件，它们的共同特点是利用基本的几何元素如立方体、圆柱体等，通过一系列几何操作（如平移、缩放、旋转及相关运算等）来构建复杂的几何场景。每种三维建模软件都有其侧重的设计方向，本节将选择其中常见的软件进行简单的比较，介绍其特点以及侧重方向。

7.1.1　3ds Max

3ds Max 是基于 PC 系统的三维动画制作及渲染软件，具有三维建模、摄像机使用、灯光设定、材质制作、动画设置及渲染等功能。3ds Max 可以利用一些基本的几何元素如立方体、球体、样条线等，通过一系列几何操作如平移、旋转、拉伸以及复合运算等来构建复杂的几何场景。与其他建模软件相比，3ds Max 具有以下优势：

1）具有良好的性能价格比，而且对硬件系统的要求相对较低，一般 PC 普通的配置即可满足学习的要求。

2）制作效率高，制作流程简洁，入门相对简单，适于初学者学习。

3）功能全面，几乎不用购买其他软件，建模、渲染、动画都能在其环境中完成。

4）在国内有着最多的使用者，拥有良好的技术支持和社区支持，便于大家交流学习心得与经验。

3ds Max 广泛应用于广告、工业设计、影视、建筑效果图、游戏动画制作、辅助教学以及工程可视化等领域，主要面向建筑动画、建筑漫游、室内设计及游戏动画等。

7.1.2　Rhino

Rhino 的中文名称是犀牛，是一款 NURBS 建模工具，建立的模型更加追求准确度和参数。其对软件环境和硬件要求都很低，不需要高级别的操作系统或是图形工作站，安装完成仅占用几十兆的空间，也不需要配置昂贵的高档显卡。Rhino 采用的渲染器使其图像的真实品质非常接近高端渲染器。

Rhino 多用于 CAD、CAM 等工业设计领域，但同时也可为各种场景制作、卡通设计及广告片头打造优良的模型。

7.1.3　Maya

Maya 是电影级别的高端制作软件，其功能完善、操作灵活、制作效率高、渲染真实感强。它不仅具备一般三维效果制作功能，还集成了最先进的动画及数字效果技术，其 CG 功能十分全面，包括建模、粒子系统、数字化布料模拟、毛发生成、植物创建、角色动画、运动匹配等。

Maya 软件主要应用于动画片制作、电视栏目包装、电影制作、电视广告、游戏动画制作等。

7.2　3ds Max 基本操作

本章讲解内容以 Windows7 系统下安装的 3ds Max 2010 32bit 版本的软件为软件环境。在进行三维建模之前首先要掌握 3ds Max 的工作环境、文件操作、常用工具等使用方法。

7.2.1　启动与退出

1. 启动 3ds Max

方法一：双击桌面上的图标即可启动 3ds Max 中文版，如图 7.1 所示。

图 7.1　3ds Max 图标

方法二：在开始菜单的“Autodesk”文件夹下找到 3ds Max 的菜单项，单击启动。

方法三：双击 Max 文件。

2. 退出 3ds Max

方法一：单击窗口左上角的应用程序按钮，如图 7.2 所示，在弹出的下拉菜单中选择右下角的“退出 3ds Max”按钮。

图 7.2　3ds Max 应用程序按钮

方法二：单击 3ds Max 软件窗口右上角的关闭按钮。

7.2.2　打开、保存与导出模型

1. 打开模型

方法一：按快捷键 Ctrl + O，弹出“打开文件”对话框，确定正确的路径和文件，双击该文件即可。

方法二：单击 3ds Max 快捷工具栏中的“打开”按钮，其他与方法一相同。

方法三：双击 Max 文件，可以启动 3ds Max，同时打开该文件。

2. 保存模型

（1）保存　使用“保存”命令将覆盖上次保存的场景文件。若第一次保存场景，则此命令的工作方式同“另存为”。

1）单击工具栏中的“保存”按钮。

2）单击应用程序按钮，选择弹出的下拉菜单中的“保存”命令。

3）按快捷键 Ctrl + S。

（2）另存为　单击应用程序按钮，选择弹出的下拉菜单中的“另存为”命令，单击子菜单的“另存为”命令，弹出“文件另存为”对话框。设置保存目录，填写文件名称，选择保存类型，单击“保存”按钮。

3. 导出模型

目前，市场上三维建模软件及与三维建模软件相关的工具异常丰富，每个软件都有其自己的优势，每个软件能够识别的 3D 模型也略有差别。当需要在其他软件中识别 3ds Max 创建的三维模型时，可以在 3ds Max 中打开该模型，然后导出成其他软件也能够打开的格式（如 BOJ、FBX 等）。方法如下：

单击应用程序按钮，选择弹出的下拉菜单中的“导出”命令，单击子菜单的“导出”命令，弹出“选择要导出的文件”对话框。设置保存目录，填写文件名，选择“保存类型”，单击“保存”按钮。

7.2.3　软件操作界面

3ds Max 的初始界面如图 7.3 所示，主要区域包括：标题栏、菜单栏、主工具栏、视图区、命令面板、视图控制区、动画控制区、信息提示区与状态栏、时间滑块与轨迹栏。

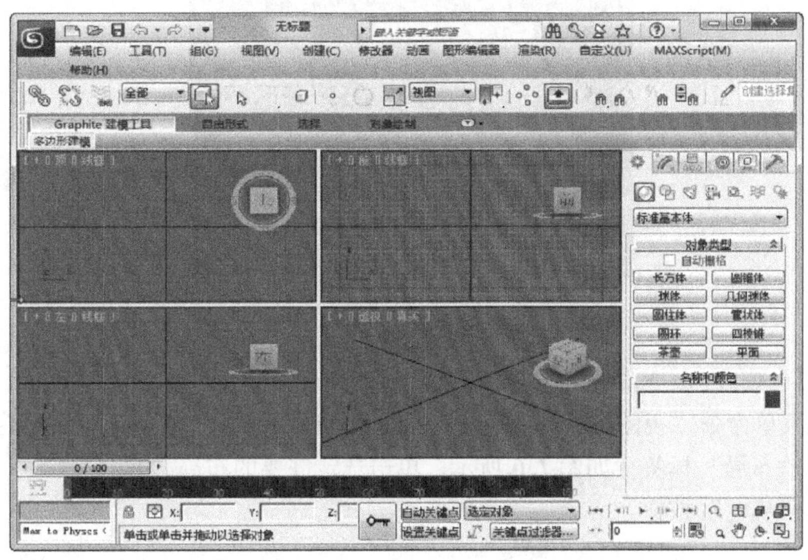

图 7.3　3ds Max 初始界面

1. 标题栏

窗口的标题栏用于管理文件和查找信息。

1）应用程序按钮：单击该按钮，可以弹出“应用程序”下拉菜单。

2）快速访问工具栏：提供用于管理场景文件的常用命令。

3）文档标题栏：显示 3ds Max 当前文档标题。

2. 菜单栏

3ds Max 菜单栏使用方式与普通软件相同，其中的大多数命令都可以在相应的命令面板、工具栏或快捷菜单中找到，相较于在菜单栏中执行命令，这些方式要方便许多。

3. 主工具栏

主工具栏位于菜单栏下方，在其中可以快速访问 3ds Max 的很多常见任务的工具和对话框，如图 7.4 所示。选择“自定义”|“显示”|“显示主工具栏”命令，则可显示或关闭主工具栏（快捷键为 Alt +6）。

图 7.4　主工具栏

4. 视图区

视图区位于整个界面的正中央，几乎所有的工作都要在这个范围内完成并观察效果。3ds Max 中文版默认为以 4 个视图的划分方式显示，分别为上视图、前视图、左视图及透视图。这是标准的划分方式，也是比较通用的划分方式，如图 7.5 所示。

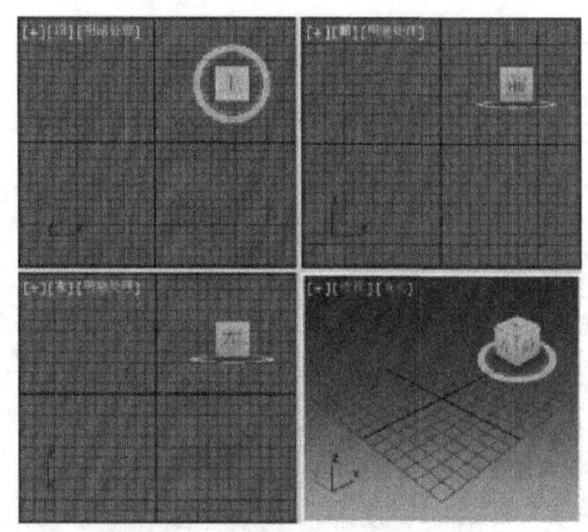

图 7.5　默认视图划分图

【例 7-1】　修改 3ds Max 的视图布局。

1）执行菜单命令“视图”|“视图配置”，弹出“视图配置”对话框。

2）单击“布局”标签，如图 7.6 所示，单击选定需要的布局方式。

3）单击“确定”按钮。

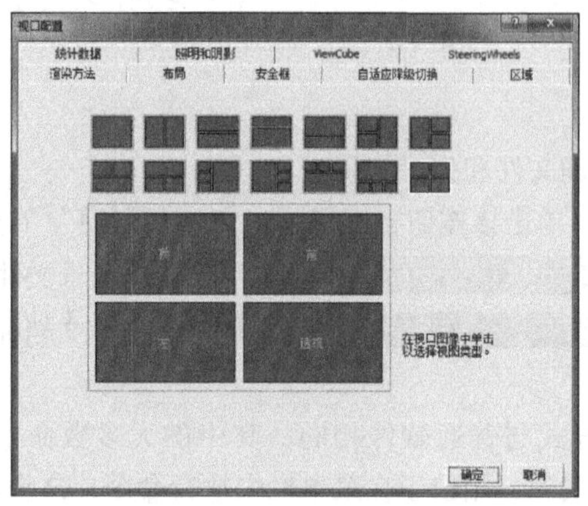

图 7.6　“视图配置”对话框

5. 命令面板

命令面板位于视图区右侧，如图 7.7 所示。命令面板中集成了 3ds Max 中大多数的功能与参数控制项目。6 个面板依次为创建、修改、层次、运动、显示和实用程序。

【例 7-2】　创建简单的“杯子”模型（“创建”面板和“修改”面板的基本用法）。

1）单击打开“创建”面板。

2）单击“几何体”按钮。

3）在下拉列表中选择“标准基本体”。

图 7.7　命令面板

4）单击“茶壶”按钮，如图 7.8 所示。

5）在上视图中拖曳鼠标左键，创建茶壶。

6）单击打开“修改”面板标签。

7）单击“茶壶部件”中的“壶把”“壶嘴”“壶盖”复选按钮，取消掉其按钮中的对号。

8）调整“半径”的值为 50，如图 7.9 所示，观察模型变化。

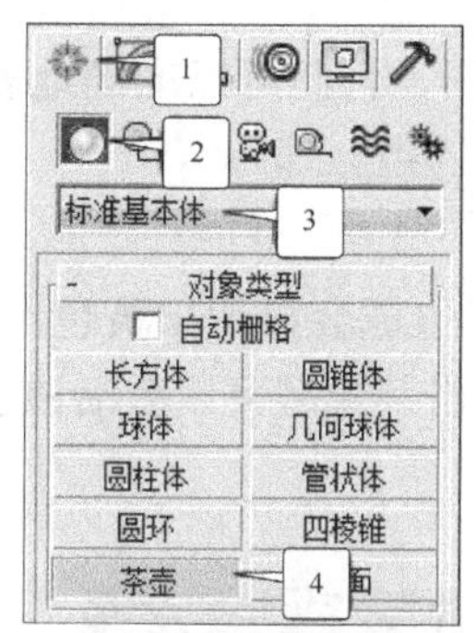

图 7.8 例 7-2 前四步操作步骤

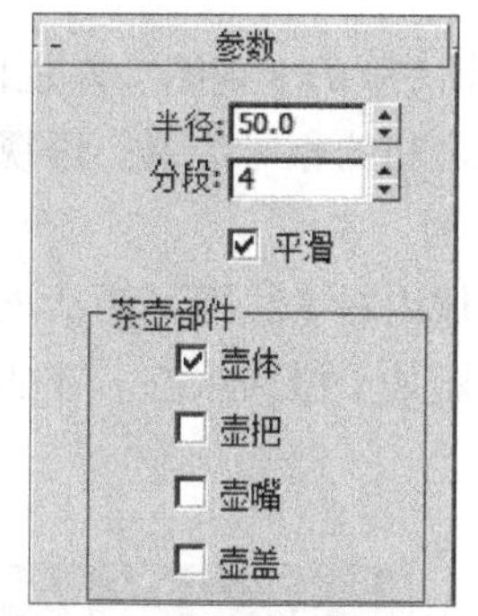

图 7.9 例 7-2 参数修改结果

9）保存文件，命名为“杯子 . max”。

6. 视图控制区

视图控制区布置在整个软件界面的右下角，如图 7.10 所示。主要用于改变视图中物体的显示状态，通过平移、缩放、旋转等操作达到更改观察角度和方式的目的。

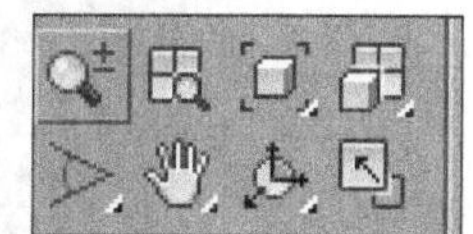

图 7.10 视图控制区

7. 动画控制区

动画控制区主要用来控制动画的设置和播放，布置在软件界面的下方，紧邻视图控制区，如图 7.11 所示。

图 7.11 动画控制区

8. 信息提示区与状态栏

信息提示区与状态栏用于显示视图中模型及鼠标的当前状态，如位置、移动、旋转坐标及缩放比例等，如图 7.12 所示。

图 7.12 信息提示区与状态栏

9. 时间滑块与轨迹栏

时间滑块与轨迹栏位于视图区的下方，用于设置动画、浏览动画以及调整动画帧数等，如图 7.13 所示。

图 7.13　时间滑块与轨迹栏

7.2.4　视图区及其操作

3ds Max 中文版的上视图、左视图和前视图为正交视图，它们可以准确地表现模型的尺寸以及各模型之间的相对关系。透视图则符合近大远小的透视原理。

1. 激活视图

在视图区域内右击，即可激活该视图，被激活的视图边框会显示出黄色。如图 7.14 所示，当前透视图处于激活状态。在非当前视图区域内，单击某模型可以激活该视图区域，并选择该模型。

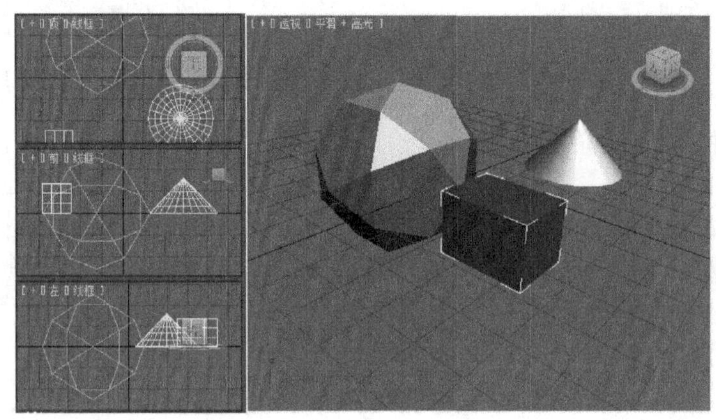

图 7.14　透视图处于激活状态

2. 转换视图

系统默认的 4 个视图是可以相互转换的，默认的转换快捷键见表 7.1。

表 7.1　视图转换的快捷键

按　键	视　图
T	上视图
B	底视图
L	左视图
F	前视图
U	用户视图
P	透视图

3. 视图快捷菜单

单击或右击视图左上角的 3 个标识，可以打开相应的快捷菜单。这些菜单命令的功能包括改变场景中对象的明暗类型，更改最大化视图、显示网格，更改模型的显示方式，转换当前视图等，具体内容如图 7.15 所示。

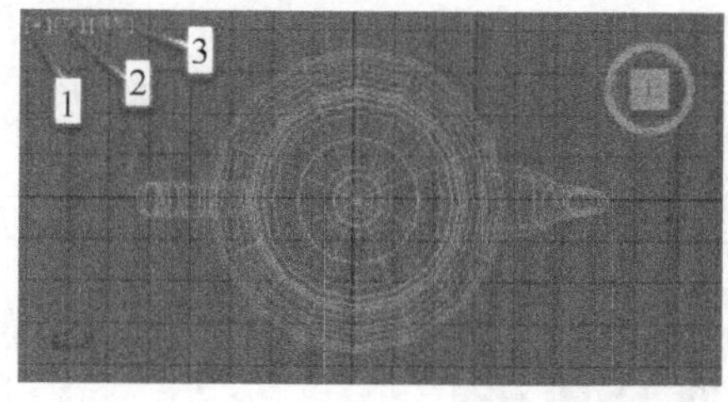

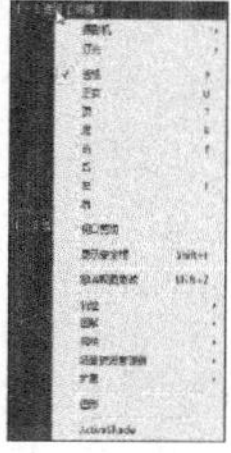

图 7.15　视图快捷菜单

其中一些常用操作也可以通过快捷键实现，如快捷键 G 的功能为显示或隐藏栅格，快捷键 Alt + W 的功能为切换当前视图的最大化或还原状态。

7.2.5　工具栏常用工具

主工具栏中包含了编辑对象时常用的各种工具，本节将选择其中一些使用率较高的工具进行介绍。

1. “选择对象”工具

单击“选择对象”工具按钮后，在任意视图中将光标移到目标模型上，单击即可选择该模型。被选定的模型线框对象变成白色，如图 7.16 所示的上、左、前视图显示效果；被选定的着色对象其边界框的角处显示白色边框，如图 7.16 所示的透视图显示效果。

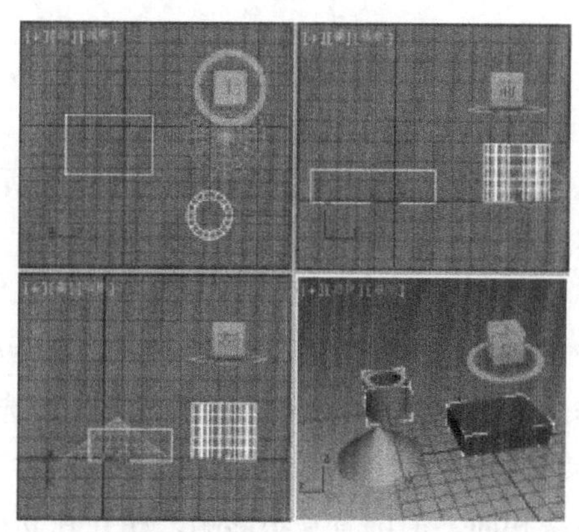

图 7.16　选择状态的对象

2. “选择并移动”工具

单击“选择并移动”工具按钮（快捷键 W）后，可以选择模型并进行移动操作，移动时根据定义的坐标系和坐标轴向来完成，如图 7.17 所示。红、绿、蓝 3 种颜色操纵轴分别对应 *X*、*Y*、*Z* 这 3 个轴向，当前操纵轴颜色为黄色。光标放在操纵轴上时变成移动形态，拖动即可沿该轴方向移动模型。光标放在轴平面上，轴平面会变成黄色，拖动即可在该平面上移动对象。

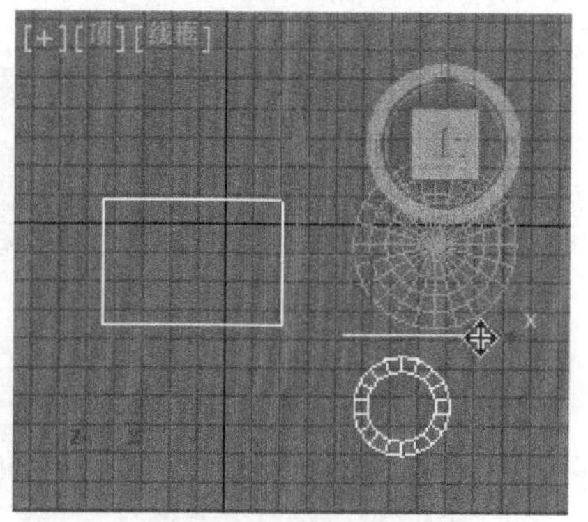

图 7.17　沿 *X* 轴移动对象

3. “选择并旋转”工具

单击“选择并旋转”工具按钮（快捷键 E）后，选择模型并进行旋转操作，旋转时根据定义的坐标系和坐标轴向来进行，如图 7.18 所示。光标放在操纵范围即变成旋转形态，拖动可完成相应旋转操作。红、绿、蓝 3 种颜色操纵轴分别对应 *X*、*Y*、*Z* 这 3 个轴向，当前操纵轴颜色为黄色。外圈的灰色圆弧表示在当前视图的平面上进行旋转。若在透视图的内圈灰色圆弧范围内拖动，对象可在3个轴向上任意旋转。

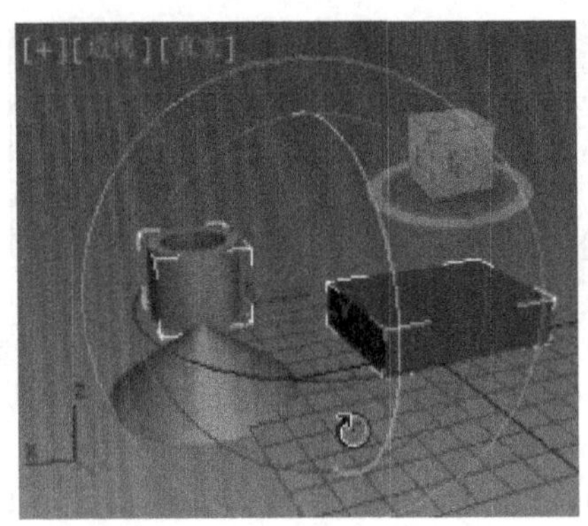

图7.18　任意旋转对象

4. “选择并缩放”工具

单击“选择并缩放”工具按钮后，选择物体同时可进行缩放操作，缩放时根据定义的坐标系和坐标轴向来进行，如图7.19所示。光标放在操纵范围时变成缩放形态，拖动即可实现相应缩放操作。

“选择并移动”“选择并旋转”和“选择并缩放”3种工具的使用方法具有以下相似之处：在工具按钮上右击，在弹出的对话框中输入数据即可实现精确的移动、旋转或缩放操作。这3种工具均具有克隆功能：当选择其中一种工具时，按住Shift键并拖动，将打开“克隆选项”对话框，如图7.20所示。“对象”选项中，“复制”表示生成的新对象与原始对象相同，但两者互不影响，相互独立；“参考”表示修改原始对象参数或添加修改器时，克隆出的对象也随之改变；“实例”表示修改原始对象参数或添加修改器时克隆出的对象随之改变，反之亦然。

图7.19　3个方向同时缩放

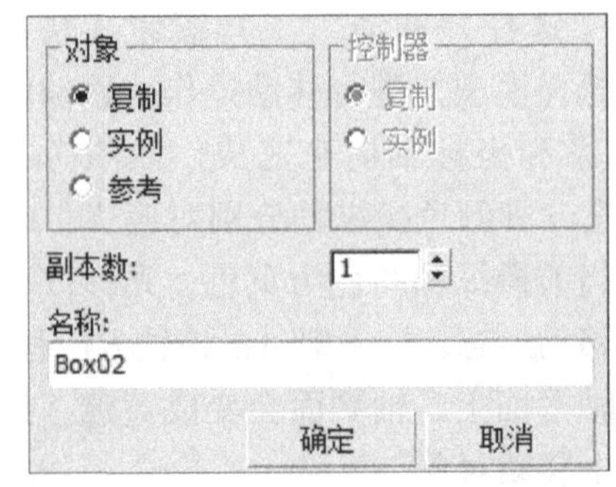

图7.20　“克隆选项”对话框

在使用上述4种与选择相关的工具时，可以配合快捷键实现增/减选择对象的操作：按住Ctrl键并单击视图中未选择的对象，将会增加选择对象；按住Alt键并单击视图中已选择的对象，将会减去选择对象。

【例 7-3】　制作简易“花瓶”模型。

1）打开例 7-2 保存的文件“杯子.max”，单击选中“选择并缩放”工具，单击选中模型。

2）在前视图中，沿 Y 轴正方向拖动，可将模型“拉高”。

3）在上视图中，分别沿 X 轴、Y 轴正方向拖动，可放大模型的直径。

4）另存文件，命名为“花瓶.max”。

5. “选择区域”工具

“选择区域”工具用于修改上述 4 种与选择相关的工具的选择方式。单击“选择区域”按钮，按住鼠标左键不放将打开 5 种形状的“选择区域”按钮，如图 7.21 所示。

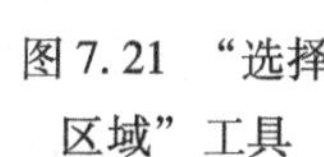

图 7.21 “选择区域”工具

1）“矩形选择区域”：拖曳鼠标，矩形框内对象会被选择。

2）“圆形选择区域”：拖曳鼠标，圆形框内对象会被选择。

3）“围栏线选择区域”：单击鼠标，将不断拉出直线，在末端双击，围成多边形区域，多边形框内对象会被选择。

4）“套索选择区域”：拖动鼠标绘制区域，绘制区域内的对象会被选择。

5）“绘制选择区域”：按住鼠标左键，此时光标处显示一小圆形区域，拖动鼠标过程中某对象的任意部分被框入该圆框则该对象会被选择。

6. “镜像”工具

“镜像”工具的作用是模拟现实中的照镜子效果，将对象翻转或复制相应的虚像。在视图中选择需要进行镜像操作的对象，单击主工具栏中的“镜像”按钮，打开“镜像”对话框。其中常用参数功能为：

1）“镜像轴”：指定镜像的轴或者平面。

2）“偏移”：设定镜像对象相对于源对象轴心点的偏移距离。

3）“克隆当前选择”：默认为“不克隆”，即只翻转对象而不复制对象。其他选项与“选择并缩放”工具中介绍的“克隆选项”功能相同。

7. “对齐”工具

“对齐”工具用于调整视图中两个对象的对齐方式。比如，当前视图中存在一个长方体和一个管状体。先选中长方体，单击“对齐”工具，再选中管状体，将会打开“对齐当前选择”对话框。此时，“当前对象”为长方体，“目标对象”为管状体，即长方体参照管状体位置对齐。

“对齐位置”选项区中的“X 位置”“Y 位置”“Z 位置”复选框用于指定物体沿当前坐标系中哪条约束轴与目标物体对齐。“对齐方向”选项区中的 3 个复选框用于确定如何旋转当前物体，以使其按选定的坐标轴与目标对象对齐。“匹配比例”选项区中的 3 个复选框用于选择匹配两个选定对象之间的缩放轴，将“当前对象”沿局部坐标轴缩放到与“目标对象”相同的百分比。如果两个对象之前都未进行缩放，则其大小不会更改。

【例 7-4】　制作“DNA”模型。

1）单击打开“创建”面板。

2）单击“几何体”按钮。

3）在下拉列表中选择“标准基本体”。

4）单击“球体”按钮。

5）在左视图中拖曳鼠标左键，创建球体。

6）打开“修改”面板修改模型的参数：半径为45。

7）同样的方法在左视图创建圆柱体，打开“修改”面板修改模型的参数：半径为10，高度为500。

8）单击选择圆柱体，单击（对齐）按钮，单击选择球体，弹出“对齐当前选择”对话框。设置该对话框中参数如图7.22所示，使其圆柱体左侧与球体中心在X轴方向上对齐。单击“应用”按钮。

9）修改“对齐当前选择”对话框中参数如图7.23所示，使其圆柱体中心与球体中心在Y轴方向上对齐。单击“确定”按钮。

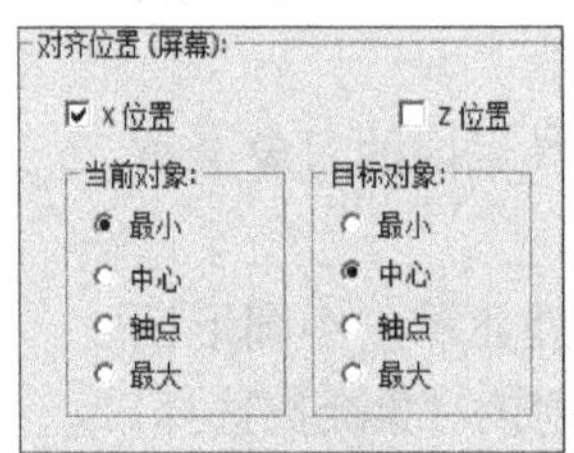

图7.22　X方向对齐设置

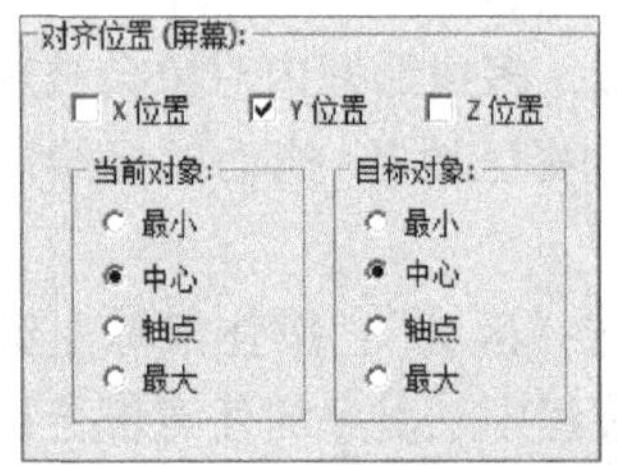

图7.23　Y方向对齐设置

10）单击选择球体，单击（镜像）按钮，弹出“镜像”对话框。设置该对话框中参数如图7.24所示，克隆出另一个球体置于圆柱体的另一侧。单击“应用”按钮。

11）按快捷键Ctrl + A，全选场景中模型，执行菜单命令“组”|“成组”。弹出“组”对话框，使用默认组名，单击“确定”按钮。

12）执行菜单命令“工具”|“阵列”，弹出“阵列”对话框。设置该对话框中参数如图7.25所示，单击“确定”按钮。“DNA”模型最终效果如图7.26所示。

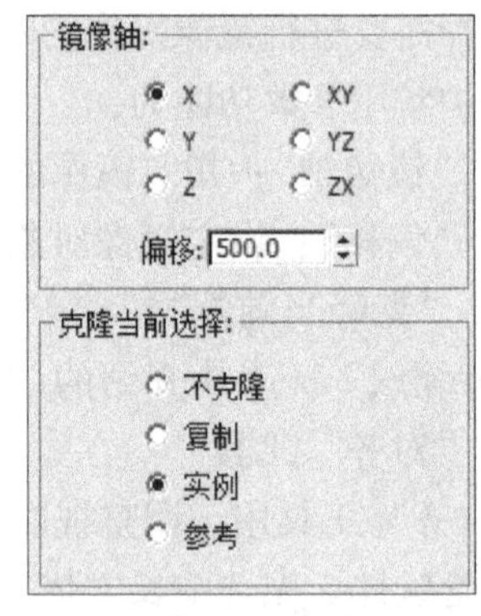

图7.24　镜像参数设置

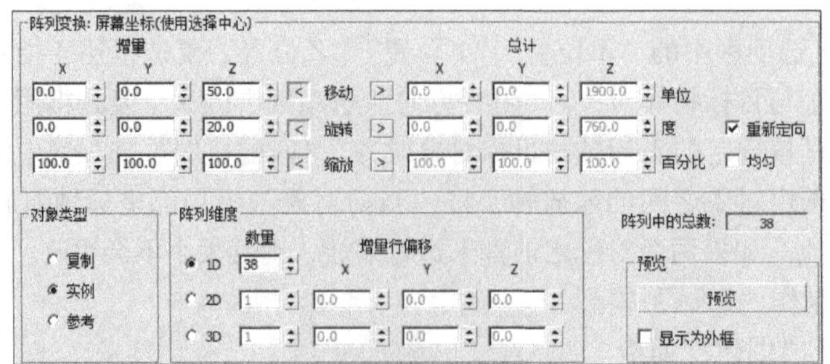

图7.25　阵列参数设置

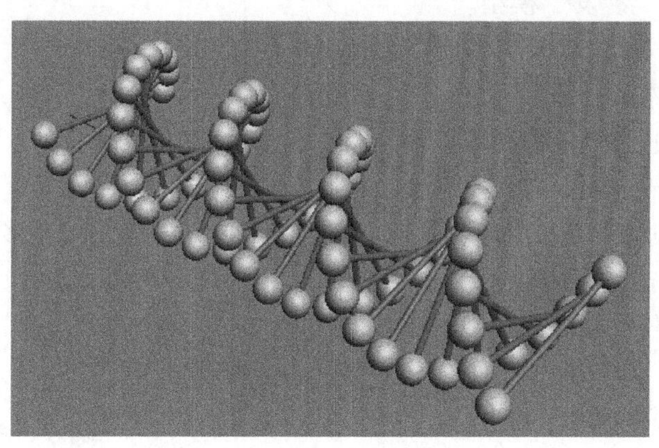

图 7.26　“DNA”模型最终效果

7.3　模型制作

建模是三维制作的最基本环节，也是完成材质、动画及渲染等环节的前提。3ds Max 基础建模方式包括内置几何体建模、二维图形建模、复合对象建模等。

7.3.1　使用内置几何体建模

3ds Max 中内置了一些基础几何模型，包括标准基本体、扩展基本体等。打开“创建”面板，单击“几何体”按钮，在下拉列表中选择内置模型类型后，将在“对象类型”卷展栏中罗列出该类包含的模型创建按钮。单击相应按钮并在某一视图中通过单击、移动、拖动等鼠标操作即可创建模型，右击结束创建。如果因某些操作结束了创建过程，创建面板中的“参数”卷展栏将会消失，此时打开“修改”面板即可修改对象的参数。

标准基本体及扩展基本体的创建方法大致相同，各种模型的参数略有差别。下面介绍一些常用的重要模型参数的作用。

1. 分段

所有的标准基本体都有“分段”属性。“分段”值不同，决定了模型是否能够弯曲及弯曲的程度。“分段”的值越大，模型弯曲越平滑，但同时也会大大增加模型的复杂程度，降低刷新速度。如图 7.27 所示为圆环“分段”值为 8 和 24 的对比效果。

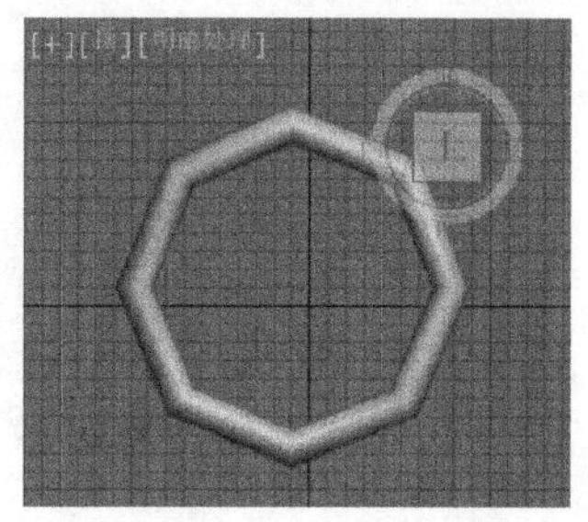

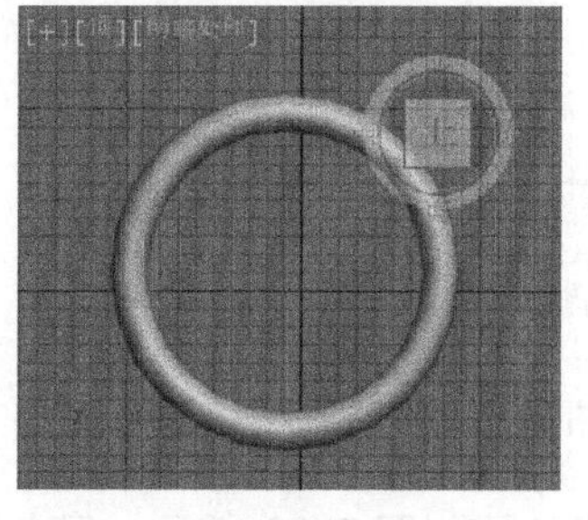

图 7.27　圆环“分段”值为 8 和 24 的对比效果

【例7-5】 制作“沙发”模型。

1）创建新文件，单击打开“创建”面板。

2）单击“几何体”按钮。

3）在下拉列表中选择“扩展基本体”。

4）单击“切角长方体”按钮。

5）在上视图中创建切角长方体：鼠标左键拖曳→放开左键→向上移动（或向下移动）→单击→向上移动→单击，完成创建。

6）打开“修改”面板修改模型的参数：长度为35，宽度为35，高度为12，圆角为3，如图7.28所示。该切角长方体默认名为ChamferBox01。

注意：在不同的视图中开始创建模型，尽管设置的参数相同，但得到的视觉效果会有所不同。

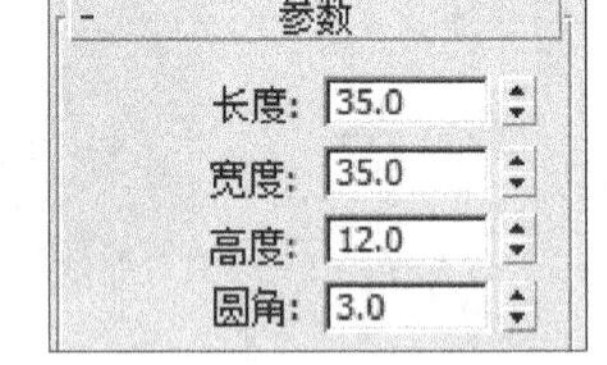

图7.28 切角长方体参数

7）单击“选择并移动”工具按钮，按住Shift键同时沿上视图的X轴正向拖动ChamferBox01，克隆出它的两个实例，系统自动分别命名为Chamfer-Box02、ChamferBox03。

8）单击选择ChamferBox02，单击（对齐）按钮，单击选择ChamferBox01，弹出“对齐当前选择”对话框。设置该对话框中参数如图7.29所示，使其左侧贴紧ChamferBox01右侧。

9）参照步骤8）调整ChamferBox03的位置，使其左侧贴紧ChamferBox02右侧。沙发的坐垫模型制作完成。

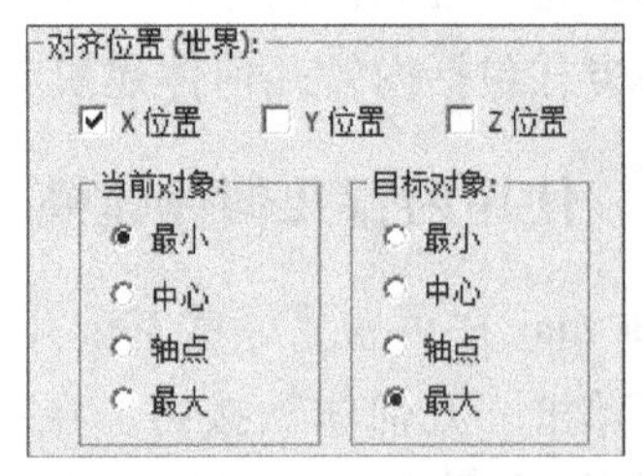

图7.29 对齐位置参数

10）制作并调整好沙发的靠背：在上视图中再创建新的切角长方体，参数设置成长度为15，宽度为35，高度为35，圆角为3，参照步骤7）~9），完成整个靠背部分。

11）选中作为靠背的3个切角长方体，再打开“修改”面板，设置“高度分段”为8。

12）在“修改”面板中，单击“修改器列表”的下拉按钮，如图7.30所示。选择“弯曲”修改器。

13）设置弯曲修改器参数：角度为35，方向为-90，如图7.31所示。

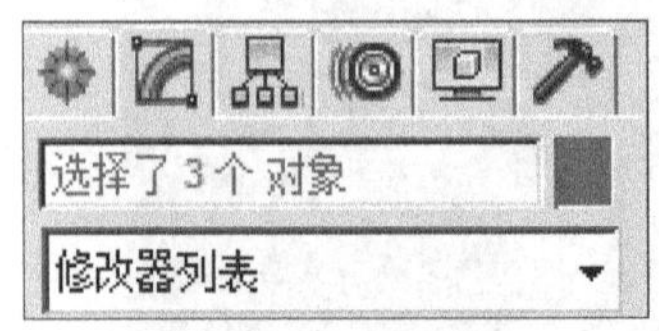

图7.30 修改器列表位置

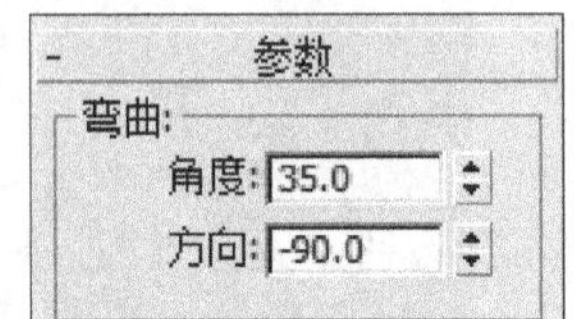

图7.31 弯曲参数

14）沙发最终效果如图7.32所示。保存文件，命名为“沙发.max”。

图 7.32　沙发最终效果

2. 边数

标准基本体中的圆柱体、圆环、圆锥体、管状体，以及扩展基本体中的油罐、纺锤、球棱柱、环形波、切角圆柱体和胶囊都有“边数”属性。该属性决定了弯曲曲面边的个数，该值越大，侧面越接近圆形，越光滑。图 7.33 为圆柱体“边数”值为 6 和 18 的对比效果。

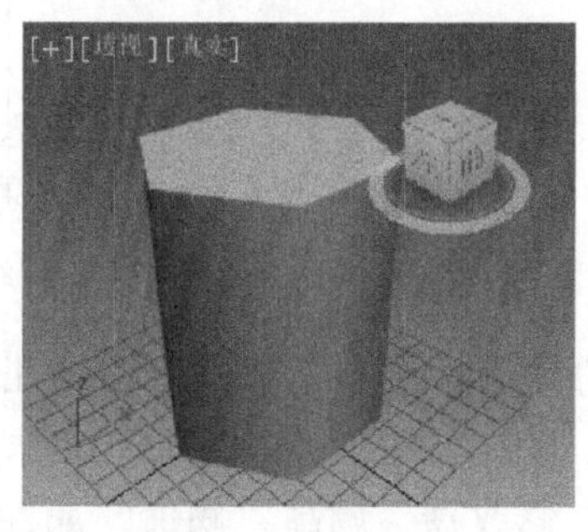

图 7.33　圆柱体“边数”值为 6 和 18 的对比效果

【例 7-6】 制作“钻石”模型。

1）创建新文件，单击打开“创建”面板。

2）单击“几何体”按钮。

3）在下拉列表中选择“标准基本体”。

4）单击“圆柱体”按钮。

5）在上视图中创建圆柱体：鼠标左键拖曳→放开左键→向上移动→单击。

6）打开“修改”面板，调整模型的参数：半径为 30，高度为 15，高度分段为 1，端面分段为 1，边数为 6，取消“平滑”，如图 7.34 所示。

7）右击模型，执行菜单命令“转换为”|“转换为可编辑网格”。展开“修改”面板中的“选择”卷展栏，单击“多边形”按钮，如图 7.35 所示。

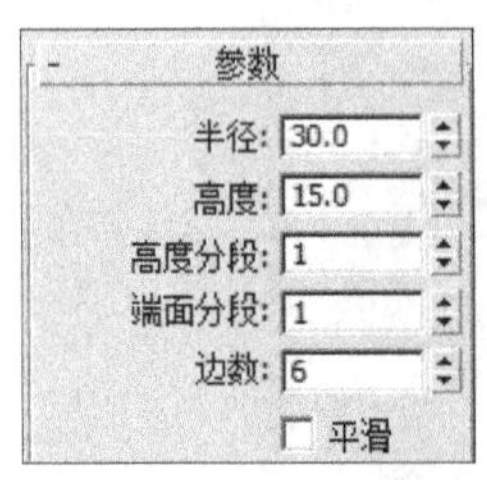

图 7.34　圆柱体参数

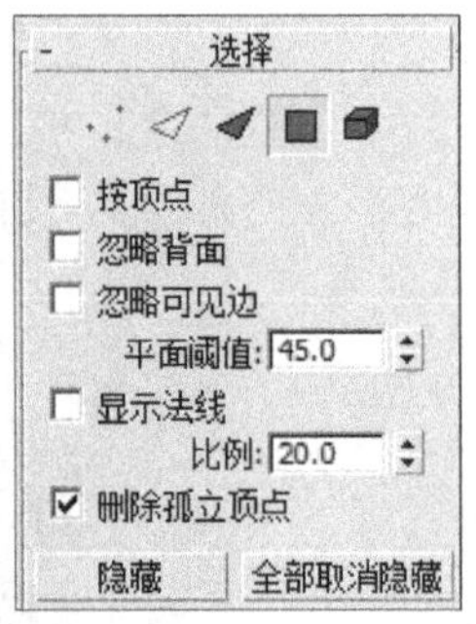

图 7.35　选择“多边形”层级

8）单击选择模型的底面，单击“编辑几何体”卷展栏中的“倒角”按钮，在选中的多边形范围内制作倒角：鼠标左键向上拖曳→放开左键→向下移动→单击，效果如图 7.36 所示。

9）在“修改”面板中的“选择”卷展栏中单击“点”按钮，如图 7.37 所示。

图 7.36　倒角效果

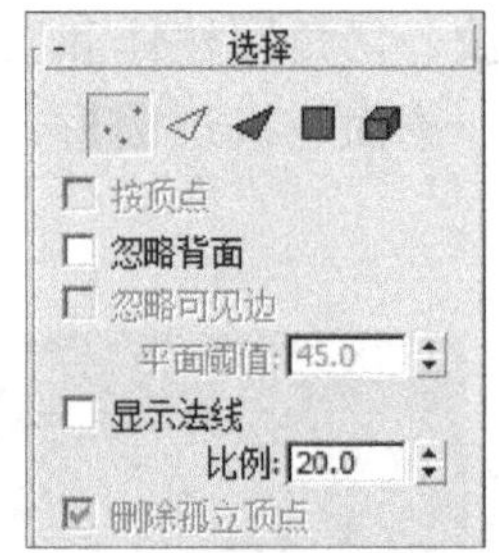

图 7.37　选择“点”层级

10）用 Ctrl 键配合选择顶面除中心点以外的其他 6 个点，单击“编辑几何体”卷展栏中的“切角”按钮，在右侧的微调框中输入 15，按回车键，确定输入，如图 7.38 所示。

11）在“修改器列表”中添加“顶点焊接”修改器，调高“阈值”属性值直到所有临近的顶点合并成一个点。“钻石”模型最终效果如图 7.39 所示。

图 7.38　“切角”按钮

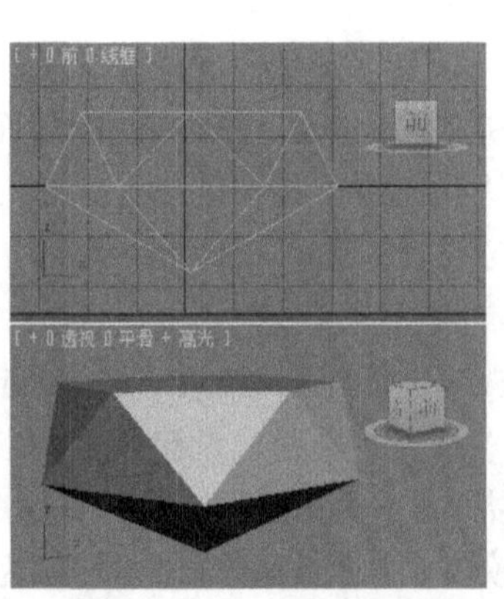

图 7.39　“钻石”模型最终效果

3. 平滑

具有“边数”属性的基本体一般也具有“平滑”属性，该属性也用于平滑模型的曲面。当勾选“平滑”属性时，较小的边数即可获得较圆滑的侧面。图 7.40 展示了圆柱体“边数”值为 18 时未勾选和勾选“平滑”的效果。

a）未勾选“平滑”效果

b）勾选“平滑”效果

图 7.40　圆柱体“边数”值为 18 时未勾选和勾选“平滑”的效果

4. 切片

标准基本体中的圆柱体、圆环、圆锥体、球体和管状体，以及扩展基本体中的油罐、纺锤、胶囊都有“切片起始位置”和“切片结束位置”属性。使用这两个属性可设置从基本体 X 轴的 0 点开始环绕其 Z 轴的切割度数。两个属性的参数设置无先后之分，负值按顺时针移动切片，正值按逆时针移动切片。图 7.41 显示的是圆柱体“切片起始位置”为 85，“切片结束位置”为 15 的效果。

图 7.41　圆柱体“切片起始位置”为 85，“切片结束位置”为 15 的效果

7.3.2　使用二维图形建模

很多三维模型很难分解为简单的几何基本体，对于这种模型可以先制作二维图形，再通过复合建模或修改器建模等生成三维模型。选择“创建”面板，单击“图形”命令，在下拉列表中选择图形类型，在“对象类型”卷展栏中将列出该类包含的模型创建按钮。

3ds Max 中的二维图形是一种矢量线，由顶点、线段和样条线等元素构成。使用二维图形建模的方法为：先绘制一个基本的二维图形，然后编辑该二维图形，最后添加相应的命令即可生成三维模型。

1. 二维图形的层级结构

（1）顶点　顶点是线段开始和结束的点，3ds Max 中有如下 4 种类型：

1）角点：该类顶点两边的线段相互独立，两个线段可以具有不同的方向。

2）平滑：该类顶点两边的线段的切线在同一条线上，使曲线外观光滑。

3）贝塞尔曲线顶点：该类顶点位置的切线类似于平滑顶点。但贝塞尔曲线类型顶点提供了一个可以调节切线矢量大小的手柄。

4）贝塞尔曲线角点：该类顶点分别为顶点两边的线段提供了各自的调节手柄，它们相互独立，两个线段的切线方向可以单独进行调整。

（2）控制手柄　控制手柄位于顶点两侧，控制顶点两侧线段的走向与弧度。

（3）线段　线段是两个顶点之间的连线。

（4）样条曲线　样条曲线由一条或多条连续的线段构成。

（5）二维图形对象　二维图形对象由一条或多条样条曲线组合构成。

2. 二维图形的重要属性

除了截面以外其他的二维图形都有“渲染”和“插值”属性卷展栏。

在软件默认情况下，二维图形无法被渲染。可以在“渲染”卷展栏中进行相关设置，获得渲染效果。勾选“在渲染中启用”复选框，渲染引擎便可使用指定的参数对样条线进行渲染。勾选“在视图中启用”复选框，即可直接在视图中观察样条线的渲染效果。

对于样条线而言，“插值”卷展栏中的“步数”属性的作用与几何体中基本体的“分段”相似。“步数”属性的值越高，得到的弯曲曲线越平滑。勾选“优化”复选框，则可根据样条线形状以最小的折点数得到最平滑的效果。勾选“自适应”复选框，软件将自动计算样条线的适合步数。

3. 访问二维图形的次对象

“线”在所有二维图形中是比较特殊的，它没有可以编辑的参数。要对“线”对象进行调整就必须在它的次对象层级（顶点、线段和样条线）中进行编辑。

而其他二维图形，要访问其次对象有两种方法：使用“编辑样条线”修改器或者将其转换成可编辑样条线。这两种方法略有不同：若使用“编辑样条线”修改器，可保留对象的创建参数，但不能直接在次对象层级设置动画；若转换成可编辑样条线，就可以直接在其次对象层级设置动画，但同时也会丢失创建参数。

将二维图形转换成可编辑样条线有两种方法：

（1）方法一　选中二维图形，在“修改”面板的编辑修改器堆栈显示区域的二维图形名上右击，然后选择快捷菜单中的“转换为可编辑样条线”命令。

（2）方法二　在视图中选择的二维图形上右击，然后选择快捷菜单中的“转换为可编辑样条线”命令。

要给对象应用“编辑样条线”修改器，可以在选择对象后打开“修改”面板，再从编辑修改器列表中选取“编辑样条线”修改器即可。

4. “编辑样条线”修改器

添加了“编辑样条线”修改器后，其可选择的次对象包括顶点、分段、样条线。

（1）“选择”卷展栏　“选择”卷展栏用于设定编辑层次。单击相应按钮即可选定要编辑的次对象种类，然后用选择工具即可在场景中选择该类型的次对象。

（2）“几何体”卷展栏　在“几何体”卷展栏中包含了多种次对象工具，这些工具与选择的次对象类型紧密相关，选择不同工具按钮的使能状态也会有所不同。比如，样条线次对象的常用工具如下：

1）附加：对当前编辑的图形增加一个或者多个图形，生成一个新的对象。

2）分离：从二维图形中分离出某个线段或者样条线。

3）布尔运算：对样条线进行交、并、差运算。

4）插入：在单击的位置可插入新的顶点。

5. 将二维对象转换成三维对象的编辑修改器

3ds Max 提供了多种编辑修改器均可以将二维对象转换成三维对象，在此仅介绍挤出、车削、倒角和倒角剖面编辑修改器的功能。

（1）“挤出”编辑修改器　“挤出”编辑修改器是沿着二维对象的局部坐标系的 Z 轴方向拉伸为其增加一个厚度。同时可以沿着拉伸方向指定段数。若二维图形是封闭的，可以指定拉伸的对象是否有顶面和底面。

（2）“车削”编辑修改器　“车削”编辑修改器是绕指定的轴向旋转二维图形，它常用来建立诸如杯子、盘子和花瓶等模型。旋转角度的设定范围为 0°～360°。

（3）“倒角”编辑修改器　“倒角”编辑修改器与“挤出”类似，但它除了沿对象的局部坐标系的 Z 轴方向拉伸对象外，还可分 3 个层次调整截面的大小。

（4）“倒角剖面”编辑修改器　“倒角剖面”编辑修改器的作用类似于“倒角”编辑修改器，但它用一个称之为侧面的二维图形来定义截面大小，变化相对更为丰富。

【例 7-7】　制作“血管与红细胞”模型。

1）创建新文件，单击打开“创建”面板。

2）单击“图形”按钮。

3）在下拉列表中单击“样条线”。

4）单击“线”按钮，如图 7.42 所示。

5）在上视图中绘制样条线：鼠标左键在拐点处单击→移动配合进行绘制，右击结束绘制，绘制结果大概如图 7.43 所示即可。

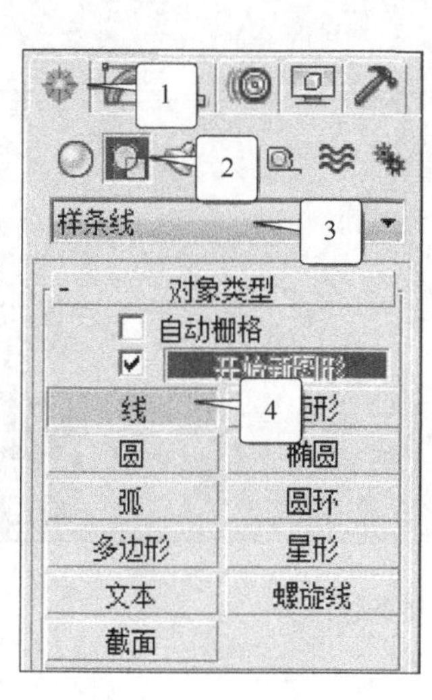

图 7.42　创建样条线

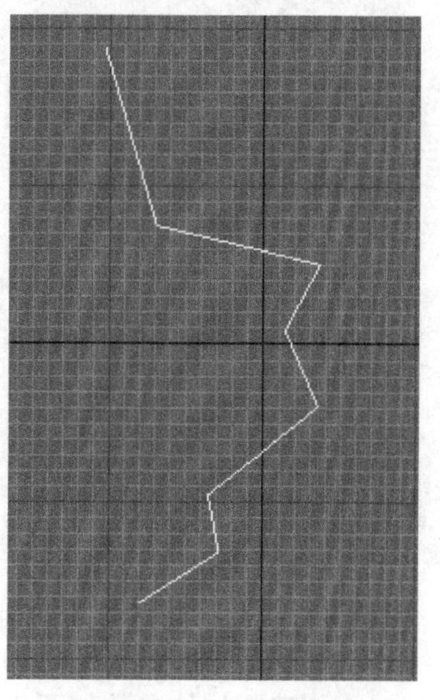

图 7.43　血管的样条线

6）打开“修改”面板，单击“Line”左侧的“＋”按钮，展开样条线层级，单击“顶点”层级，如图 7.44 所示。

7）按下快捷键 Ctrl + A，选择全部顶点，在视口中右击，选择弹出菜单中的“平滑”命令。

8）打开“修改”面板，展开“渲染”卷展栏，设置参数如图 7.45 所示。

图 7.44　样条线层级

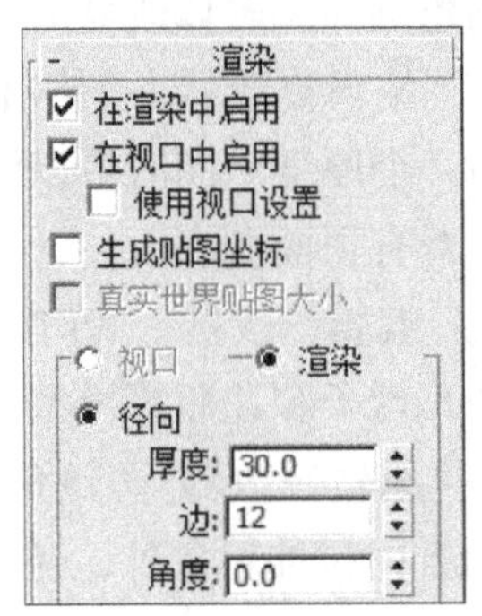

图 7.45　“渲染”卷展栏参数

9）适当调节各个顶点在 X、Y、Z 三个方向上的位置，调整后可取消“渲染”卷展栏的“在视口中启用”复选框，观察效果如图 7.46 所示。

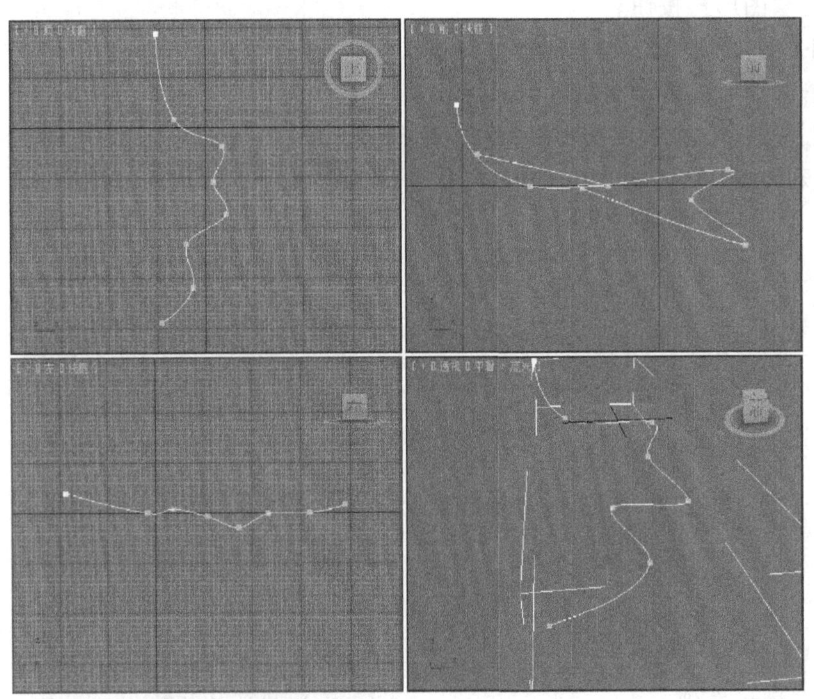

图 7.46　调整点后的样条线

10）在前视口中创建圆柱体参数如图 7.47 所示。

11）给圆柱体添加“FFD 2 ×2 ×2”修改器，单击“FFD 2 ×2 ×2”左侧的“ + ”按钮，展开 FFD 修改器层级，单击“控制点”层级，如图 7.48 所示。

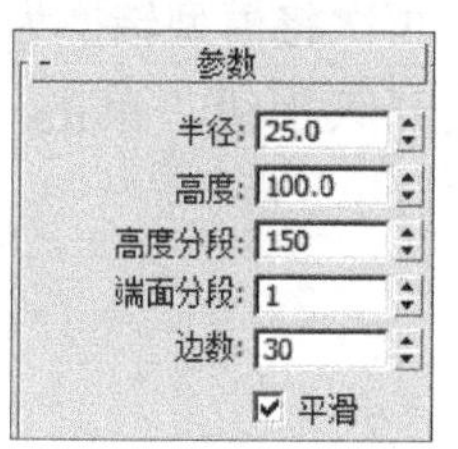

图 7.47　圆柱体参数

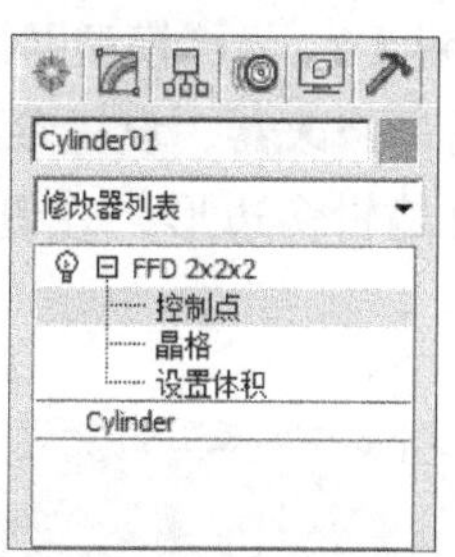

图 7.48　"FFD 2×2×2"圆柱体参数

12）在上视口中选择顶部的 4 个控制点，使用"选择并缩放"工具缩小 4 个控制点的距离，效果如图 7.49 所示。

13）给圆柱体再添加"路径变形"修改器，单击"参数"卷展栏中的"拾取路径"按钮，如图 7.50 所示。

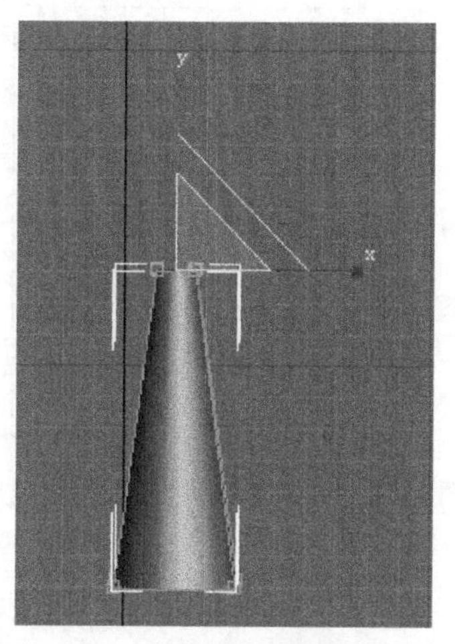

图 7.49　圆柱体顶部缩小的效果

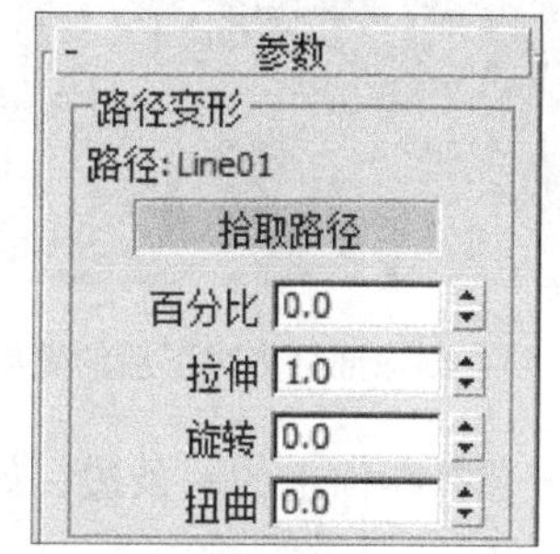

图 7.50　"路径变形"修改器的"参数"卷展栏

14）增加"拉伸"的值，使圆柱体长度与样条线相同，并适当调整透视口的观察视角，调整结果如图 7.51 所示。

15）右击模型，执行菜单命令"转换为"|"转换为可编辑多边形"。单击"可编辑多边形"左侧的"+"按钮，展开其层级，单击"多边形"层级，如图 7.52 所示。

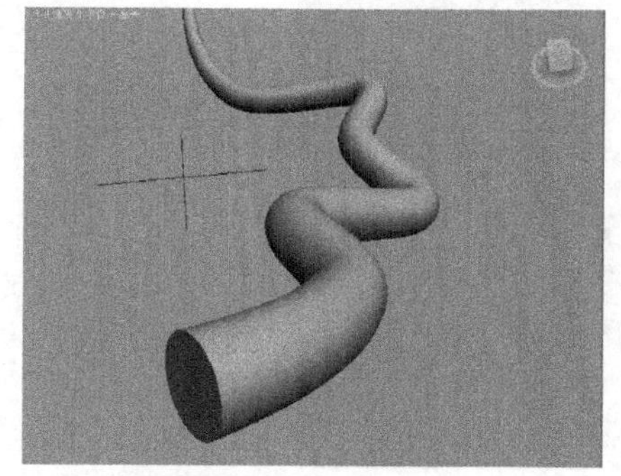

图 7.51　透视口调整结果

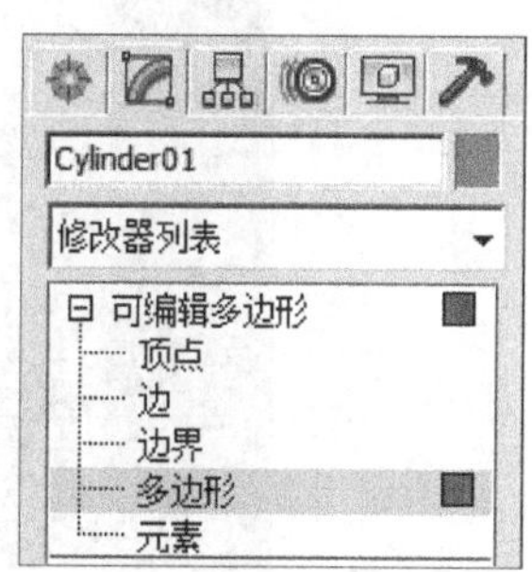

图 7.52　选择可编辑多边形的多边形层级

16）按下快捷键 F4，显示模型网格，选择模型相应多边形并删除，效果如图 7.53 所示。

17）添加“壳”修改器，设置参数“内部量”为 3，再次将模型转换为可编辑多边形。

18）单击“可编辑多边形”左侧的“+”按钮，展开其层级，单击“边”层级，如图 7.54 所示。

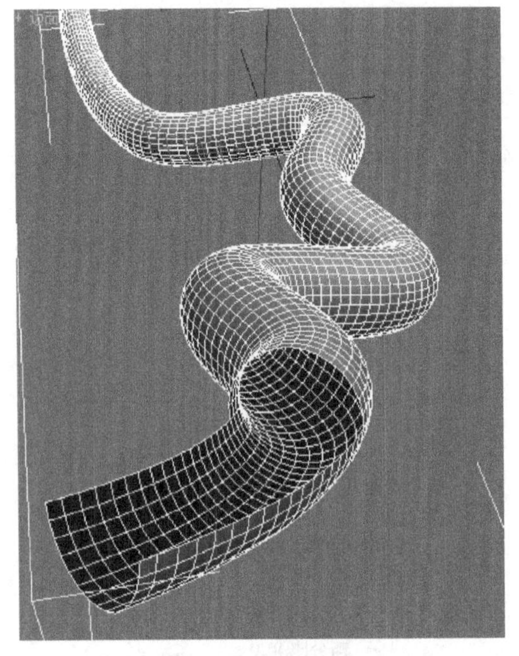

图 7.53　删除部分多边形后的效果

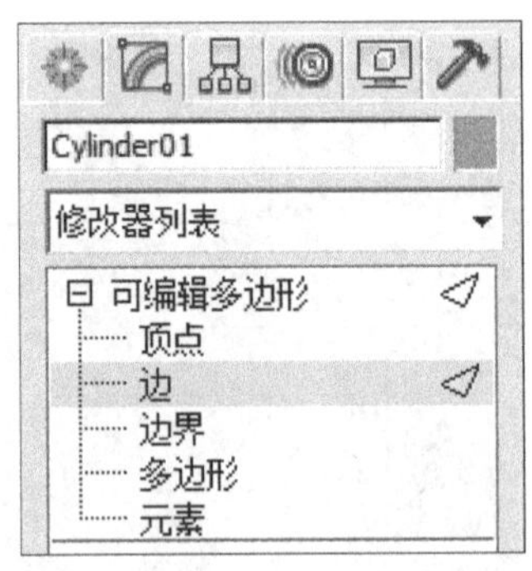

图 7.54　选择可编辑多边形的边层级

19）单击选择断面上的一条边，如图 7.55 所示。

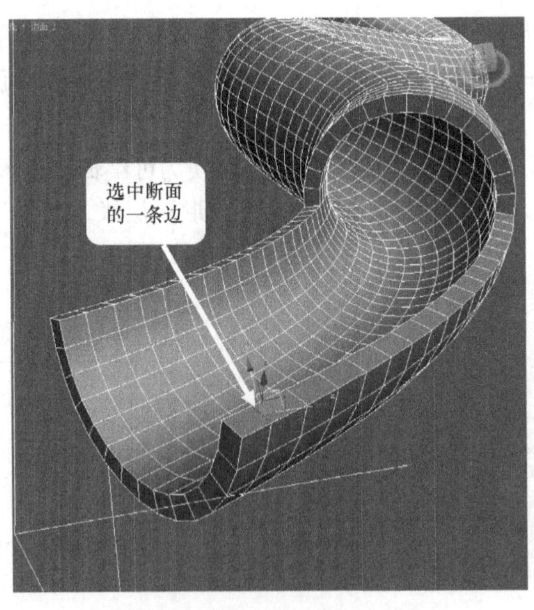

图 7.55　选择断面上的一条边

20）打开“修改”面板，展开“选择”卷展栏，单击“环形”按钮，如图7.56所示。

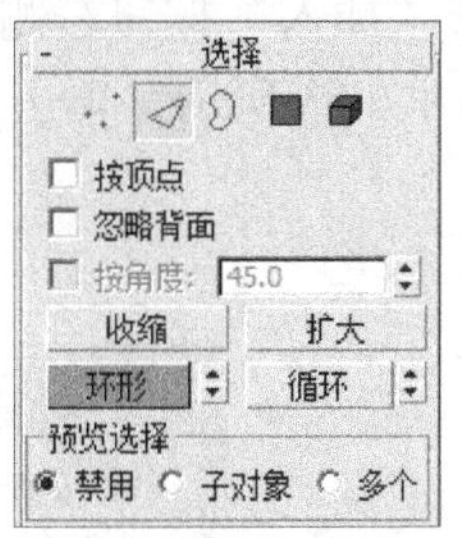

图7.56　“选择”卷展栏

21）展开“修改”面板的“编辑边”卷展栏，单击“连接”按钮右侧的设置按钮，如图7.57所示。弹出“连接边”对话框，参数设置如图7.58所示，单击“确定”按钮。

图7.57　“编辑边”卷展栏

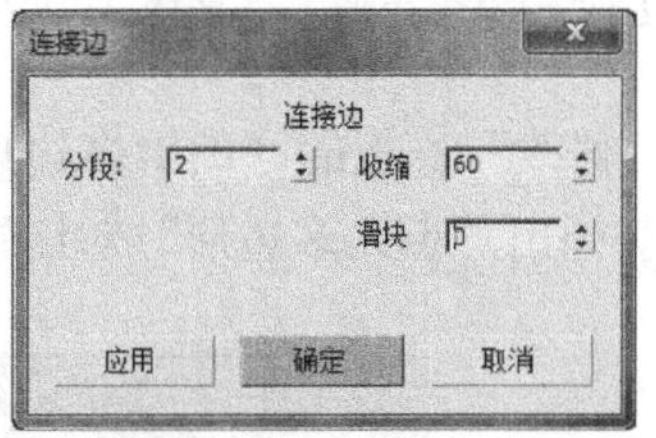

图7.58　“连接边”对话框

22）展开“修改”面板的“细分曲面”卷展栏，单击选择“使用NURMS细分”复选框，如图7.59所示。

图7.59　选择“使用NURMS细分”复选框

23）在“修改器列表”中添加“噪波”修改器，设置参数如图7.60所示。

24）在上视口中创建圆柱体，参数如图7.61所示。

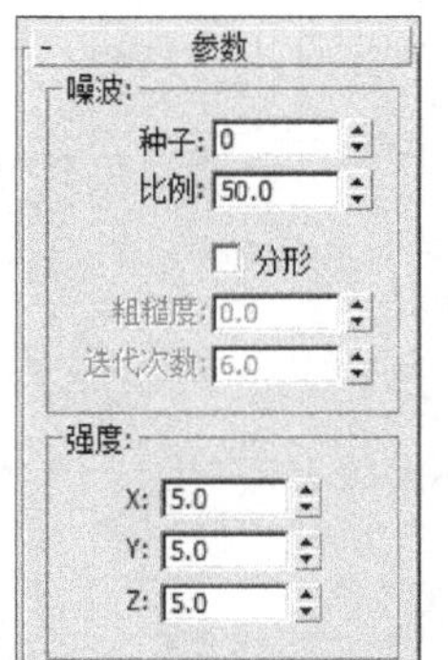

图7.60　“噪波”修改器参数

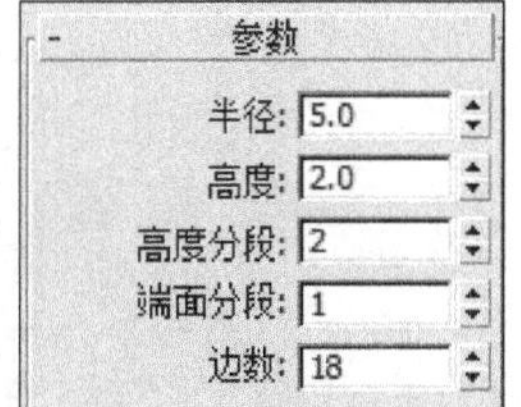

图7.61　圆柱体的参数

25）将圆柱体转换为可编辑多边形，按住 Ctrl 键单击选择上下两个面片，展开“修改”面板的“编辑多边形”卷展栏，单击“插入”按钮右侧的设置按钮，如图 7.62 所示。弹出“插入多边形”对话框，参数设置如图 7.63 所示，单击“确定”按钮。

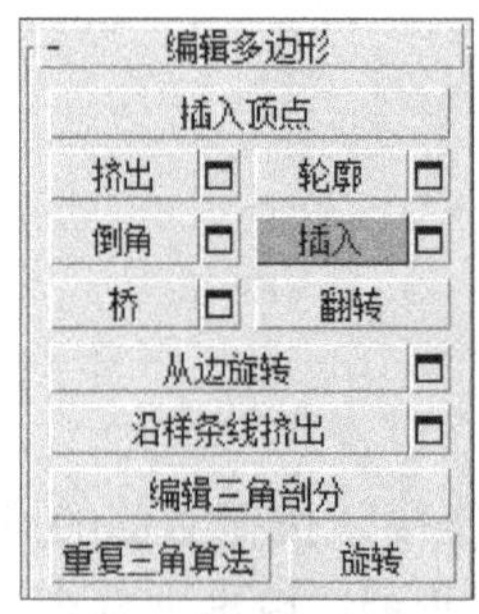

图 7.62 “编辑多边形”卷展栏

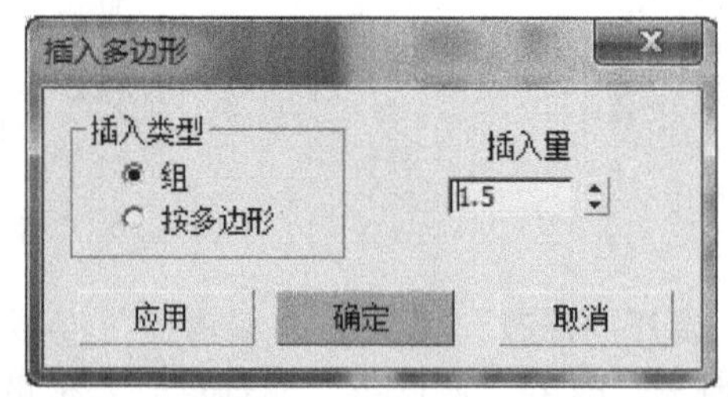

图 7.63 “插入多边形”对话框

26）展开“修改”面板的“编辑多边形”卷展栏，单击“倒角”按钮右侧的设置按钮，如图 7.62 所示。弹出“倒角多边形”对话框，参数设置如图 7.64 所示，单击“确定”按钮。

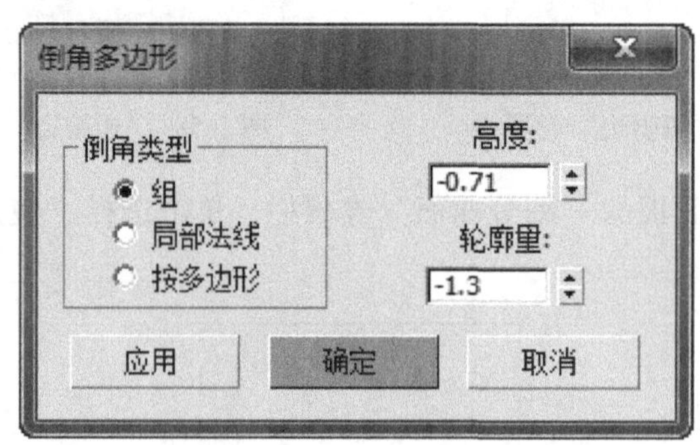

图 7.64 “倒角多边形”对话框

27）再执行两次插入命令，参数不变，然后单击“编辑几何体”卷展栏中的“塌陷”按钮，如图 7.65 所示。

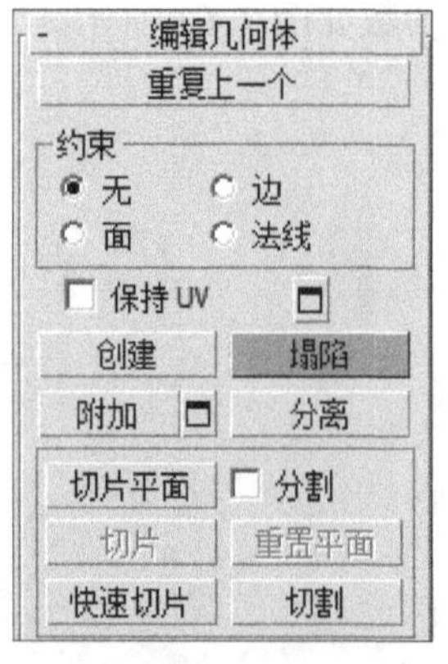

图 7.65 单击“编辑几何体”卷展栏中的“塌陷”按钮

28）单击选择“细分曲面”卷展栏中的“使用 NURMS 细分”复选框，“红细胞”模型效果如图 7. 66 所示。

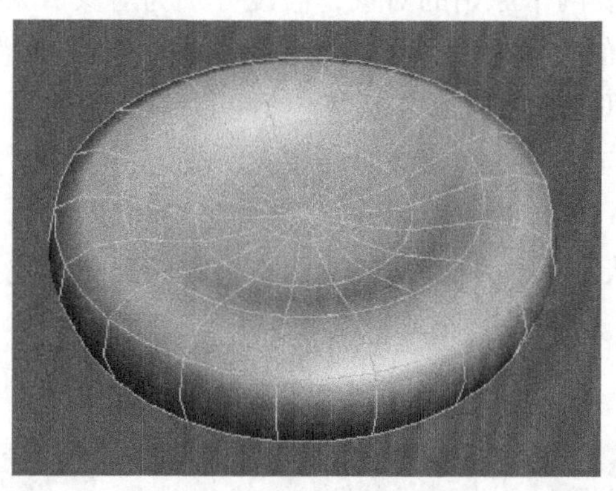

图 7. 66 “红细胞”模型效果

29）将“红细胞”模型复制多个，每个都添加“噪波”修改器，设置不同的强度和比例，并调整不同的旋转角度和位置，最终效果如图 7. 67 所示。

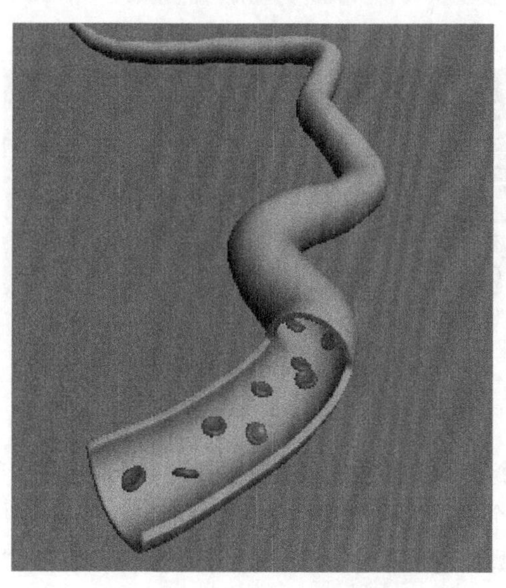

图 7. 67 “血管与红细胞”模型最终效果

30）保存文件，文件名为“血管与红细胞 . max”。

7. 3. 3　使用复合对象建模

打开“创建”面板，单击“几何体”按钮，选择下拉列表中的“复合对象”命令，即可在“对象类型”卷展栏中显示复合对象创建工具。复合对象建模是一种对两个以上的对象执行特定的合成方法生成一个对象的建模方式。3ds Max 中提供了多种复合建模方式，本节将对常用方式进行介绍。

1. 布尔运算

布尔运算是指对两个对象通过进行并集运算、交集运算、差集运算的方式获得新的模型形态的运算。布尔运算需要两个原始的对象，假设分别为对象 A 和对象 B。先选择一个操作对象作为对象 A，单击“布尔”按钮，再单击“拾取布尔”卷展栏中的“拾取操作对象 B”按钮，即可指定对象 B。可以实现的布尔运算包括：

1）并集：将对象 A 与 B 合并，相交部分删除，成为一个新对象。

2）交集：保留对象 A 与 B 的相交部分，其余部分被删除。

3）差集（A－B）：从对象 A 中减去与对象 B 相交的部分；差集（B－A）：从对象 B 中减去与对象 A 相交的部分。

如图 7.68 所示为当立方体作为对象 A，球体作为对象 B 时的布尔运算效果。

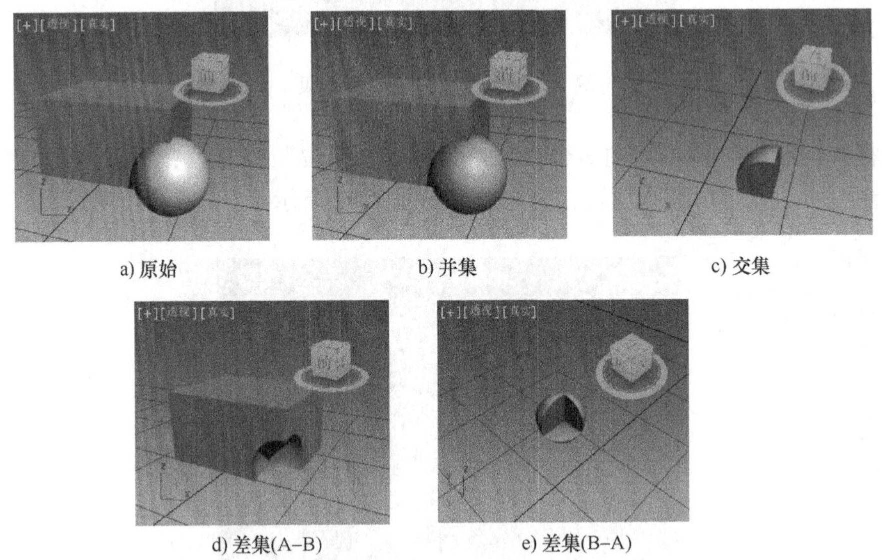

a) 原始　b) 并集　c) 交集

d) 差集(A–B)　e) 差集(B–A)

图 7.68　布尔运算

2. 放样

“放样”操作是将一个或多个样条线（截面图形）沿着第 3 个轴（放样路径）挤出三维物体，这种方法是利用两个二维图形生成一个三维模型。在视图中选取要放样的样条线，在“复合对象”的“对象类型”卷展栏中单击“放样”按钮，打开“放样”参数设置界面。

“创建方法”卷展栏中通过单击“获取路径”按钮或“获取图形”按钮指出已选择的样条线作为截面图形还是路径。

在“曲面参数”卷展栏中设定放样曲面的平滑度，以及是否沿放样对象应用纹理贴图。

“路径参数”卷展栏用于设定路径在放样对象各间隔的图形位置等。

“蒙皮参数”卷展栏用于控制放样对象网格的优化程度和复杂性。

“变形”卷展栏中提供的“缩放”“扭曲”“倾斜”“倒角”和“拟合”变形工具用于调整放样对象的形状。单击按钮即可打开相应的变形操作对话框，进行调整。

3. 连接

“连接”复合对象可以在两个表面有孔洞的对象之间创建连接的表面，填补对象间的空缺空间。执行此操作前，要先确保每个对象均存在被删除的面，这样令其表面产生一个或多个洞，然后使两个对象的洞与洞之间面对面。

4. 图形合并

图形合并是将一个网格物体和一个或多个几何图形合成在一起的创建复合对象的方式。在合成过程中，几何图形既可深入网格物体内部影响其表面形态，又可根据其几何外形将除此以外的部分从网格中减去。

这种复合建模方式常常用于在物体表面制作镂空文字或花纹，或者从复杂的曲面物体上截取部分表面。

【例 7-8】 制作“刻字指环”模型。

1）创建新文件，打开“创建”面板。

2）单击“几何体”按钮。

3）在下拉列表中选择“标准基本体”。

4）单击“圆环”按钮。在上视图中拖动鼠标创建圆环，参数设置：半径 1 为 50，半径 2 为 10，分段为 30，边数为 20，如图 7.69 所示。

5）打开“创建”面板。

6）单击“图形”按钮。

7）在下拉列表中单击“样条线”。

8）单击“文本”按钮，在前视图中单击创建文本对象，设置大小为 10，修改字体和文本内容，如图 7.70 所示。

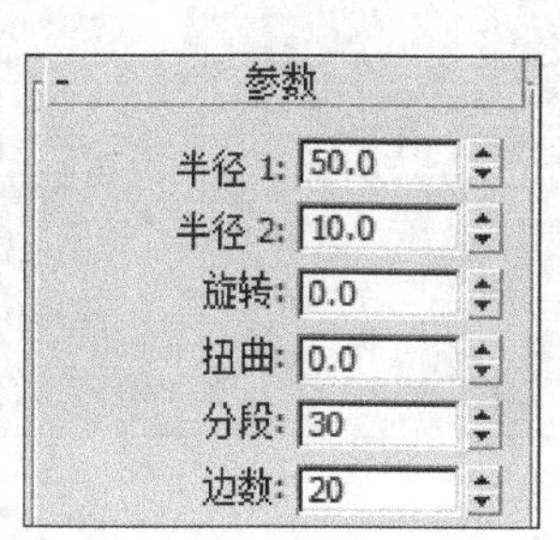

图 7.69　圆环参数

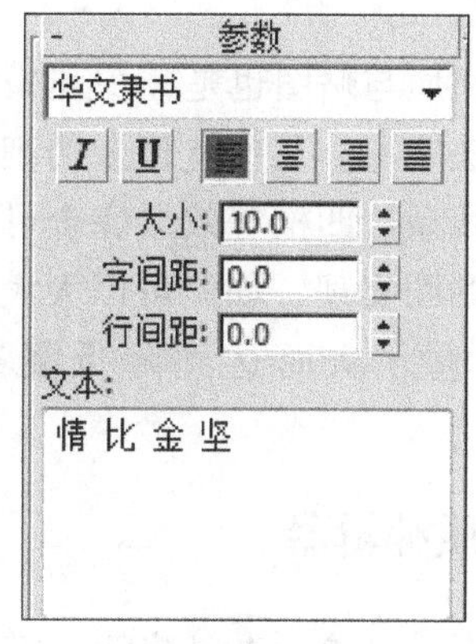

图 7.70　文本参数

9）移动文本使其位于圆环要“刻字”的位置前面。右击圆环，执行快捷菜单命令“转换为”|“转换为可编辑网格”。右击文本，执行快捷菜单命令“转换为”|“转换为可编辑样条线”。

10）选中圆环，打开“创建”面板，单击“几何体”按钮，在下拉列表中选择“复合对象”，单击“图形合并”按钮。

11）单击“拾取操作对象”卷展栏中的“拾取图形”按钮，如图 7.71 所示。单击视图中的文本对象。

12）在合并后的圆环上右击，执行快捷菜单命令“转换为”|“转换为可编辑网格”。

13）打开“修改”面板，展开“选择”卷展栏，单击“多边形”按钮，此时合并上的文字区域自动被选中。单击“编辑几何体”卷展栏中的“挤出”按钮，如图 7.72 所示，在其右侧微调框中输入 -2，按回车键确认。

14）保存文件。

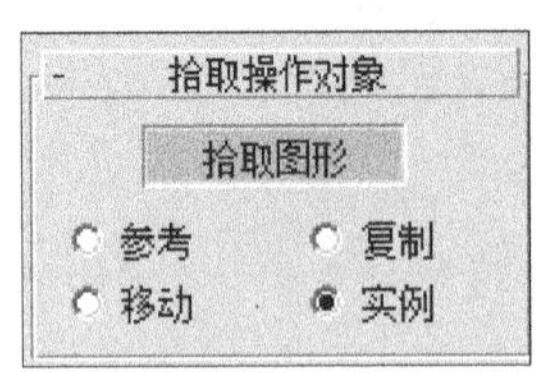

图 7.71 “图形合并”拾取图形

图 7.72 挤出按钮

7.4 材质设计

材质主要用于展现对象表面的物质状态，营造真实世界中自然物质表面的视觉效果。材质用于物体表现的颜色、反光度、透明度等特性。而贴图则是将图片信息投影到曲面上，当材质中包含一个或多个图像时称其为贴图材质。

同时，材质与贴图也是减少建模复杂程度的有效方法之一。某些造型上的细节，如物体表面的线条、凹槽等效果完全可以通过编辑材质与贴图实现，如此可以大大减少模型中的信息量，从而达到降低复杂度的目的。

7.4.1 材质编辑器

在主工具栏中单击按钮，打开材质编辑器窗口，如图 7.73 所示。

材质编辑器窗口上方有显示材质的“示例窗”，每一个“示例窗”（又叫材质球）代表一种材质。“示例窗”的右侧和下方分别为垂直工具栏和水平工具栏。垂直工具栏主要用于“示例窗”的显示设定，水平工具栏主要针对材质球的操作。

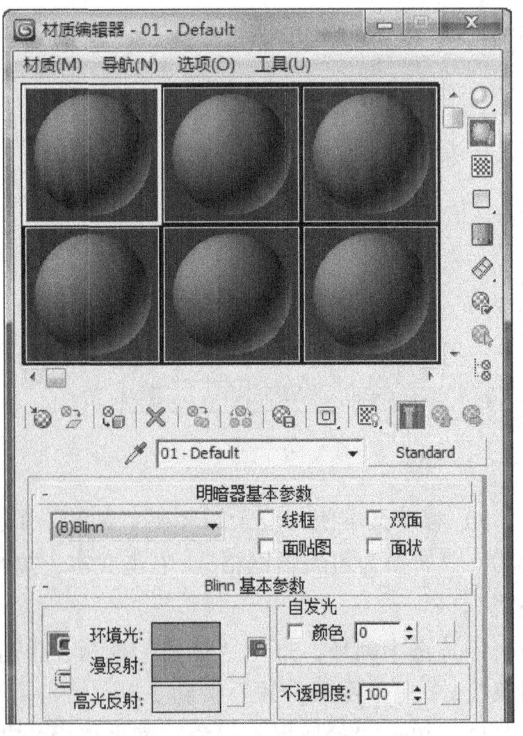

图 7.73 材质编辑器

1. 材质编辑器中的常用工具栏按钮

1）将材质放入场景：调整材质之后更新场景中的已应用于对象的该材质。

2）将材质指定给选定对象：将当前选定的材质指定给视图中选定的对象。

3）重置材质/贴图为默认设置：将当前材质参数恢复到默认值。

4）生成材质副本：复制当前选定的材质，生成材质副本。

5）使唯一：将两个关联的材质的实例化属性断开，使贴图实例成为唯一的副本。

6）放入库：将当前选定的材质添加到当前库中。

7）材质 ID 通道：材质 ID 值等同于对象的 G 缓冲区值，范围为 1～15。长按该按钮，选择弹出的数值按钮为当前材质指定 ID，以便通道值可以在后期处理应用程序中使用。

8）显示最终结果：当此按钮处于启用状态时，“示例窗”将显示材质树中所有贴图和明暗器组合的效果。当此按钮处于禁用状态时，“示例窗”只显示材质的当前层级效果。

9）转到父对象：在当前材质中上移一个层级。

10）转到下一个同级项：选定当前材质中相同层级的下一个贴图或材质。

2. 标准材质的“明暗器基本参数”卷展栏

3ds Max 的默认材质是“标准”材质，它适用于大部分模型。设置标准材质首先要选择明暗器。在“明暗器基本参数”卷展栏中提供了 8 种不同的明暗类型，每种明暗器都有一组用于特定目的的特性，可单击下拉列表进行选择。例如，“金属”明暗器用于创建有光泽的金属效果；“各向异性”明暗器可创建高光区为拉伸并成角的物体表面，模拟流线型的表面高光，如头发、玻璃等。在“明暗器基本参数”卷展栏中，除可以设置明暗器外，还包含以下功能选项：

1）线框：以线框模式渲染材质。用户可在“扩展参数”卷展栏中设置线框的大小。

2）双面：使材质成为“双面”渲染对象的内外两面。

3）面贴图：将材质应用到几何体的各个面。

4）面状：就像表面是平面一样，渲染对象表面的每一面。

3. 标准材质的构成

1）颜色构成。标准材质选择不同明暗器时参数略有不同，但颜色主要通过环境光、漫反射、高光反射 3 部分色彩来模拟材质的基本色。环境光设置对象阴影区域的颜色，漫反射决定对象本身的颜色，高光反射则设置对象高光区域的颜色。

2）反射高光。不同的明暗器对应的高光控制是不同的，“反射高光”区域决定了高光的强度和范围形状。常用的反射高光参数有高光级别、光泽度和柔化。“高光级别”决定了反射高光的强度，其值越大，高光越亮；“光泽度”控制反射高光的范围，值越大，范围越小；“柔化”设置高光区域的模糊程度，使之与背景更融合，值越大，柔化程度越强。

3）自发光。自发光用来模拟彩色灯泡从对象内部发光的效果。若采用自发光，实际就是使用漫反射颜色替换曲面上的阴影颜色。

4）不透明度。不透明度用来设置对象的透明程度，其值越小越透明，0 则为全透明。

设置不透明度后，可以单击“材质编辑器”右侧的“背景”按钮，使用彩色棋盘格图案作为当前材质“示例窗”的背景，这样更加便于观察效果。

7.4.2 常见贴图类型

3ds Max 中通过对材质的设计、调整来描述对象在光线照射下的反射和传播光线的方式。其中，材质贴图用于模拟材质表面的纹理、质地，以及折射、反射等效果。

3ds Max 的所有贴图都可以在“材质/贴图浏览器”窗口中找到，贴图包含的类型繁多，常用的包括以下几种：

1. 二维贴图

二维贴图是二维平面图像，常用于几何对象的表面或环境贴图创建场景背景。位图是最常用、最简单的二维贴图。其他二维贴图均由程序生成，包括平铺贴图、棋盘格贴图、渐变贴图等。

2. 三维贴图

三维贴图是由程序生成的三维模板，它拥有自己的坐标系统。被赋予这种材质的对象切面纹理与外部纹理是相匹配的。常见的三维贴图有凹痕贴图、烟雾贴图、大理石贴图等。

3. 合成器贴图

合成器贴图用于混合处理不同的颜色和贴图，包括4种类型：合成贴图、混合贴图、遮罩贴图及RGB倍增贴图。

4. 反射和折射贴图

具有反射或折射效果的对象需要使用此类贴图，包括4种类型：光线跟踪贴图、反射/折射贴图、平面镜贴图及薄壁折射贴图。

单击“材质编辑器”窗口的“贴图”卷展栏中某一贴图通道的“None”按钮，将弹出“材质/贴图浏览器”，可以选择任何一种类型的贴图作为材质贴图。

【例7-9】 制作“瓷器”材质。

1）打开例7-2制作的“杯子.max”文件，选中杯子模型。

2）单击主工具栏上的（材质编辑器）按钮，打开“材质编辑器”对话框。

3）单击任意一个材质球，在“明暗器基本参数”卷展栏中选择明暗器类型为“Blinn”。参数设置：勾选“双面”，环境光为白色，自发光为15，高光级别为95，光泽度为75，如图7.74所示。

4）打开“贴图”卷展栏，单击“反射”右侧“None”按钮，打开“材质/贴图浏览器”对话框，双击“光线跟踪”。

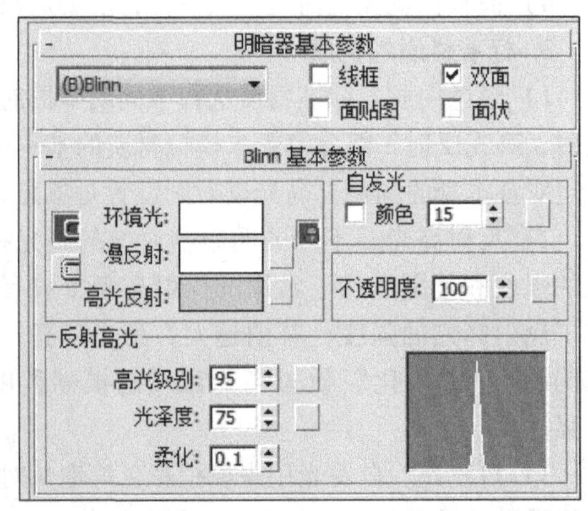

图7.74 杯子的明暗器及Blinn基本参数设置

5）单击“光线跟踪器参数”卷展栏下“背景”中的“无”按钮，再次打开“材质/贴图浏览器”对话框，双击“位图”，在打开的“选择位图图像文件”对话框中打开材质图片（可使用从本书提供网址下载的素材图片 bxg. jpg）。

6）双击  （转到父对象）按钮，修改反射的数量为 10。

7）单击  （将材质指定给选定对象）按钮，把编辑好的材质指定给杯子。

8）单击  （在视图中显示标准贴图）按钮，可以在当前视图中预览贴图效果。

9）按快捷键 F9 进行渲染，查看最终效果。

10）保存文件。

【例 7-10】 制作“血管”材质。

1）打开例 7-7 制作的“血管与红细胞 . max”文件，选中血管模型。

2）单击主工具栏上的  （材质编辑器）按钮，打开“材质编辑器”对话框。

3）单击任意一个材质球，在“明暗器基本参数”卷展栏中选择明暗器类型为“Blinn”。参数设置如图 7.75 所示。其中漫反射和环境光颜色为默认颜色，高光反射颜色具体参数如图 7.76 所示。

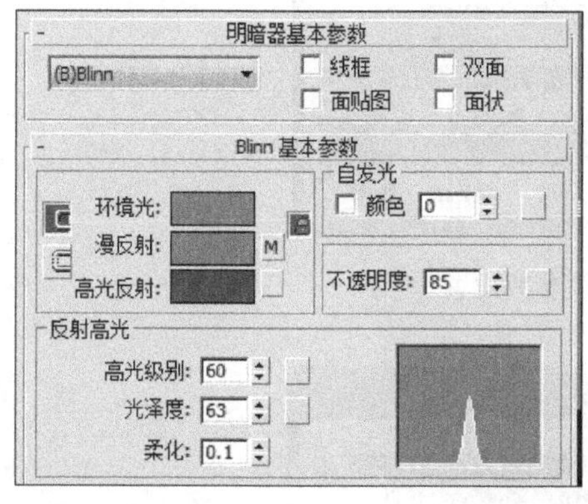

图 7.75　血管的明暗器及 Blinn 基本参数设置

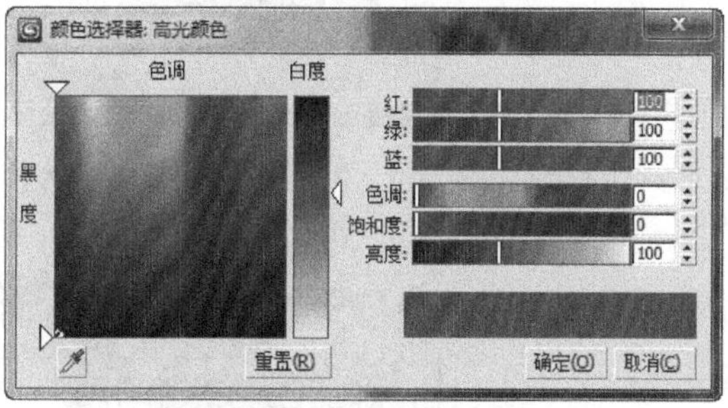

图 7.76　高光颜色参数设置

4）打开“贴图”卷展栏，单击“漫反射颜色”右侧“None”按钮，打开“材质/贴图浏览器”对话框，双击“衰减”。设置衰减参数如图 7.77 所示，其中第 2 个色块具体参数如图 7.78 所示。

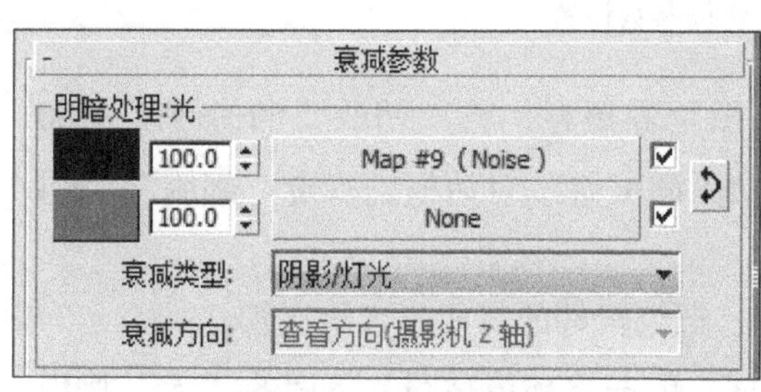

图 7.77　衰减参数设置

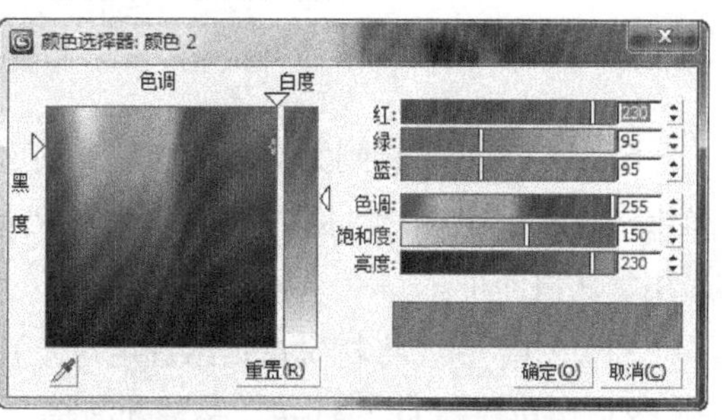

图 7.78　第 2 个色块参数设置

5）单击第 1 个色块右侧“None”按钮，打开“材质/贴图浏览器”对话框，双击“噪波”。设置噪波参数如图 7.79 所示，其中第 1 个色块具体参数如图 7.80 所示，第 2 个色块具体参数如图 7.81 所示。

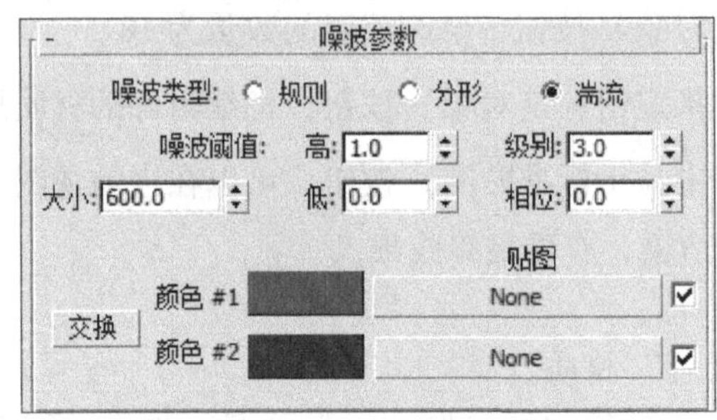

图 7.79　噪波参数设置

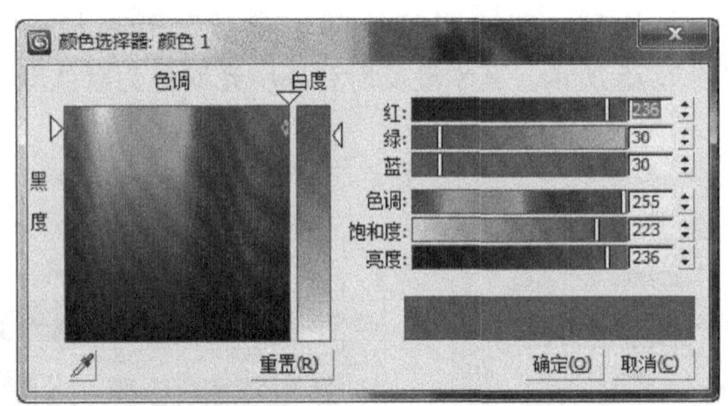

图 7.80　噪波第 1 个色块参数设置

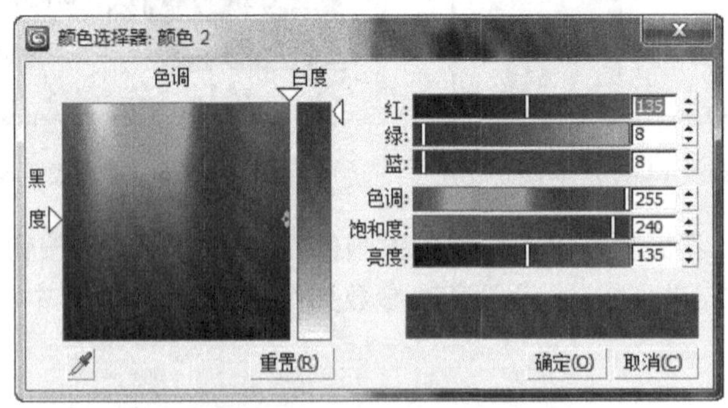

图 7.81　噪波第 2 个色块参数设置

6）双击（转到父对象）按钮，打开“贴图”卷展栏，将“凹凸”的值修改为 80，单击“凹凸”右侧“None”按钮，打开“材质/贴图浏览器”对话框，双击“细胞”，参数采用默认值即可。

7）单击（将材质指定给选定对象）按钮，把编辑好的材质指定给血管。

8）按快捷键 F8，打开“环境和效果”对话框，单击“环境贴图”下面的“无”按钮，打开“材质/贴图浏览器”对话框，双击“位图”，在弹出的对话框中选择血管的背景图

（读者可自行在互联网中下载），单击“打开”按钮。

9）按快捷键 F9 进行渲染，最终效果如图 7.82 所示，保存文件。

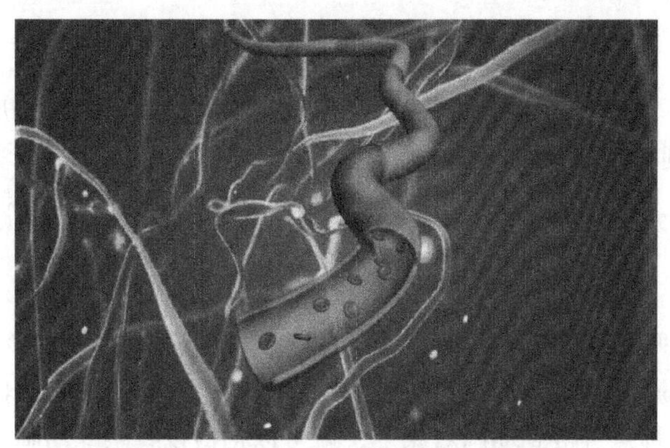

图 7.82　血管红细胞渲染效果图

7.4.3　贴图坐标

贴图坐标用于指定贴图在对象上放置的位置、大小比例、方向等。通常系统默认的贴图坐标就能达到较好的效果，而某些贴图则可以根据需要改变位置、角度等。

对于某些贴图而言，可以直接在材质编辑器中的“坐标”卷展栏中进行贴图的偏移、平铺、角度设置。另一种方法是在材质编辑器中为对象设置贴图后，在“修改”面板中添加“UVW 贴图”修改器。在该修改器的“参数”卷展栏中可以选择贴图坐标类型。

1）平面：以物体本身的面为单位投射贴图，两个共边的面将投射为一个完整贴图，单个面则会投射为一个三角形。

2）柱形：贴图投射在一个柱面上，环绕在圆柱的侧面，用于造型近似柱体的对象时非常有效。默认状态下柱面坐标系会处理顶面与底面的贴图。若选择了“封口”选项，则会在顶面与底面分别以平面方式进行投影。

3）球形：贴图坐标以球形方式投射在物体表面，但此种贴图会出现一个接缝，这种方式常用于造型类似球体的对象。

4）收紧包裹：该坐标方式也是球形的，但收紧了贴图的四角，将贴图的所有边聚集在球的一点，这样可以使贴图不出现接缝。

5）长方体：将贴图分别投射在 6 个面上，每个面都是一个平面贴图。

6）面：直接为对象的每块表面进行平面贴图。

7）*XYZ* to UVW：贴图坐标的 *XYZ* 轴会自动适配物体造型表面的 UVW 方向。此类贴图坐标可自动选择适配物体造型的最佳贴图形式，不规则对象比较适合选择此种贴图方式。

7.5　摄影机及灯光

一幅好的效果图需要好的观察角度让人一目了然，因此调节摄影机是进行工作的基础。灯光的主要目的是对场景产生照明、烘托场景气氛和产生视觉冲击。产生照明是由灯光的亮度决定的，烘托气氛是由灯光的颜色、衰减和阴影决定的，产生视觉冲击是结合前面建模和材质并配合灯光和摄影机的运用来实现的。

7.5.1 摄影机

摄影机用于从不同的角度、方向观察同一个场景，通过调节摄影机的角度、镜头、景深等设置，可以得到一个场景的不同效果。3ds Max 摄影机是模拟真实的摄影机设计的，具有焦距、视角等光学特性，但也能实现一些真实摄影机无法实现的操作，如瞬间更换镜头等。

1. 类型

3ds Max 提供了两种摄影机：“目标”摄影机和“自由”摄影机。

(1)“目标”摄影机 “目标”摄影机在创建的时候就创建了两个对象，即摄影机本身和摄影目标点。将目标点链接到动画对象上，就可以拍摄视线跟踪动画，即拍摄点固定而镜头跟随动画对象移动。所以“目标”摄影机通常用于跟踪拍摄、空中拍摄等。

(2)“自由”摄影机 “自由”摄影机在创建时仅创建了单独的摄影机。这种摄影机可以很方便地被操控进行推拉、移动、倾斜等操作，摄影机指向的方向即为观察区域。“自由”摄影机比较适合绑定到运动对象上进行拍摄，即拍摄轨迹动画，其主要用于流动拍摄、摇摄和轨迹拍摄。

2. 主要参数

两种摄影机的参数绝大部分是完全相同的，在此进行统一介绍。

(1)“镜头”微调框 设置摄影机镜头的焦距长度，单位为 mm。镜头的焦距决定了成像的远近和景深，其值越大看得越远，但视野范围越小，景深也越小。焦距在 40 ~ 55mm 之间为标准镜头；焦距在 17 ~ 35mm 之间为广角镜头，拍摄的画面视野宽阔、景深长，可以表现出很大的清晰范围；焦距在 6 ~ 16mm 之间的为短焦镜头，这种镜头视野更加宽阔，但是物体会产生一些变形。在“备用镜头”选项组中则提供了一些常用的镜头焦距。

(2)“视野”微调框 设置摄影机观察范围的宽度，单位为度（°）。“视野”与焦距是紧密相连的，焦距越短视野越宽。

7.5.2 灯光

“灯光”对象是用来模拟现实生活中不同类型的光源的，通过为场景创建灯光可以增强场景的真实感、场景的清晰程度和三维纵深度。在没有添加“灯光”对象的情况下，场景会使用默认的照明方式，这种照明方式根据设置由一盏或两盏不可见的灯光对象构成。若在场景中创建了“灯光”对象，系统的默认照明方式将自动关闭。若删除场景中的全部灯光，默认照明方式又会重新启动。在渲染图中光源会被隐藏，只渲染出其发出的光线产生的效果。3ds Max 中提供了标准灯光和光度学灯光。标准灯光简单、易用，光度学灯光则较复杂。下面主要介绍标准灯光的类型和参数。

1. 标准类型

(1) 聚光灯 聚光灯能产生锥形照射区域，有明确的投射方向。聚光灯又分为目标聚光灯和自由聚光灯：目标聚光灯创建后产生两个可调整对象，即投射点和目标点，这种聚光灯可以方便地调整照明的方向，一般用于模拟路灯、顶灯等固定不动的光源；自由聚光灯创建后仅产生投射点这一个可调整对象，一般用于模拟手电筒、车灯等动画灯光。

（2）平行光　平行光的光线是平行的，它能产生圆柱形或矩形棱柱照射区域。平行光又分为目标平行光与自由平行光：目标平行光与目标聚光灯相似，也包含投射点和目标点两个对象，一般用于模拟太阳光；自由平行光则只包含了投射点，只能整体移动和旋转，一般用于对运动物体进行跟踪照射。

（3）泛光　泛光是一个点光源，没有明确的投射方向，它由一个点向各个方向均匀地发射出光线，可以照亮周围所有的物体。但需要注意的是，如果过多地使用泛光会令整个场景失去层次感。

（4）天光　天光是一种圆顶形的区域光。它可以作为场景中唯一的光源，也可以和其他光源共同模拟出高亮度和整齐的投影效果。

2. 常用参数

不同种类的灯光参数设置略有不同，这里主要介绍常用的基本参数的设置方法。

（1）“常规参数”卷展栏　主要用于确定是否启用灯光、灯光的类型、是否投射阴影及启用阴影时阴影的类型。

（2）“强度/颜色/衰减”卷展栏　“倍增”微调框用于指定灯光功率放大的倍数；“衰退”选项区用于设置衰退算法，配合“近距衰减”和“远距衰减”模拟距离灯光远近不同的区域的亮度。

（3）“阴影参数”卷展栏　用于设置场景中物体的投影效果，包括阴影的颜色、密度（密度越高阴影越暗）、设置阴影的材质、确定灯光的颜色是否与阴影颜色混合。除了设置阴影的常规属性，也可以让灯光在大气中透射阴影。

7.6　基础动画

动画是以人眼的“视觉暂留”特性为基础实现的。当一系列相关的静态图像在人眼前快速移动经过的时候，人们就会觉得看到的是动态的，这其中的每一个静态图像称之为一帧。3ds Max 采用了关键帧的动画技术，创作者只需要制作关键帧中的内容即可，两个关键帧之间的信息则由 3ds Max 计算得出。

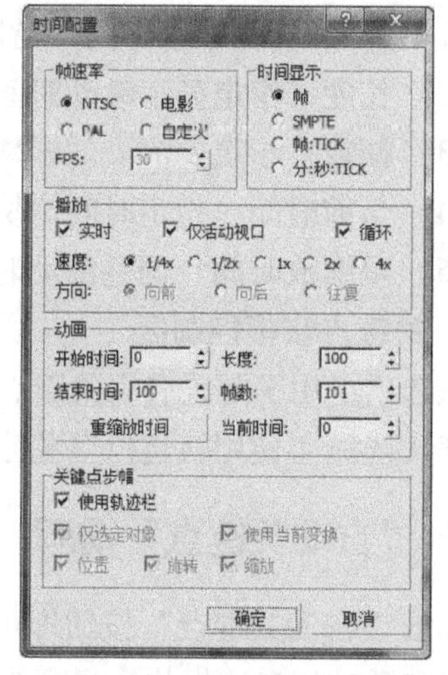

图 7.83　“时间配置”对话框

7.6.1　“时间配置”对话框

“时间配置”对话框用于设置动画的时长、帧频、时间显示格式等。单击动画控制区中的“时间配置”按钮，弹出“时间配置”对话框即可进行相应的设置，如图 7.83 所示。

1. 帧速率选项组

“帧速率”区域用于设置帧频，帧频越高，动画的播放速度则越快，但占用的空间也会越高。其中 NTSC（30f/s）、PAL（25f/s）和电影（24f/s）均为视频格式标准制式，帧频固定。若选择“自定义”，则可以在“FPS”微调框中自行指定帧频，单位为 f/s（帧/秒）。

2. 时间显示选项组

该选项组用于设置时间显示的方式。如图 7.84 所示，为默认状态下不同方式时，时间滑块在起始位置的显示状态。

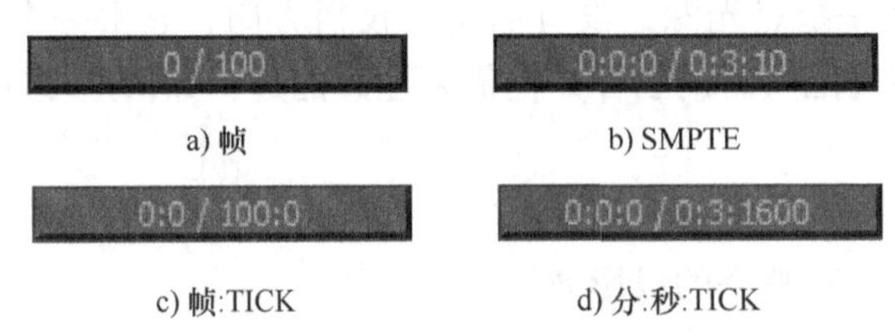

图 7.84　不同方式时间显示效果

（1）帧　仅显示帧值。

（2）SMPTE　一种标准时间显示格式，从左到右依次显示分、秒、帧，以冒号分隔。

（3）帧:TICK　显示帧和点，一个点相当于 1/4800s。

（4）分:秒:TICK　从左到右依次显示分、秒、点，以冒号分隔。

3. 播放控制区

（1）实时　视口中播放的动画与当前“帧速率”保持一致。

（2）仅活动视口　播放动画时仅当前视口播放，其他视口保持静止。

（3）循环　控制动画仅播放一次或循环播放直到用户主动停止。

（4）速度　指定动画播放速度。

（5）方向　若不选择“实时”，可指定动画播放的方向。

4. 动画控制区

（1）开始时间/结束时间　指定时间滑块中显示的范围。

（2）长度　指定显示活动时间段的帧数，用于控制动画的长短。

（3）帧数　指定要渲染的帧数，其值为长度加 1。

（4）当前时间　指定时间滑块当前帧。

（5）重缩放时间　调整活动时间段的动画，以匹配指定的新时间段。

5. 关键点步幅控制区

该选项组用于配置启用关键点模式时所使用的方法。

默认选择“使用轨迹栏”指定关键点模式遵循轨迹栏中的全部关键点。

7.6.2 “自动关键点”动画

单击“自动关键点”按钮即可开始创建动画，开启该状态后，“自动关键点”按钮、时间滑块和活动视口边框均会呈现为红色，用以指示当前处于动画制作模式，如图 7.85 所示。

此时软件会自动将当前帧记录为关键帧，更改场景中物体的任何属性均会被自动记录为动画。

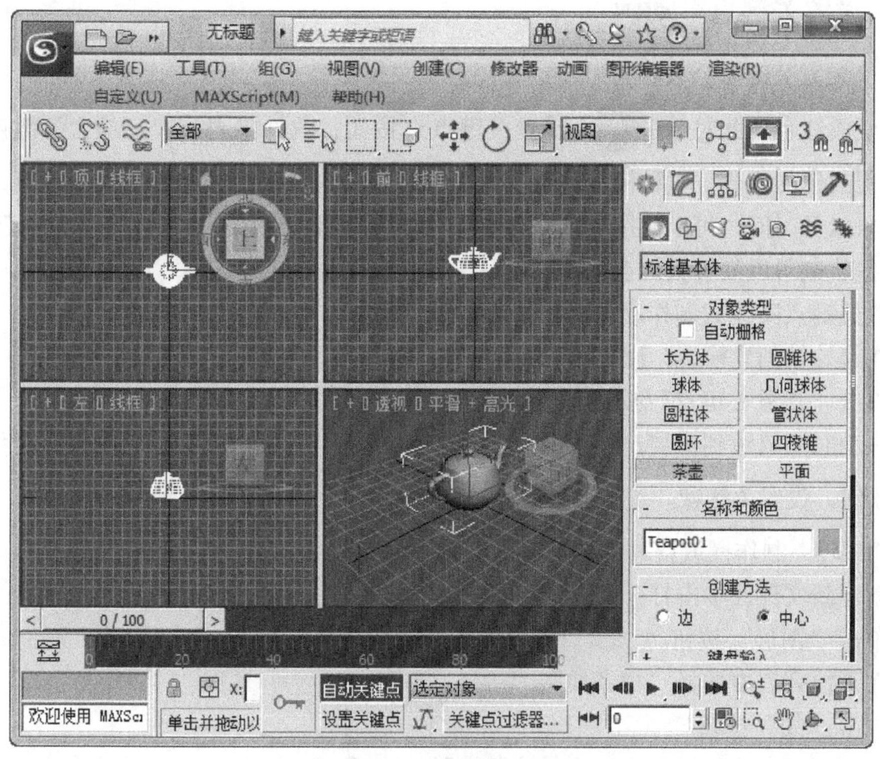

图 7. 85　启动“自动关键点”模式的界面

采用“自动关键点”模式制作动画一般有以下步骤：

1）在起始帧创建模型，设置场景。

2）单击“自动关键点”启动自动关键点模式。

3）拖动时间滑块到需要产生变化的时间位置上。

4）变换对象或修改可设置动画的参数。

【例 7-11】　制作茶壶缩放动画。

1）创建新文件，打开“创建”面板。

2）单击“几何体”按钮。

3）在下拉列表中选择“标准基本体”。

4）单击“茶壶”按钮。在上视图中拖曳鼠标左键创建茶壶，参数设置：半径为 500。

5）单击“自动关键点”按钮，启动动画制作状态。

6）拖动时间滑块到第 30 帧。

7）单击打开“修改”面板标签，修改“半径”的值为 1000。

8）拖动时间滑块到第 60 帧。

9）单击打开“修改”面板标签，修改“半径”的值为 500。

10）单击“时间配置”按钮，设置“动画”选项组中的“长度”值为60。

11）单击“播放动画”按钮，查看动画效果。

7.6.3 “设置关键点”动画

单击“设置关键点”按钮可开启或关闭设置关键点模式。开启“设置关键点”模式后，时间轴都变成红色。此时单击（设置关键点）按钮，软件将当前帧记录为关键帧，并记录下对模型的任何修改。这种模式下除了可以通过调整对象的参数控制动画，也可以控制关键点的对象以及时间。可以使用“轨迹视图”和“过滤器”中的“可设置关键点”图标来指定对哪些轨迹可以设置关键点。

“设置关键点”模式制作动画一般采用以下步骤：

1）在起始帧创建模型，设置场景。

2）单击“设置关键点”按钮，启动设置关键点模式。

3）拖动时间滑块到需要产生变化的时间/帧位置上，调整场景中对象产生变化，然后单击按钮，设置关键帧。

【例7-12】 制作摆放茶具动画。

1）创建新文件，单击打开“创建”面板。

2）单击“图形”按钮。

3）在下拉列表中选择“样条线”。

4）单击“线”按钮。

5）在前视图中绘制样条线，绘制结果如图7.86所示。

6）打开“修改”面板，在“选择”卷展栏中单击“顶点”按钮，进入顶点层级微调顶点。此时若对部分顶点位置不满意，可使用移动工具进行调整。

7）在“几何体”卷展栏中单击“圆角”按钮，在需要进行圆角处理的几个拐点处向上拖动，制作圆滑效果，调整结果如图7.87所示。

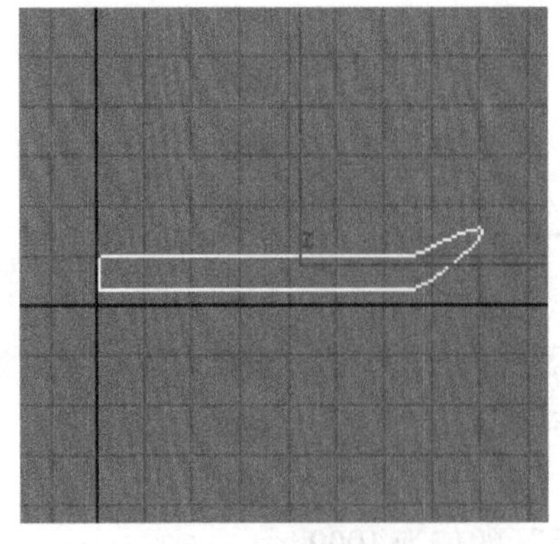

图7.86 托盘样条线

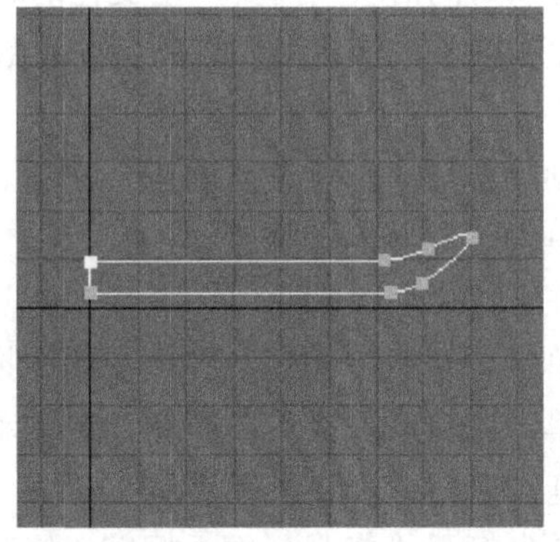

图7.87 圆角处理结果

8）单击打开“修改”面板，在“修改器列表”中选择添加“车削”修改器。

9）单击“车削”左侧的加号按钮，单击选择“轴”，如图 7.88 所示。

10）使用“选择并移动”工具，沿 X 轴向左移动，使车削结果成为一个圆盘，最终效果如图 7.89 所示。

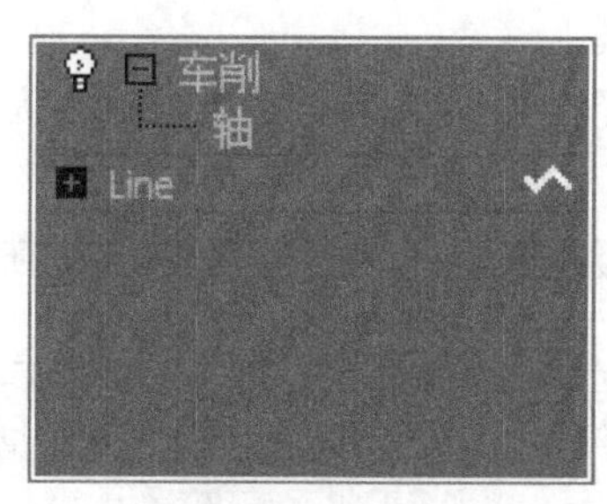

图 7.88　选择车削轴

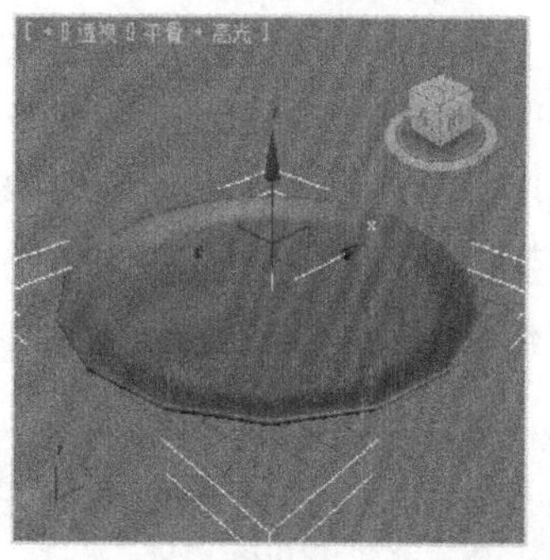

图 7.89　车削轴处理结果

11）单击“车削”的“参数”卷展栏中“输出”选项组的“面片”选项，使车削结果更加光滑。

12）单击打开“创建”面板。

13）单击“摄影机”按钮。

14）在下拉列表中选择“标准”。

15）单击“目标”按钮。

16）在上视图中拖动创建目标摄影机，调整摄影机及目标位置，使透视图成为活动视口，按快捷键 C 转换为摄影机视图。效果如图 7.90 所示。

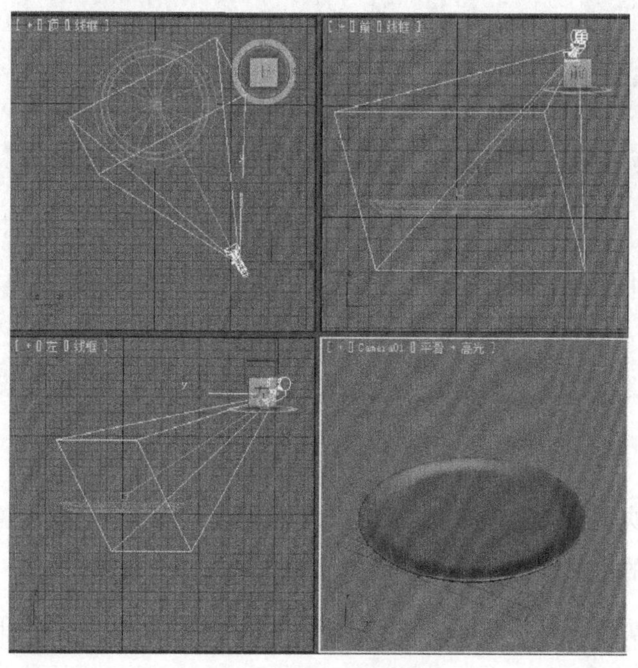

图 7.90　添加目标摄影机

17）单击打开“创建”面板标签。

18）单击“几何体”按钮。

19）在下拉列表中选择“标准基本体”。

20）单击“茶壶”按钮。

21）在上视图中拖曳鼠标左键，创建茶壶。适当调整其“半径”值使茶壶与托盘大小相匹配，适当增加其“分段”值使茶壶表面更加光滑。

22）使用例 7-2 方法创建茶杯，并调整其“半径”值，使其与托盘及茶壶大小相匹配。再复制三个茶杯。

23）调整茶壶与茶杯的位置，摆放在摄像机拍摄范围之外，效果如图 7.91 所示。

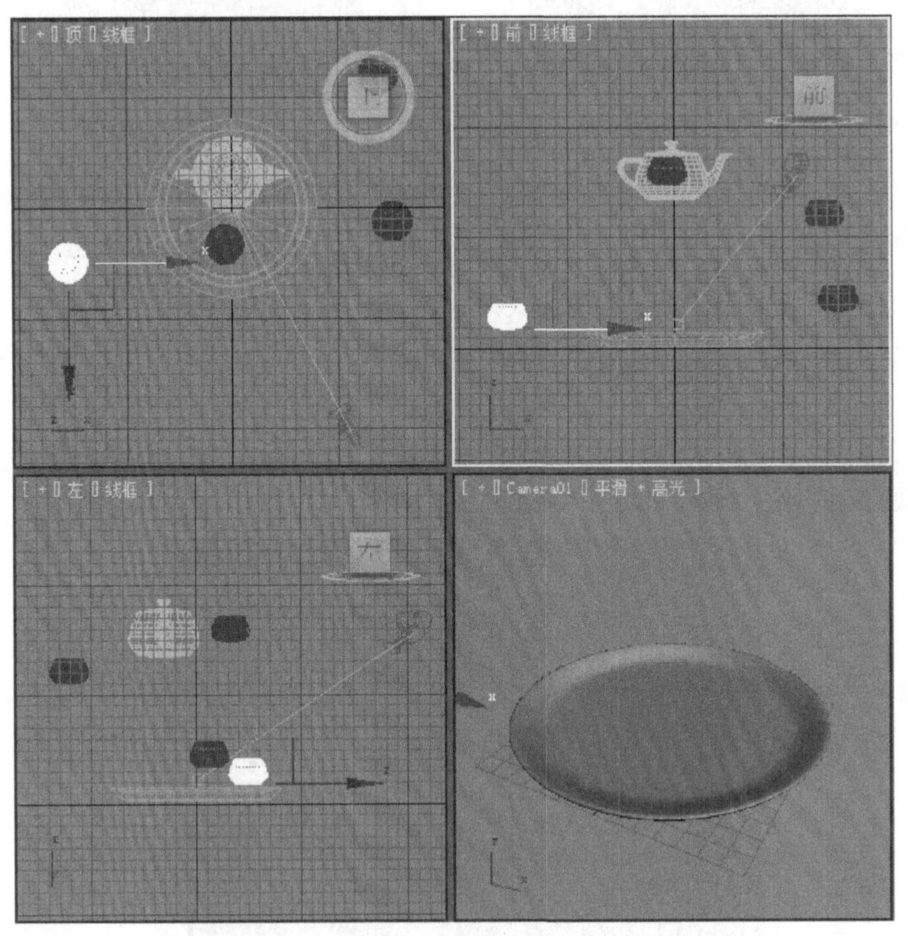

图 7.91　茶具摆放位置

24）将时间滑块移动到第 0 帧，单击“设置关键点”按钮，启动设置关键点模式。

25）微调茶壶的位置，然后单击按钮，添加第一个关键帧。

26）将时间滑块移动到第 30 帧，调整茶壶的位置到托盘上方，然后单击按钮，添加第二个关键帧，效果如图 7.92 所示。

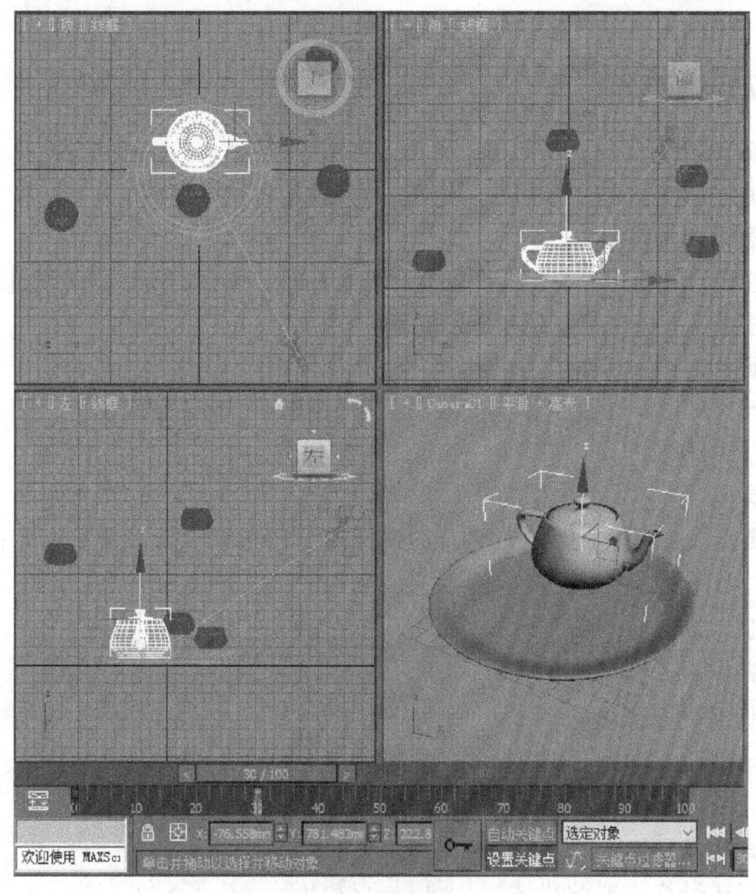

图 7.92　摆放茶壶的位置

27）将时间滑块移动到第 45 帧，调整一个茶杯的位置到托盘上方，然后单击按钮，添加第三个关键帧。

28）重复第 27 步，在适当的位置添加关键帧，依次将其他三个茶杯摆放在合适的位置，最后一个关键帧效果如图 7.93 所示。

图 7.93　摆放茶壶、茶杯的位置

29）单击“播放动画”按钮，查看动画效果。

7.6.4　生成动画的基本流程

1. 进行时间配置

在制作动画之前要设置动画时长、帧频、时间显示方式等参数。

2. 制作场景及对象模型

开始制作前设计好动画情节，根据情节对场景及对象进行建模。在建模过程中要根据情节的要求设置相应参数，包括灯光和摄影机等。

3. 记录动画

采用“自动关键点”动画制作模式或“设置关键点”动画制作模式，配合其他工具记录下场景中对象的变化。

4. 结束记录

所有的关键点设置完毕后，单击“自动关键点”按钮或“设置关键点”按钮退出记录关键点的状态，时间轨迹恢复正常。

5. 播放及调整动画

动画制作完成后，利用动画播放控制区的按钮控制动画播放，查看动画效果，并反复进行调整和测试。

6. 渲染生成视频文件

动画制作完成最终需要渲染才能够生成视频文件并使用视频播放软件观看。3ds Max 中默认渲染结果为单帧效果，要渲染成视频需要首先进行渲染设置。单击主工具栏上的按钮或按快捷键 F10 可打开“渲染设置”对话框，如图 7.94 所示。

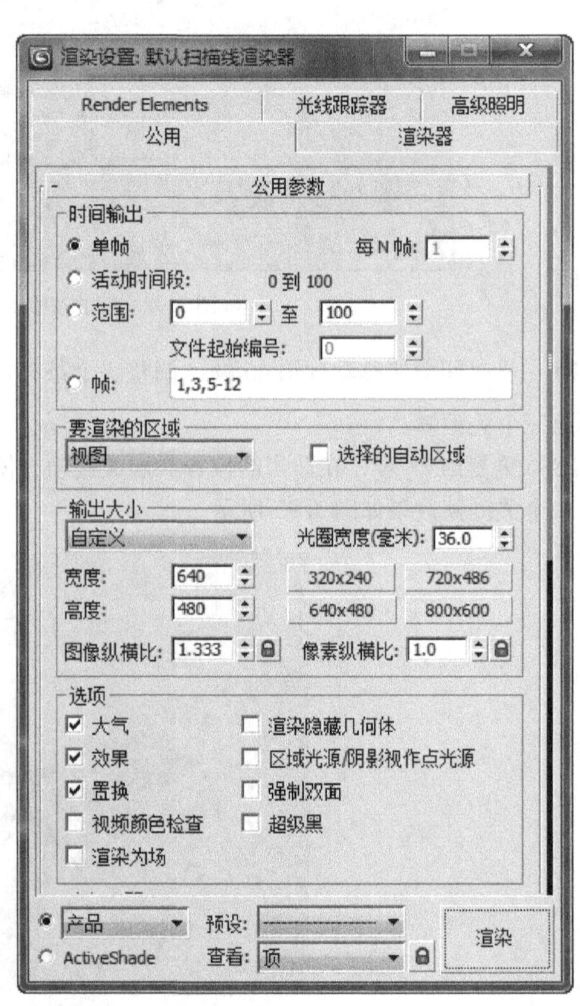

图 7.94　“渲染设置”对话框

要渲染出视频文件需要进行以下设置：

1）“时间输出”选项组：选择“活动时间段”或“范围”选项，指定渲染的帧范围。

2）“输出大小”控制区：根据需要设置视频的分辨率。

3）“渲染输出”控制区：单击“文件”按钮，打开“渲染输出文件”对话框，如图 7.95 所示。指定视频文件保存位置，在“保存类型”下拉列表框中选择保存的文件类型（如 AVI 文件）。

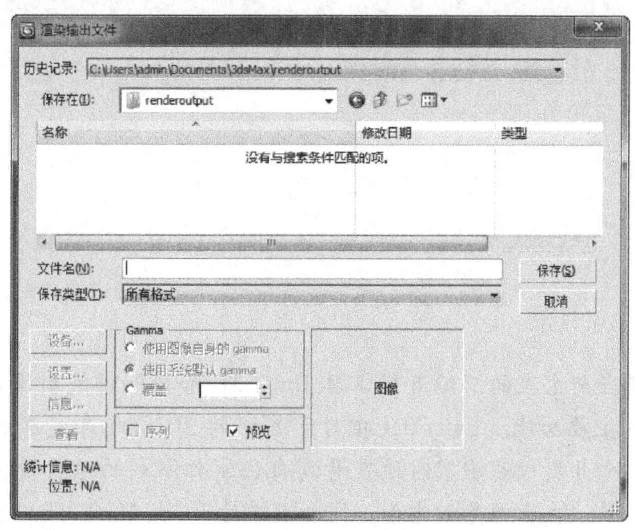

图 7.95　“渲染输出文件”对话框

设置完成后单击“渲染”按钮即可在指定的保存位置生成视频文件。

本章小结

采用三维模型替代各种医学形态学科中的图片可以给人以更加真实的感受，因此制作优秀的医疗三维模型对智能医学而言是至关重要的。本章简要讲解了 3ds Max 的基础知识、常用工具的用法、常用建模方法、材质与贴图的设置、摄影机和灯光的基本知识以及基础动画的制作方法。本章的例题设计由浅入深，体现了 3ds Max 建模、制作动画、渲染的一般过程，通过学习并动手实践制作实例，可以对本章介绍的知识有所了解和运用，进而达到举一反三的目的。

【注释】

1. PC：Personal Computer，个人计算机。源自于 1981 年 IBM 的第一部桌面型计算机。
2. CG：Computer Graphics，计算机图形。
3. NURBS：Non-Uniform Rational B-Spline，非均匀有理 B 样条曲线。
4. CAD：Computer Aided Design，计算机辅助设计。
5. CAM：Computer Aided Manufacturing，计算机辅助制造。
6. 图形工作站：是一种专门用于图形、静态图像、动态图像与视频工作的高档次专用计算机的总称。

第 8 章 Unity 3D 三维开发工具

导 学

内容与要求

本章主要介绍了当前主流的三维开发工具 Unity 3D 和虚幻游戏引擎 4，并通过案例详细讲解了 Unity 3D 的主要功能。Unity 3D 相对于其他的 3D 游戏开发环境的优势是看即所得，开发者可以在整个开发过程中实时地查看到自己制作游戏的运行情况，这使得游戏开发过程变得直观且简单。在资源导入方面，Unity 3D 对于 3ds Max、Maya、Blender、Cinema 4D 和 Cheetah 3D 的支持都比较好，很好地解决了跨平台和多软件相互协作的问题。所以对于初学者而言，Unity 3D 是一款非常好的三维建模工具，本章将对 Unity 3D 加以详细介绍。

本章首先介绍了 Unity 3D 的现状和主要作品，讲解了 Unity 3D 的主要功能，包括 Unity 3D 的版本、Unity 3D 的安装、Unity 3D 的界面及菜单介绍，要求熟悉 Unity 3D 的主要功能及常用菜单。

然后讲解了第一个 Unity 3D 小程序 Hello Cube，之后分别讲解了在 Unity 3D 中如何调试程序及制作光照、地形、Skybox、物理引擎、动画系统和智能机器人，要求能运用 Unity 3D 制作简单的应用。

最后讲解了外部资源应用，包括贴图和 3ds Max 静态和动态模型导出，要求能把 3ds Max 的模型导入到 Unity 3D 中。

重点、难点

本章重点掌握 Unity 3D 基本建模方法、其他工具模型导入和简单的脚本应用，难点是脚本的应用与智能机器人逻辑实现。

Unity 3D 是目前应用最广的三维开发工具和游戏开发平台，其在智能医学中同样具有广泛的应用如虚拟手术、虚拟机器人等，并具有很好的平台兼容性。本章将以 Unity 3D 为例由浅入深地对三维开发工具加以介绍。

8.1 三维开发工具

本节将介绍当前主流的三维开发工具，包括 Unity 3D 和虚幻游戏引擎 4 的主要功能和各自特点，并对两种开发工具进行简要对比。

8. 1. 1　Unity 3D

Unity 3D 是由 Unity Technologies 开发的一款轻松创建三维游戏、建筑可视化、实时三维动画等类型的多平台互动综合型三维建模开发工具，是一个全面整合的专业游戏引擎。Unity 类似于 Director、Blender Game Engine、Virtools 或 Torque Game Builder 等利用交互的图形化开发环境为首要方式的软件，其编辑器运行在 Windows 和 Mac OS X 下，可发布游戏至 Windows、Mac、Wii、iPhone、Windows Phone 8 和 Android 平台。也可以利用 Unity web player 插件发布网页游戏，支持 Mac 和 Windows 的网页浏览。它的网页播放器也被 Mac Widgets 所支持，所以可在 PC 平台开发和测试，然后只需要很少的改动，即可将游戏移植到其他平台，图 8. 1 为 Unity3D 的官方宣传界面。

图 8. 1　三维建模工具 Unity 3D

据不完全统计，目前国内有 80% 的 Android、iPhone 手机游戏使用 Unity 3D 进行开发，比如著名的手机游戏“神庙逃亡”就是使用 Unity 3D 开发的，以及“纵横时空”“星际陆战队”“新仙剑奇侠传 Online”等上百款游戏都是使用 Unity 3D 开发的。

Unity 3D 不仅在游戏行业有广泛应用，在医学、人工智能、教育、工程模拟、3D 设计等方面也有应用。近年来，国内外利用 Unity 3D 实现医学虚拟现实交互平台和教学平台的案例逐步增多，如利用 Unity 3D 实现虚拟医学实验室，如图 8. 2 所示。

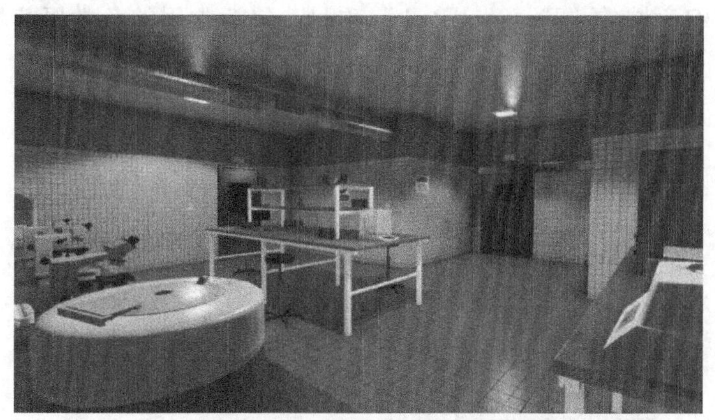

图 8. 2　Unity 3D 实现虚拟医学实验室

Unity 3D 提供强大的关卡编辑器，支持大部分主流 3D 软件格式，使用 C#或 JavaScript 等高级语言实现脚本功能，开发者无需了解底层复杂的技术就能快速地开发出具有高性能、高品质的游戏产品，本章案例全部使用 C#。

Unity 3D 具有多平台支持、插件丰富等优点，但由于 Unity 3D 的设计初衷，其在医学应用等方面具有一定的局限性，如在 Unity 3D 中实现柔软的组织器官就十分复杂。

8.1.2 虚幻游戏引擎 4

虚幻游戏引擎（Unreal Engine，UE）是 EPIC 公司开发的新一代游戏引擎，支持 Windows Vista、Windows 7 及 Windows 8 系统，4.1 版之后已经开始支持 Linux、SteamOS 及 PS4、Xbox One 主机平台。图 8.3 为虚幻游戏引擎制作出来的官方示例宣传视频画面。

图 8.3　虚幻游戏引擎制作出来的官方示例宣传视频画面

第一代虚幻游戏引擎于 1998 年由 Epic Games 公司发行，当时 Epic Games 公司为了适应游戏编程的特殊性需要而专门为虚幻系列游戏引擎创建了一种名为 UnrealScript 的编程语言，该语言让这个游戏引擎变得非常方便，因而这个游戏引擎开始名声大振。接着，2002 年 Epic 发布了下一代游戏引擎——虚幻游戏引擎 2，虚幻引擎提供的关卡编辑工具 UnrealEd 中，能够对物体的属性进行实时修改，它也支持了当时的次世代游戏机像 PlayStation2、XBox 等。2006 年，Epic 发布了下一代游戏引擎 UE3，这款游戏引擎受到极大欢迎和广泛使用，此时 UE3 又发布了一个极其重要的特性，那就是 Kismet 可视化脚本工具，Kismet 工作的方式就是以用各种各样的节点来连接成一个逻辑流程图。2014 年 Epic 发布了虚幻 4，目前虚幻 4 是最新版本，此次版本有了巨大的改变，该版本完全移除了 UnrealScript 语言，并且用 C++语言来代替。利用虚幻游戏引擎开发医学虚拟现实场景的项目有很多，如虚幻商城的“First Aid Pack”项目，包括常用的急救医疗器械，如图 8.4 所示。

图 8.4　“First Aid Pack”项目

相比于其他如 Unity 3D 等三维开发工具，虚幻游戏引擎 4 具有开源、画质优良逼真、沉浸效果好等优势，但是由于虚幻游戏引擎对计算机图形学、美术设计以及编程等专业技术要求较高，并且虚幻游戏一般需要 10 人以上的开发团队，所以本书以 Unity 3D 为例对三维开发工具的各项功能及操作进行讲解。

8.2 Unity 3D 基本功能

本节介绍 Unity 3D 的主要界面和常用菜单功能，使读者对 Unity 3D 的主要功能有一个初步的认识。

8.2.1 Unity 3D 的界面

Unity 3D 提供了基础版和专业版两个版本，专业版相对于基础版有更多高级功能，如实时阴影效果、屏幕特效等。基础版能满足大部分学习开发需求，本书例题均以基础版为例。

在 PC 和 Mac 平台上，基础版是完全免费的，但针对移动端如 iOS、Android 等平台则要收取授权费用。到 Unity 3D 的在线商店 https：//store. unity3d. com/subscribe 可以了解详细的价格情况。

在 Unity 3D 的官方网站 http://unity3d. com/cn/可以免费下载 Unity 3D（PC 版和 Mac 版），包括专业版和针对 Flash、iOS、Android 等平台的全部功能。下载完 Unity 3D 后，运行安装程序，按提示安装即可。安装完成并且注册（专业版需付费）之后，就可以进入如图 8.5 所示的界面。

图 8.5 Unity 3D 初始界面

这里需要注意，在新建 Unity 3D 项目时，一定要放在非中文命名的路径中。此外，每次在创建新项目时 Unity 3D 都会重启，这是正常现象，不要以为 Unity 3D 没安装成功。

8.2.2 Unity 3D 的菜单

如图 8.5 所示为 Unity 3D 经典 2 by 3 结构界面，界面呈现了 Unity 3D 最为常用的几个面板，下面为各个面板的详细说明。

1）Scene（场景面板）：该面板为 Unity 3D 的编辑面板，可以将所有的模型、灯光以及其他材质对象拖放到该场景中，构建游戏中所能呈现景象。

2）Game（游戏面板）：与场景面板不同，该面板是用来渲染场景面板中景象的。该面板不能用作编辑，但却可以呈现完整的动画效果。

3）Hierarchy（层次清单栏）：该面板栏主要功能是显示放在场景面板中所有的物体对象。

4）Project（项目文件栏）：该面板栏主要功能是显示该项目文件中的所有资源列表。除了模型、材质、字体等，还包括该项目的各个场景文件。

5）Inspector（监视面板）：该面板栏会呈现出任何对象的所固有的属性，包括三维坐标、旋转量、缩放大小、脚本的变量和对象等。

6）“场景调整工具”：可改变用户在编辑过程中的场景视角、物体世界坐标和本地坐标的更换、物体法线中心的位置，以及物体在场景中的坐标位置、缩放大小等。

7）“播放、暂停、逐帧”按钮：用于运行游戏、暂停游戏和逐帧调试程序。

8）“层级显示按钮”：勾选或取消该下拉框中对应层的名字，就能决定该层中所有物体是否在场景面板中被显示。

9）“版面布局按钮”：调整该下拉框中的选项，即可改变编辑面板的布局。

10）“菜单栏”：和其他软件一样，包含了软件几乎所有要用到的工具下拉菜单。

除了 Unity 3D 初始化的这些面板以外，还可以通过“Add Tab”按钮和菜单栏中的“Window”下拉菜单，增添其他面板和删减现有面板。还有用于制作动画文件的 Animation（动画面板），用于观测性能指数的 Profiler（分析器面板），用于购买产品和发布产品的 Asset Store（资源商店），用于控制项目版本的 Asset Server（资源服务器），用于观测和调试错误的 Console（控制台面板）。

在“菜单栏”中包含有 7 个菜单选项：File（文件）、Edit（编辑）、Assets（资源）、Game Object（游戏对象）、Component（组件）、Window（窗口）、Help（帮助）。这些是 Unity 3D 中标准的菜单选项卡，其各自又有自己的子菜单，在本章后面的内容中读者会逐步学习使用这些菜单功能，另外在本书的应用指南中列出了各个菜单栏以及下拉菜单功能及其译名，供读者参考。

8.3 对象与脚本

8.3.1 Unity 3D 的对象

在 Unity 3D 中可以方便地创建 3D 对象，如立方体、球体、平面等。方法是在 Hierarchy 面板中右击，在 3D Object 中选择相应的 3D 对象进行创建，或者选择“Create”|“3D Object”创建 3D 对象，如图 8.6 所示。

创建 3D 对象后，可以通过 Inspector 面板调整对象的各项属性，如对象的位置、大小、旋转角度以及碰撞属性等，如图 8.7 所示。

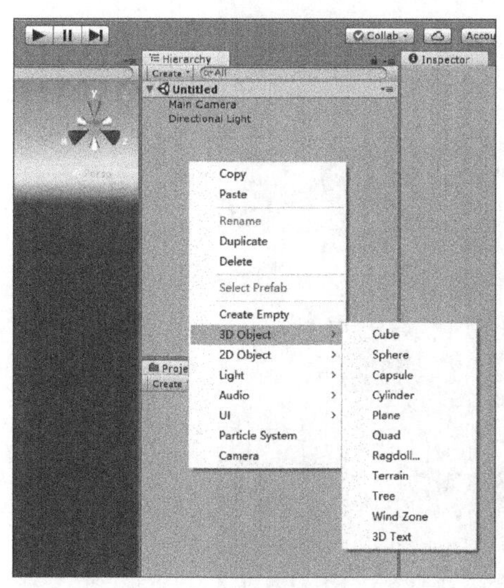

图 8.6　在 Unity 3D 中创建 3D 对象

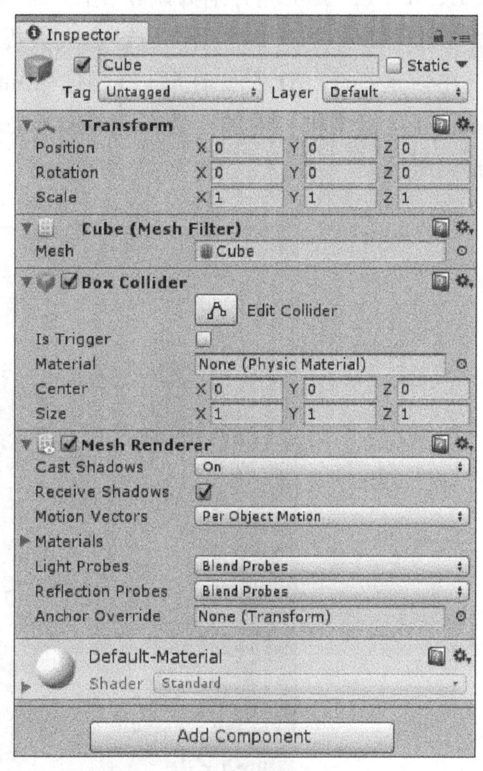

图 8.7　Inspector 面板

其中 Transform 组件是每个对象都有的组件，Transform 组件主要包括对象的 Position（位置）、Rotation（旋转角度）以及 Scale（缩放比例）这些信息，通过调整这些数值会改变对象相应的属性。

除了通过 Inspector 面板调整对象的 Transform 属性，还可以通过场景调整工具来调整对象的 Transform 属性，如图 8.8 所示。

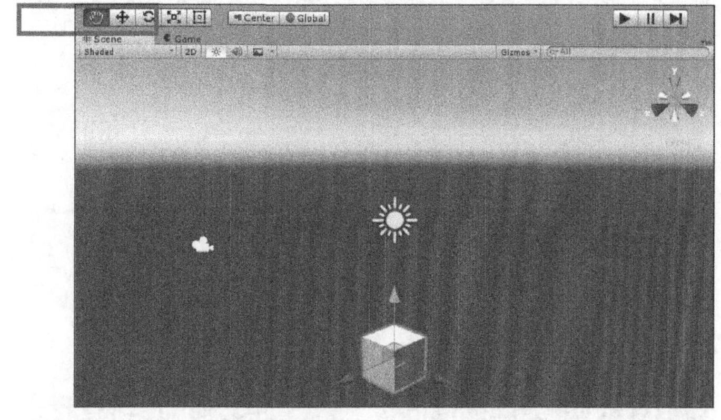

图 8.8　场景调整工具

这 5 个场景调整工具按钮在 Unity 3D 开发中会经常使用，其快捷键从左至右分别为 Q、

W、E、R、T，其功能分别为调整视图、移动对象、旋转对象、缩放对象、选择对象。熟练掌握 Unity 3D 中的这些常用快捷键会大大提高开发的效率。

在创建 Unity 3D 项目时可以看到，Unity 3D 会在 Hierarchy 视图中主动添加一个 Main Camera（主摄像机）对象。选择 Main Camera 对象，在场景面板中可以预览摄像机视图，如图 8.9 所示。

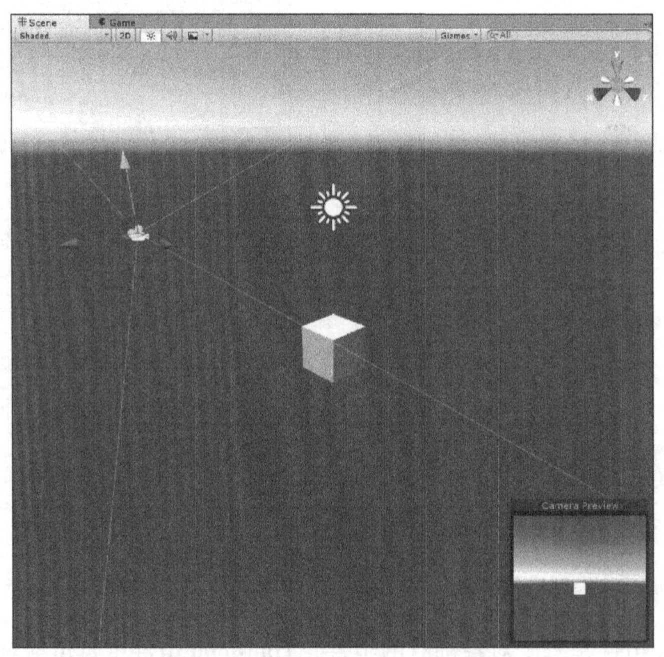

图 8.9　Main Camera 的预览视图

摄像机的预览视图就是游戏运行后的视图，可以通过“播放、暂停、逐帧”按钮进行游戏的播放、暂停和逐帧调试，如图 8.10 所示。

图 8.10　游戏运行效果

8.3.2 Unity 3D 的脚本

在 Unity 3D 中为了实现与对象的交互操作，需要为对象添加脚本。在 Unity 3D 中可以为对象添加 C#或者 JavaScript 脚本，在脚本中编辑相应代码可以为对象设置丰富的交互，本书中的实例均使用 C#脚本进行编写。在 Unity 3D 添加脚本的方法主要有两种：一种是选择要添加脚本的对象，单击 Add Component，输入自定义脚本名称后单击 New Script，选择 C Sharp 脚本，然后单击 Create and Add 创建脚本，如图 8.11 所示；另外一种创建脚本的方法是在“Project”面板选择“Assects”文件夹，再单击“Create”|“Script”创建一个脚本文件，然后想控制什么对象，就将该脚本拖至其“Inspector”面板中来添加脚本组件。

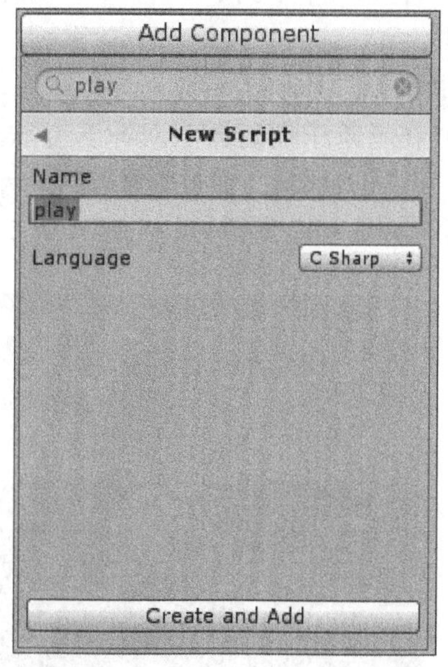

图 8.11 为对象创建 C#脚本

无论用哪种方法创建的脚本，都可以通过 Visual Studio 或者是 Unity 3D 自带的 MonoDevelop 打开脚本，用两种工具打开的脚本是一模一样的，打开后的脚本如下：

```
using System.Collections;
using System.Collections.Generic;
using UnityEngine;
public class play:MonoBehaviour {
    // Use this for initialization
    void Start(){
    }

    // Update is called once per frame
    void Update(){
    }
}
```

以上是在 Unity 3D 中创建的空脚本，可以看到在 Unity 3D 中创建的空脚本也包含了一些方法。using UnityEngine、using System. Collections. Generic 是在 Unity 3D 中引用必备的命名空间，play 是脚本的名称，它必须和脚本文件的外部名称一致（如果不同，脚本无法在物体上被执行）。所有游戏执行语句，都包含在这个继承自 MonoBehaviour 类的自创脚本中。

void Start( ) 方法是脚本对象的初始化方法，该方法只在游戏开始时执行一次。void Update( ) 方法是在游戏每一帧都执行一次，1 秒默认为 30 帧，且是在 Start( ) 函数后执行。

本节将以一个小例子 Hello Cube 介绍在 Unity 3D 中创建 3D 物体并在此物体上添加脚本的过程。

【例 8-1】 Hello Cube。

1）在场景中创建游戏对象。方法是在 Unity 3D 的“Hierarchy”面板中创建立方体 Cube，在“Inspector”面板中修改其 Position 属性 X、Y、Z 均为 0，并适当调整 Main Camera 的位置，如图 8.12 所示。

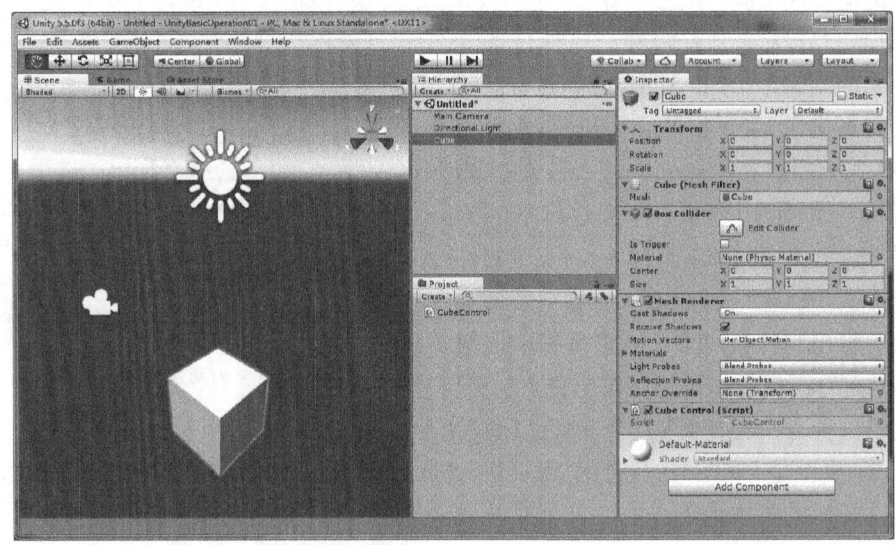

图 8.12　在场景中创建 Cube 对象

2）为创建的对象添加脚本，本书脚本都以 C#脚本为例。添加脚本的方法是选择创建的立方体，在“Inspector”面板中单击“Add Component”，创建一个名为 CubeControl 的 C#脚本。如图 8.13 所示，创建完成之后，可通过双击该脚本文件进入编辑器。

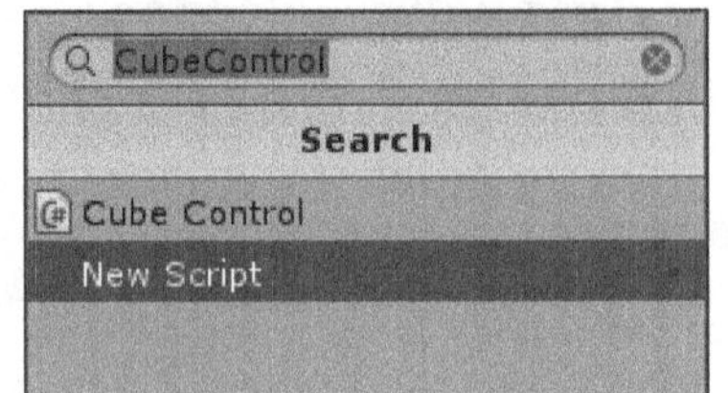

图 8.13　创建 C#脚本

3）在编辑器中，写入代码实现操作对象移动。代码主要判断用户的按键操作，如果是上、下、左、右操作，则对指定的对象进行指定方向的旋转。代码应写在 Update( ) 方法中，程序的每一帧都会调用 Update 方法，1 秒默认为 30 帧。具体实现代码如下：

```
using UnityEngine;
using System.Collections;
public class CubeControl:MonoBehaviour {
// Use this for initialization
// Start 仅在 Update 函数第一次被调用前调用
void Start(){}
```

```
    // Update is called once per frame
  void Update(){
    //键盘的上下左右键可以翻看模型的各个面(模型旋转)
    if(Input.GetKey(KeyCode.UpArrow)){          //上
      transform.Rotate(Vector3.right * Time.deltaTime * 10);}
    if(Input.GetKey(KeyCode.DownArrow)){        //下
      transform.Rotate(Vector3.left * Time.deltaTime * 10);}
    if(Input.GetKey(KeyCode.LeftArrow)){           //左
      transform.Rotate(Vector3.up * Time.deltaTime * 10);}
    if(Input.GetKey(KeyCode.RightArrow)){         //右
      transform.Rotate(Vector3.down * Time.deltaTime * 10);}}
```

4）选择“File”|“Save Assets \ CubeControl. cs”保存编辑好的 CubeControl 脚本，如图 8. 14 所示。

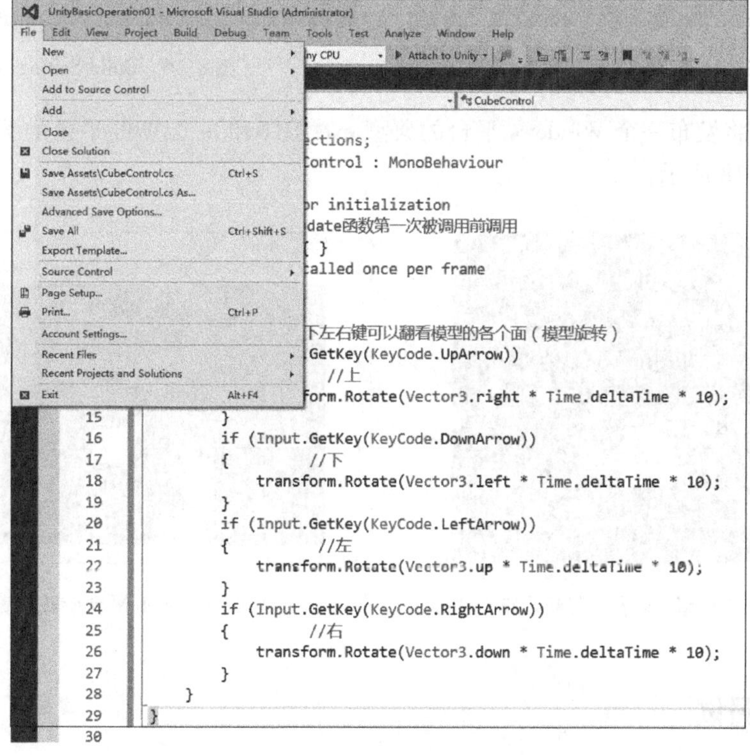

图 8. 14　保存编辑好的脚本

5）单击图 8. 15 所示的播放按钮，即可进入模拟器看到效果。这时，通过按下键盘中的上、下、左、右键，Cube 立方体会随着按键旋转，第一个 Unity 3D 程序——Hello Cube 就完成了，如图 8. 15 所示。

6）可以将程序发布。Unity 3D 具有强大的跨平台能力，Unity 3D 中的项目可以发布为

各种主流类型操作系统兼容的应用程序。通过单击“File”|“Build Settings”，即可进入如图 8.16 所示的发布设置窗口界面。查看“Platform”列表，里面囊括了几乎目前所有的操作平台，即在 Unity 3D 中可以实现一次开发、多平台运行。

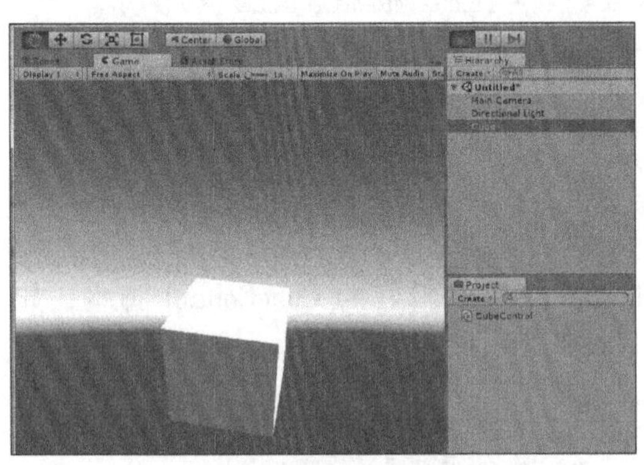

图 8.15　Hello Cube 运行效果

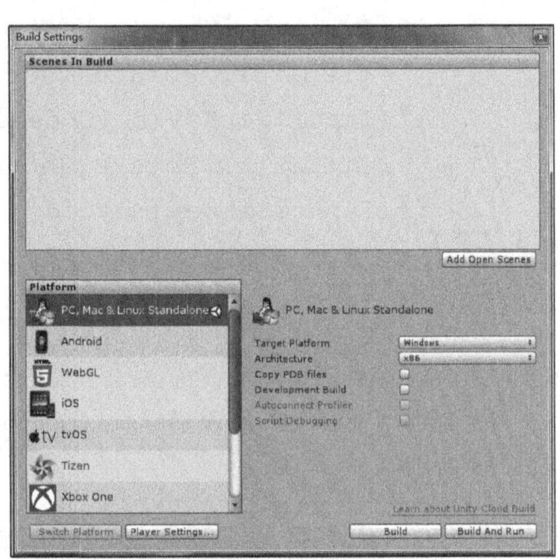

图 8.16　Build Settings 窗口

7）本例中将发布一个 Windows 平台的典型 exe 程序和一个 Web 平台的 Flash 程序，如图 8.17 和图 8.18 所示。

图 8.17　Windows 平台游戏预览

图 8.18　Web 平台游戏预览

8.4　脚本调试

游戏开发中出现错误是正常的，调试程序发现错误非常重要。本节将介绍调试程序的几种常用方式。

8.4.1　显示脚本信息

在 Unity 编辑器下方有一个 Console 窗口，用来显示控制台信息，如果程序出现错误，这里会用红色的字体显示出错误的位置和原因，也可以在程序中添加输出到控制台的代码来显示一些调试结果：

```
Debug.Log("Hello world");
```

运行程序，当执行到 Debug.Log 代码时，在控制台会对应显示出“Hello，world”信息，如图 8.19 所示。

这些 Log 内容不仅会在 Unity 编辑器中出现，当在手机上运行这个程序时仍然可以通过工具实时查看。

在 Console 窗口的右侧选择“Open Editor Log”会打开编辑器的 Log 文档，一个比较实用的功能是当创建出游戏后，在 Log 文档中会显示出游戏的资源分配情况，如图 8.20 所示。

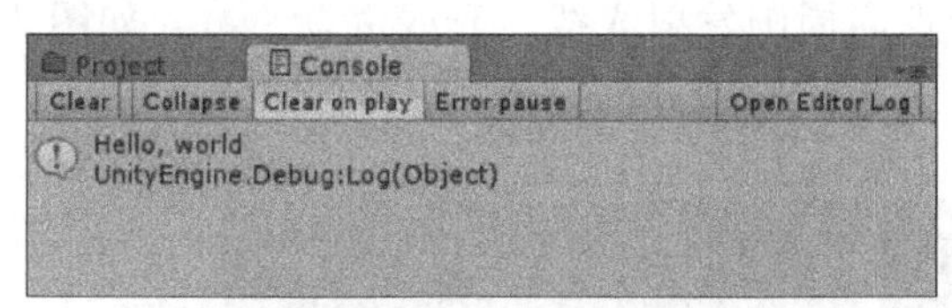

图 8.19　显示调试信息

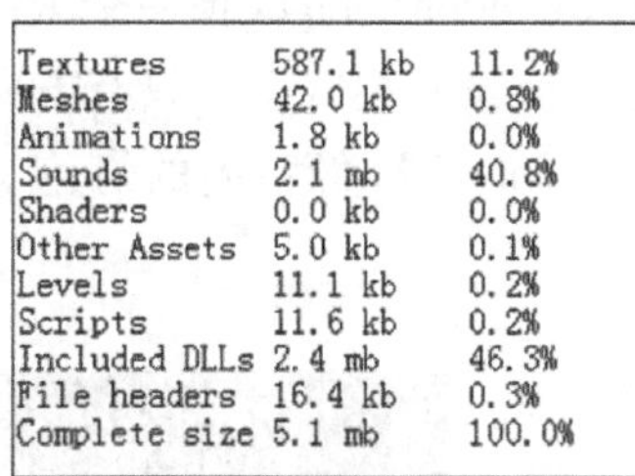

Textures	587.1 kb	11.2%
Meshes	42.0 kb	0.8%
Animations	1.8 kb	0.0%
Sounds	2.1 mb	40.8%
Shaders	0.0 kb	0.0%
Other Assets	5.0 kb	0.1%
Levels	11.1 kb	0.2%
Scripts	11.6 kb	0.2%
Included DLLs	2.4 mb	46.3%
File headers	16.4 kb	0.3%
Complete size	5.1 mb	100.0%

图 8.20　Log 中保存的信息

8.4.2　设置断点调试

Unity 3D 自带的 Mono 脚本编辑器提供了断点调试功能，使用的方法如下：

【例 8-2】　在程序中设置断点。

1）使用 MonoDevelop 作为默认的脚本编辑器。在 Project 窗口中右键选择“Sync MonoDevelop Project”，打开 MonoDevelop 编辑器。

2）在代码中按 F9 键设置断点。

3）在 MonoDevelop 的菜单栏选择“Run”|“Attach to Process”，选择 Unity Editor 作为调试对象，然后选择“Attach”，如图 8.21 所示。

4）在 Unity 编辑器中运行游戏，当运行到断点时游戏会自动暂停，这时可以在编辑器中查看调试信息，如图 8.22 所示。之后，需要按 F5 键越过当前断点才能继续执行后面的代码。

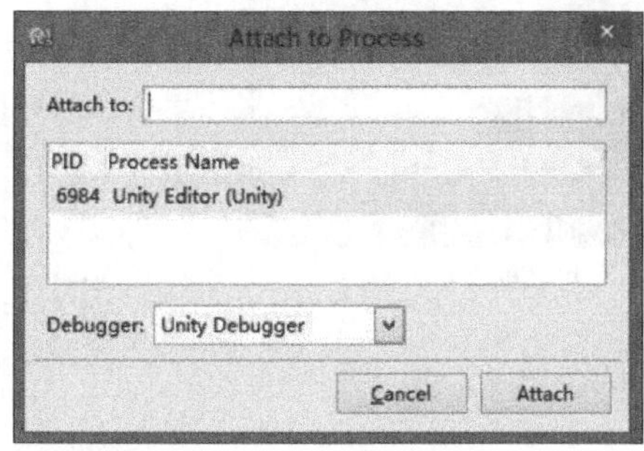

图 8.21　使用 Unity Editor 作为调试对象

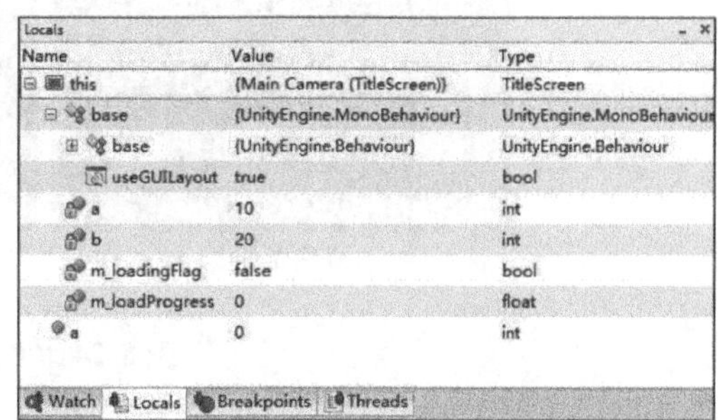

图 8.22　利用断点调试

8.5 光影

在3D游戏中，光是一项重要的组成元素，一个漂亮的3D场景如果没有光影效果的烘托将暗淡无光。因此，Unity提供了多种光影解决方案，下面将逐一介绍。

8.5.1 光源类型

Unity一共提供了4种光源，不同光源的主要区别在于照明的范围不同。在Unity菜单栏选择“GameObject”|“Create Other”，即可创建这些灯光，包括Directional Light（方向光）、Point Light（点光源）、Spot Light（聚光灯）、Area Light（范围光）。

1）Directional Light像一个太阳，光线会从一个方向照亮整个场景，在Forward Rendering（正向渲染）模式下，只有方向光可以显示实时阴影，效果如图8.23a所示。

2）Point Light像室内的灯泡，从一个点向周围发射光线，光线逐渐衰减，如图8.23b所示。

a) 方向光　　b) 点光源

图8.23　方向光和点光源

3）Spot Light就像是舞台上的聚光灯，当需要光线按某个方向照射并有一定范围限制，就可以考虑使用Spot Light，如图8.24a所示。

4）Area Light只有在Pro版中才能使用，它通过一个矩形范围向一个方向发射光线，只能被用来烘焙Lightmap，如图8.24b所示。

a) 聚光灯

b) 范围灯

图8.24　聚光灯和范围灯

以上几种光源都可以在Inspector窗口进行设置，如图8.25所示。

其中 Range 决定光的影响范围，Color 决定光的颜色，Intensity 决定光的亮度，Shadow Type 决定是否使用阴影。Render Mode 是一个重要的选项，当设为 Important 时其渲染将达到像素质量，设为 Not Important 时则总是一个顶点光，但可以获得更好的性能。如果希望光线只用来照明场景中的部分模型，可通过设置 Culling Mask 控制其影响对象。Lightmapping 可设为 RealtimeOnly 或 BakedOnly，这将使光源仅能用于实时照明或烘焙 Lightmap。

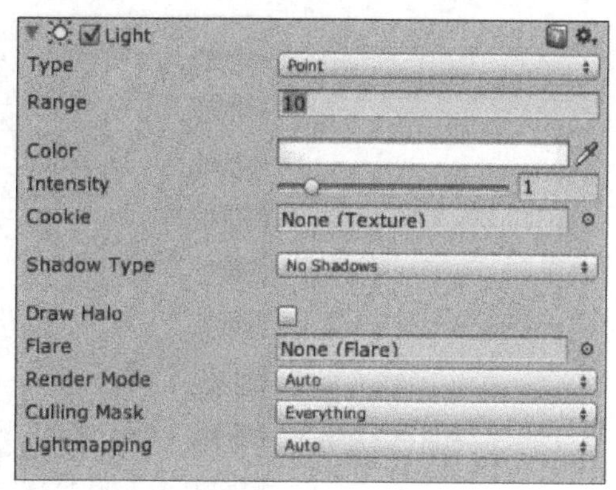

图 8.25 设置光源

8.5.2 环境光与雾

环境光是 Unity 提供的一种特殊光源，它没有范围和方向的概念，会整体地改变场景亮度。环境光在场景中是一直存在的，在菜单栏选择“Edit”|“Render Settings”，然后在 Inspector 窗口调节 Ambient Light 的颜色即决定了环境光的亮度和颜色。

在这里选中 Fog 还可以开启雾效果，通过设置 Fog Color 改变雾的颜色，设置 Fog Density 改变雾的强度，如图 8.26 所示。

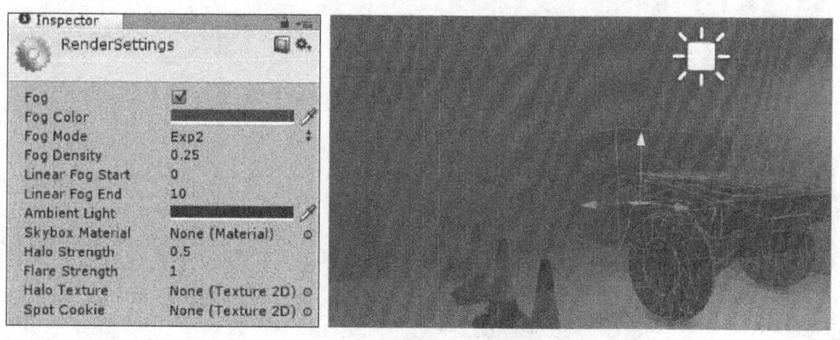

图 8.26 设置环境光和雾

雾效果对性能会造成一定影响，在硬件性能较差的平台要谨慎使用这个功能。

8.6 地形

Terrain 是 Unity 3D 提供的地形系统，主要用来表现庞大的室外地形，特别适合表现自然的环境。本节将通过一个示例说明地形的应用。

【例 8-3】 Unity 3D 地形应用。

1）新建一个 Unity 工程，在 Project 窗口单击右键，选择“Import Package”|“Environment”，然后单击 Import，导入 Unity 提供的 Environment 模型、贴图素材包，这里将使用 Unity 提供的这些素材完成一个地形效果。如图 8.27 所示。

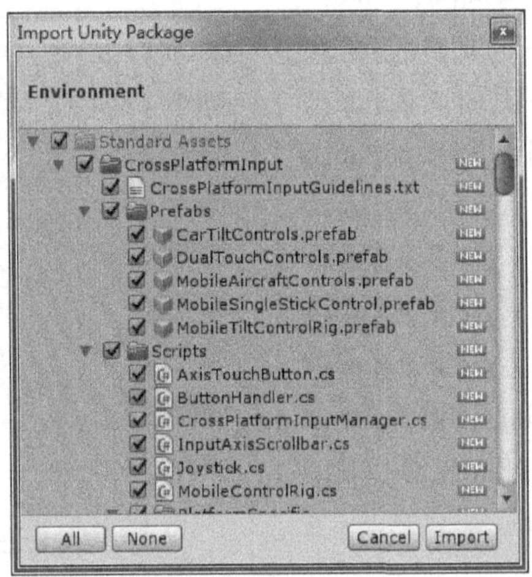

图 8.27　设置环境

2）在菜单栏选择“GameObject”|“3D Object”|“Terrain”创建一个基本的 Terrain。选择 Terrain，可以在 Inspector 面板中设置 Terrain 选项，如图 8.28 所示。

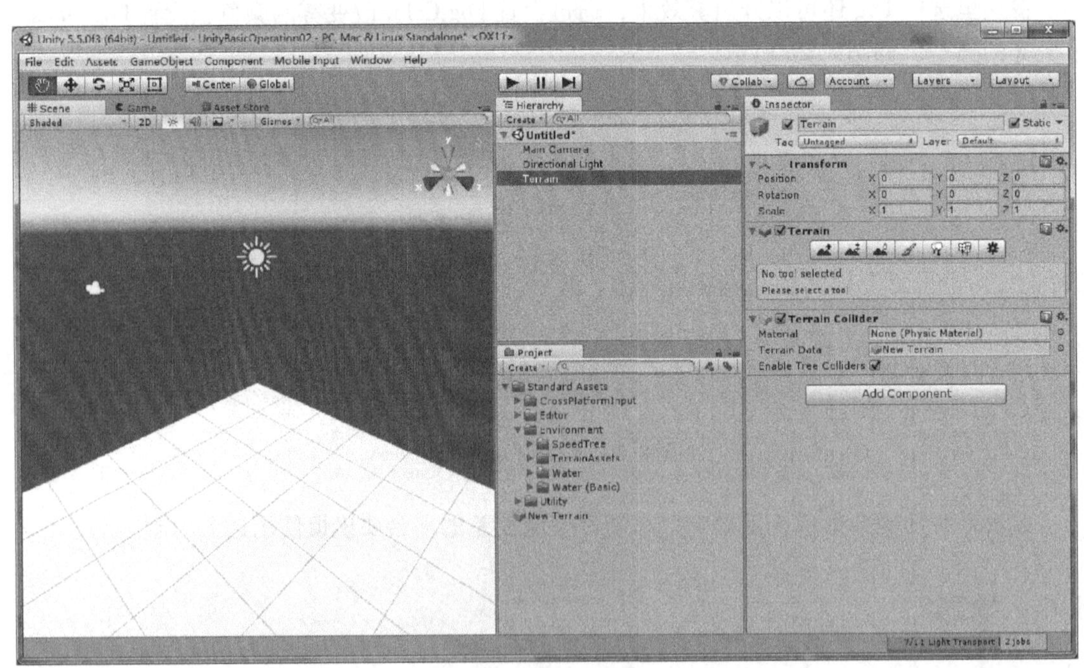

图 8.28　设置地形

3）在 Inspector 窗口的 Terrain 属性中，选择左侧第一项 Raise（高度）工具，设置 Brush Size 改变笔刷大小，Opacity 改变笔刷力度，然后在 Terrain 上绘制拉起表面。使用左侧第二项 Paint Height（绘制高度）工具可以直接绘制指定高度。使用左侧第三项 Smooth Height（光滑高度）工具可以光滑 Terrain 表面，如图 8.29 所示。

图 8.29　改变地形

4）选择第四项 Paint Texture（绘制纹理）工具，选择“Edit Textures”|“Add Texture”打开编辑窗口，为 Terrain 添加贴图，注意在 Tile Size 中设置贴图的尺寸。这个操作可以反复执行多次添加多张贴图。最后在 Textures 中选择需要的贴图，将贴图画到 Terrain 上面，如图 8.30 所示。

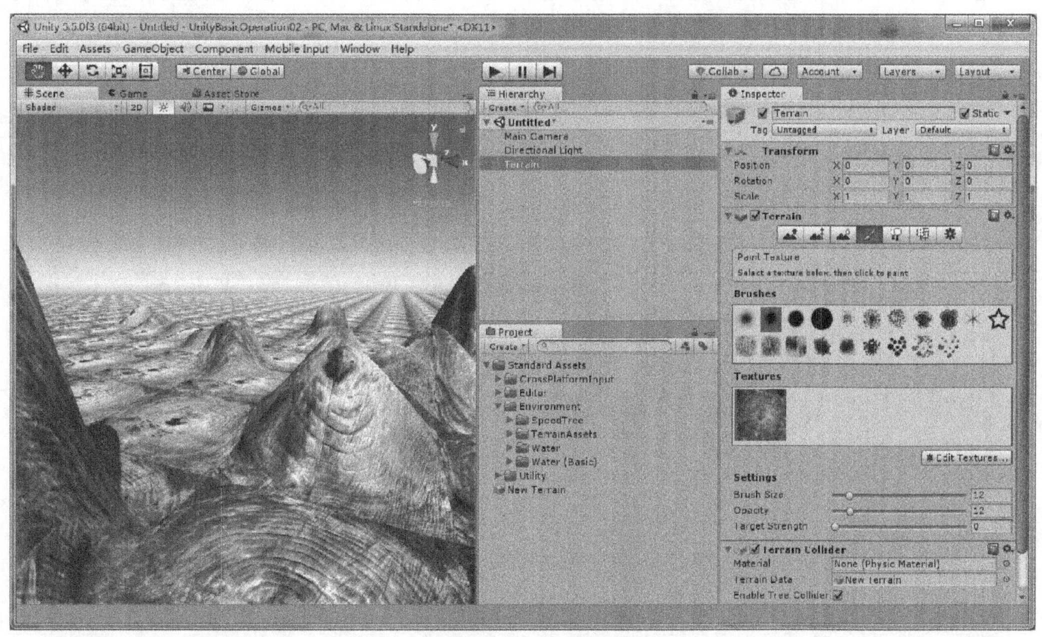

图 8.30　添加贴图

5）选择第五项 Place Trees（放置树木）工具，选择“Edit Trees”|“Add Tree”添加树模型，这个操作可以执行多次加入多个模型。在 Trees 中选择需要的模型，将其绘制到 Terrain 上面，如图 8.31 所示。

图 8.31　绘制树

6）选择第六项 Paint Details（绘制细节）工具，选择“Edit Details”|“Add Grass Texture”添加草贴图（贴图一定要有 Alpha），选择“Add Detail Mesh”添加细节模型（如石头等），这个操作可以反复执行多次。最后在 Details 中选择需要的草贴图或细节模型，将其绘制到 Terrain 上面，如图 8.32 所示。

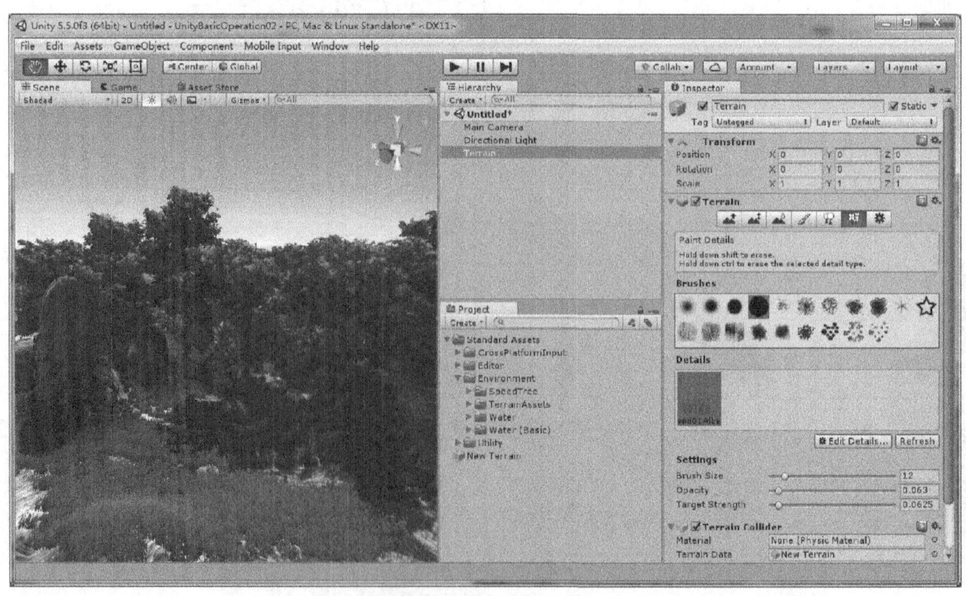

图 8.32　绘制草

7）Terrain 创建的树木和草地可以模拟真实植物的动作如随风摆动，最终效果如图 8.33 所示。

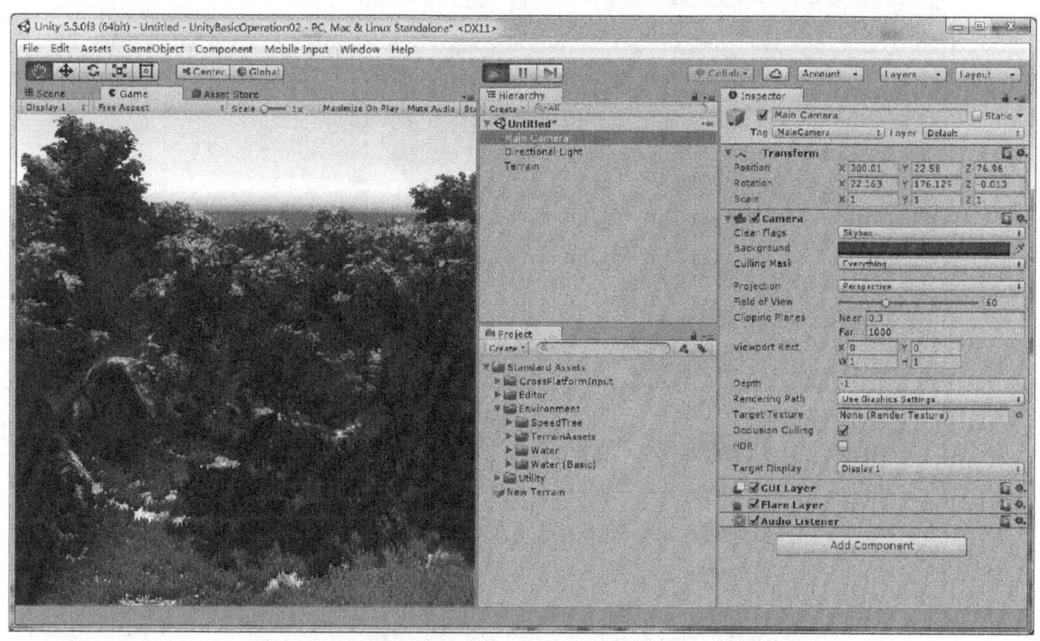

图 8.33　应用 Terrain 绘制的自然环境

8.7　天空盒

在上节的例子中，利用 Unity 3D 的地形资源包绘制完成了一个漂亮的地面，包括树木和草地，但完整的场景还缺少天空。在 Unity 3D 中，可以使用 Skybox（天空盒）技术来实现天空的效果。在 Unity5 以后的版本，Skybox 资源包不作为标准的资源包自动安装，需要用户通过外部导入。导入的 Skybox 资源包可以是利用建模软件开发的资源，也可以是在 Unity 3D 资源商店中共享的资源。下面以导入 Unity 3D 商店中共享的资源包为例完善上节示例的天空部分。

【例 8-4】 Unity 3D 天空盒应用。

1）本例是在上一节项目的基础上进行完善。在 Unity 3D 的资源商店中导入合适的 Skybox 资源包，在 Unity 3D 资源商店导入模型的方法会在后面的章节详细介绍，本例中选择的是“Sky5X One”天空盒资源包，如图 8.34 所示。

2）导入模型包后，在场景中选择 Main Camera 摄像机，在菜单栏选择“Component”|“Rendering”|“Skybox”为其添加 Skybox 组件，将 Clear Flags 设为 Skybox，在 Custom Skybox 中选择 sky5X3 天空模型，如图 8.35 所示。

3）在菜单栏选择“Window”|“Lighting”，为场景添加 Skybox 组件，在 Skybox 中选择 sky5X3 天空模型，如图 8.36 所示。

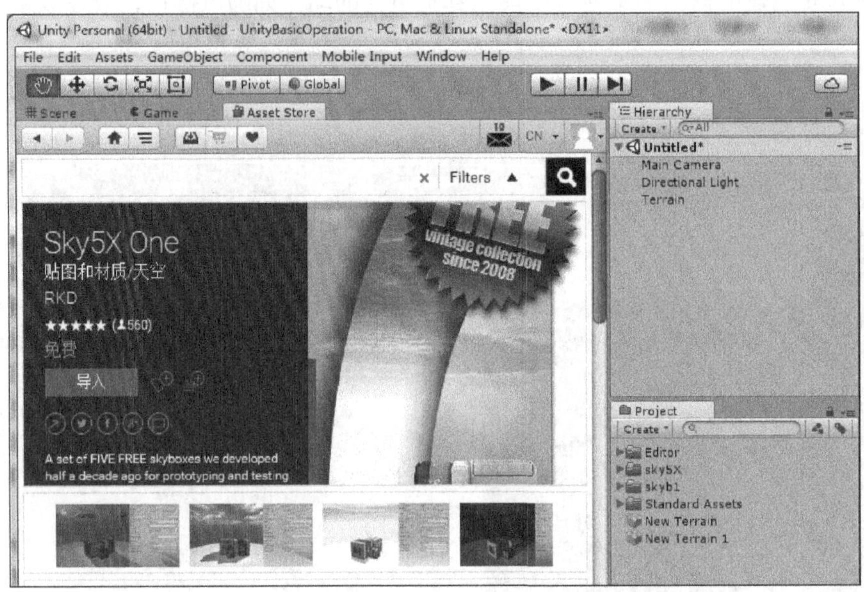

图 8.34　资源商店中的 Sky5X One 天空盒资源包

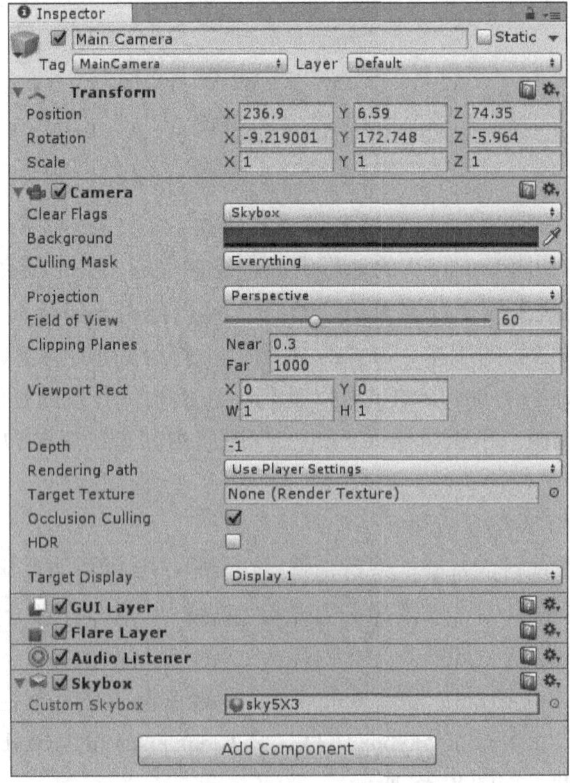

图 8.35　创建 Skybox 材质

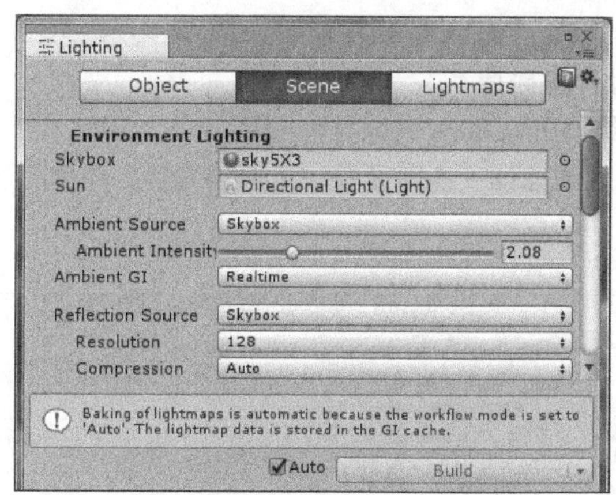

图 8.36　设置 Lighting 面板

现在，已经完成了 Skybox 的制作，最终效果如图 8.37 所示。

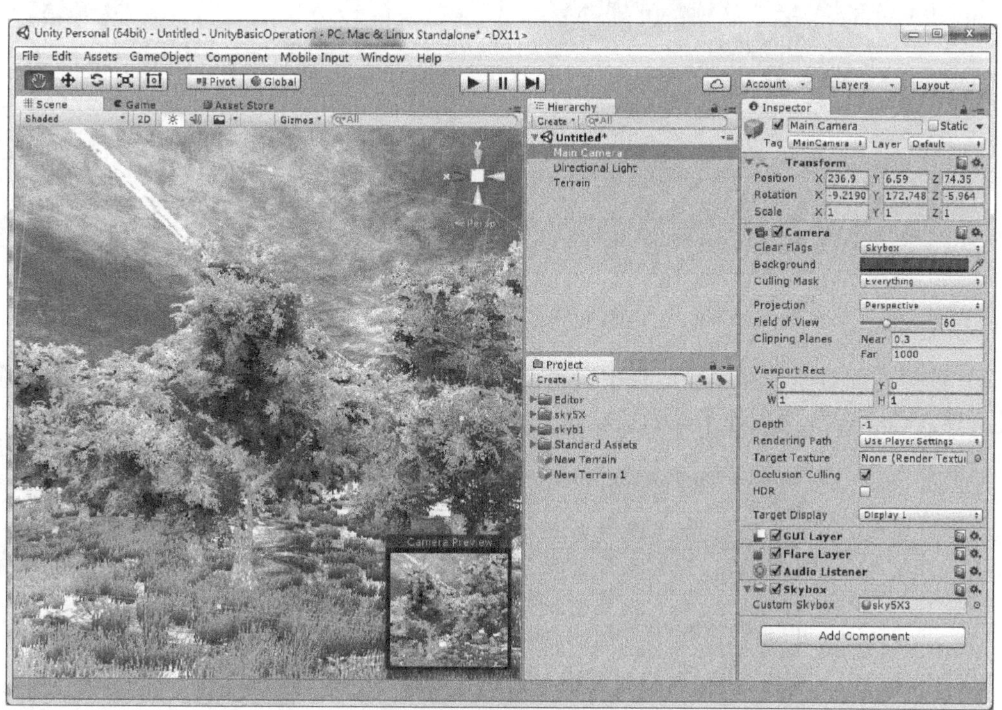

图 8.37　加入天空效果

8.8　物理引擎

Unity 3D 内部集成了 NVIDIA PhysX 物理引擎，可以用来模拟刚体运动、布料等物理效果，如可以在 FPS 游戏中使用刚体碰撞模拟角色与场景之间的碰撞，使角色不能够从墙中穿过去等。此外，物理功能还包括射线、触发器等，都非常有用。Unity 的物理模拟还可以分层，指定只有某些层中的物体才会发生特定物理效果等。

本节首先将在一个“坡”上放置带有物理属性的球体，因为受重力影响，它们将沿着坡路翻滚着下去，并彼此产生碰撞。

【例 8-5】 物理引擎应用。

1）在场景中创建地面和球体，地面设置一定倾斜角度，有利于观察球体滚落效果，如图 8.38 所示。

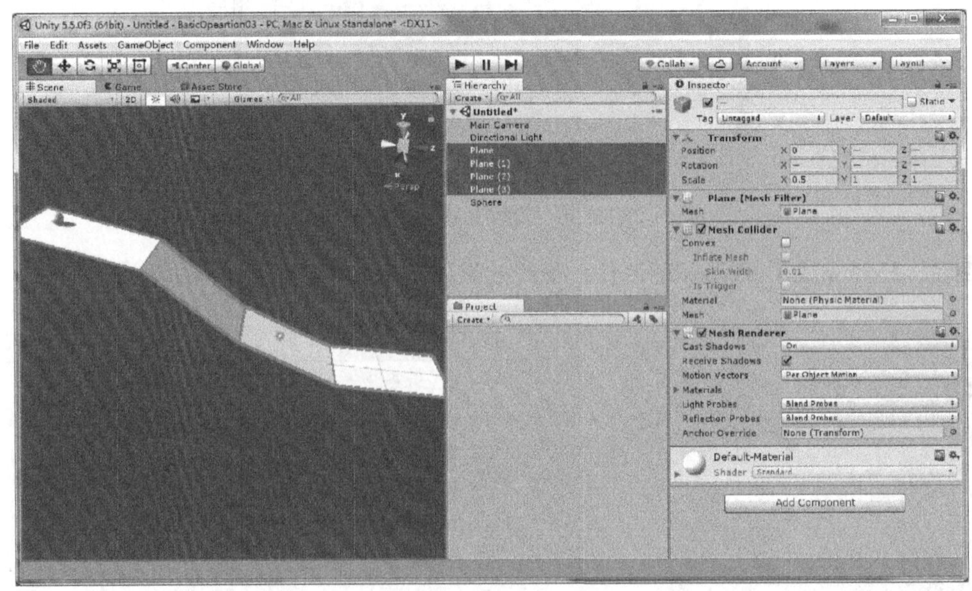

图 8.38 场景中的地面

2）选择地面对象，在属性面板中设置“Mesh Collider”（网格碰撞器），即对象的碰撞属性，使“Convex”选项处于未勾选状态，如图 8.39 所示。

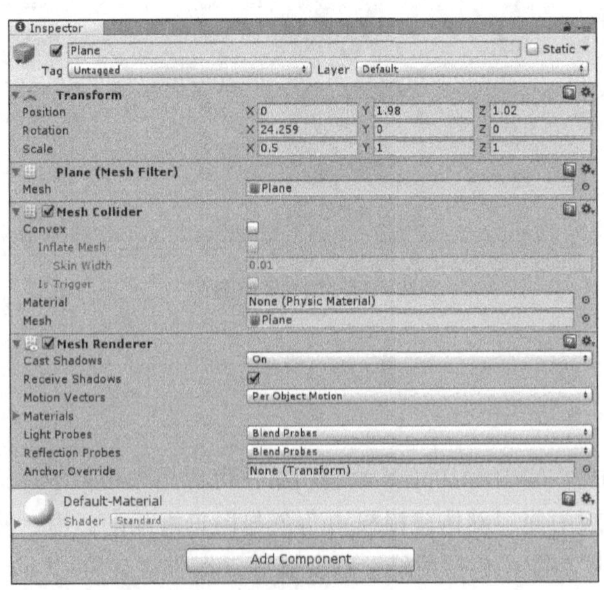

图 8.39 Mesh Collider 属性

3）选择球体对象，在属性面板中的“Sphere Collider”是球体的碰撞属性，如图 8.40 所示。

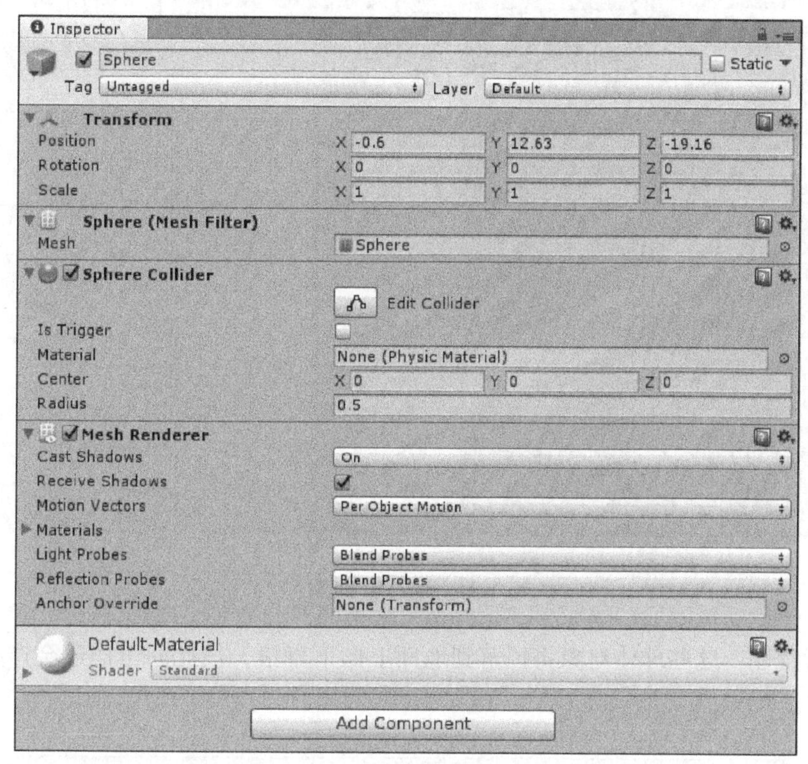

图 8.40 立方体碰撞组件

4）在球体的属性面板中单击“Add Component”，在输入框中输入“Rigidbody”，为球体添加一个刚体组件，默认“Use Gravity”为选中状态表示受重力影响，如图 8.41 所示。

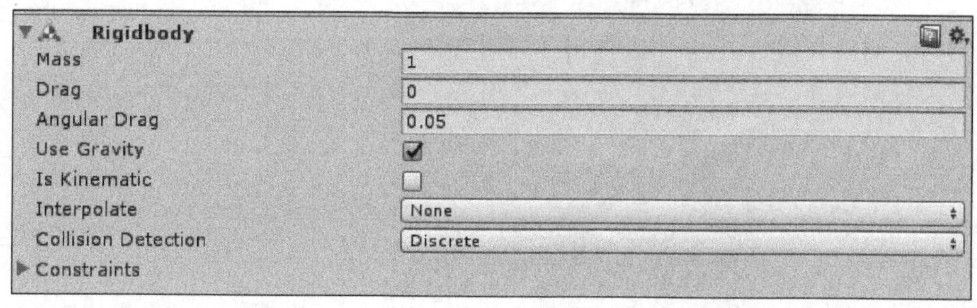

图 8.41 刚体组件

5）在“Hierarchy”窗口选择球体对象，按 Ctrl + D 键复制多个球体，将它们摆放到不同位置，以便更好地观察物理效果，如图 8.42 所示。

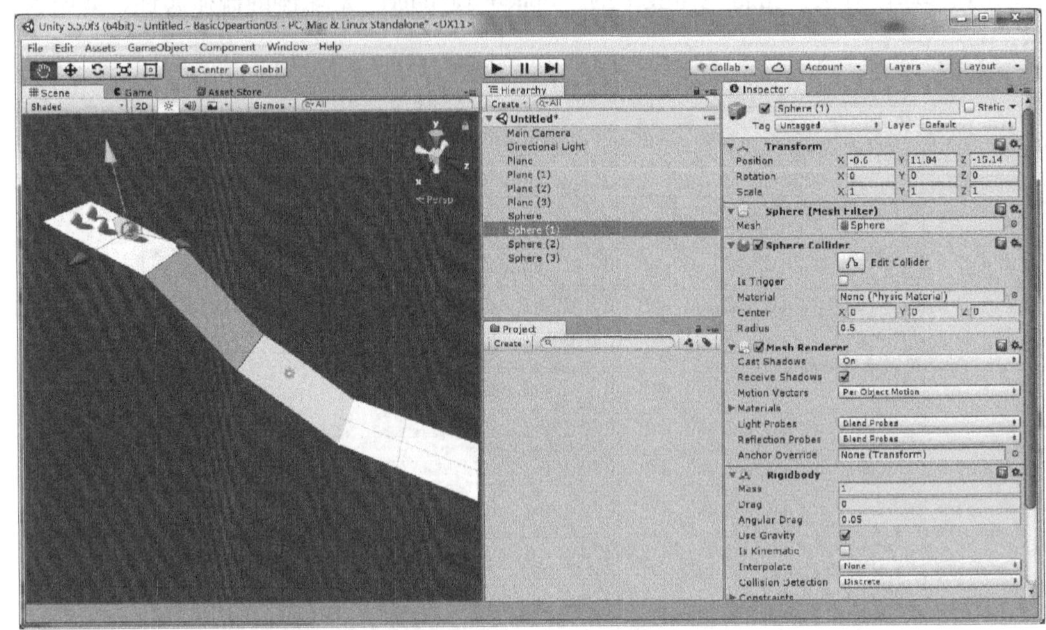

图 8.42　设置物理材质

6）运行程序，这些球体对象将掉落到地面上向下翻滚，彼此间可能还会产生碰撞，如图 8.43 所示。

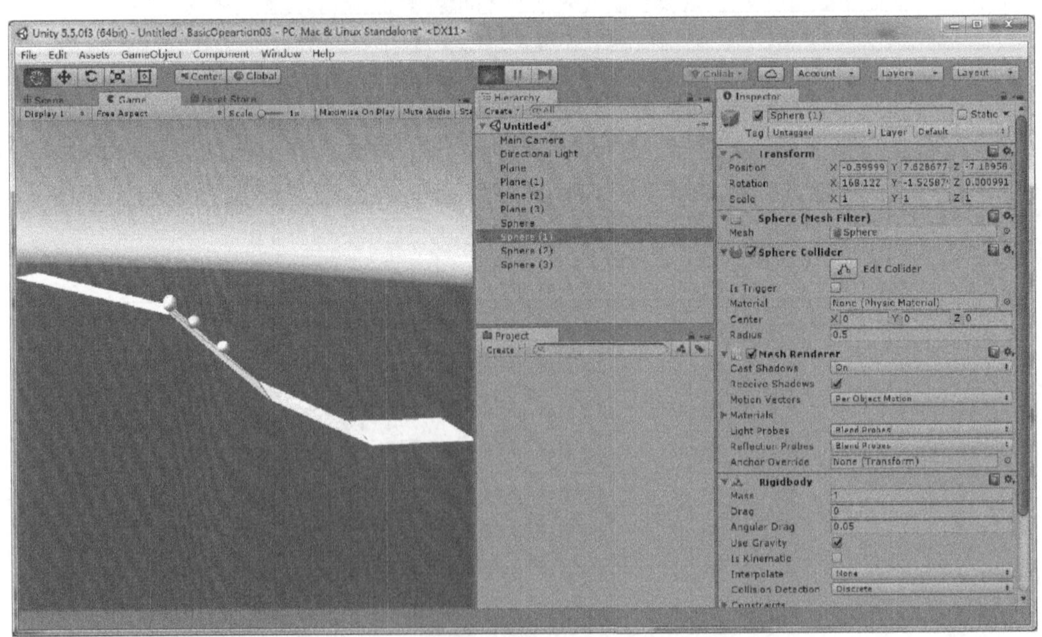

图 8.43　运行效果

在上例中实现了多个球体在斜坡上滚落碰撞的效果，通过观察可发现，球体下落或碰撞时不具备弹性。在实际开发中，尤其在医学虚拟现实系统中，多数对象的表面是有弹性的，如皮肤、某些医疗器械等。本节的例 8-6 将在例 8-5 的基础上为球体添加反弹属性，使球体在滚落和碰撞的过程中具有反弹效果。

【例 8-6】 设置对象反弹属性。

1）在“Project”面板右击，在“Create”中选择“Physic Material”创建物理材质，如图 8.44 所示。

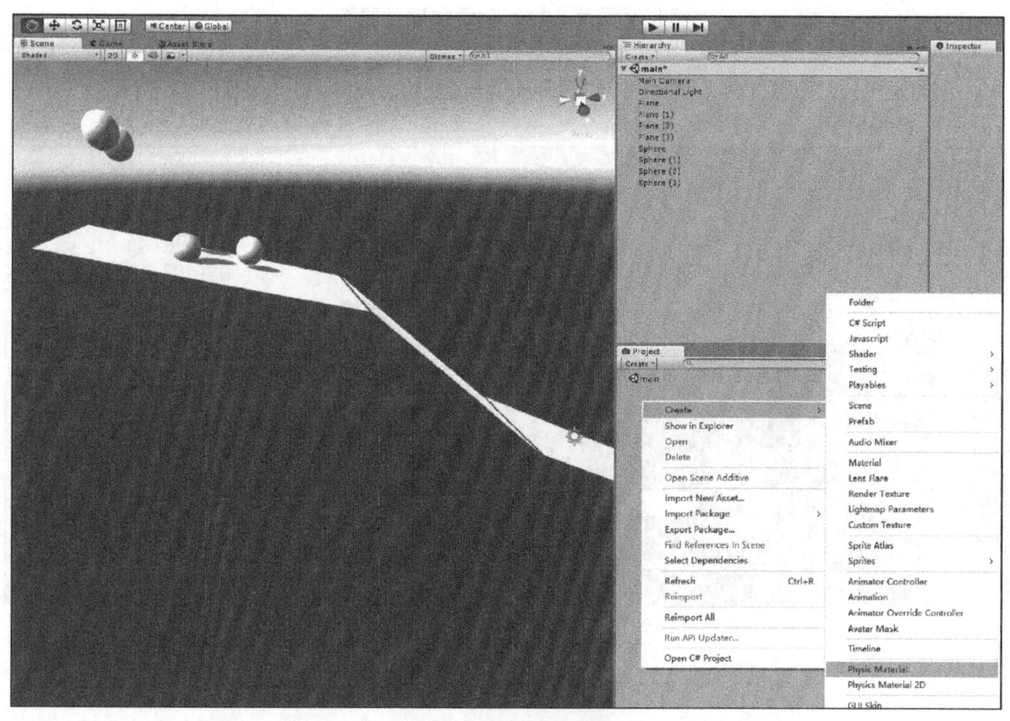

图 8.44　创建物理材质

2）选择创建的物理材质，在“Inspector”面板中设置“Bounciness”（反弹）属性，其属性值在 0～1 之间，数值越大，弹力越大，本例中设置“Bounciness”值为 0.8，“Bounce Combine”（反弹合并）为“Maximum”，如图 8.45 所示。

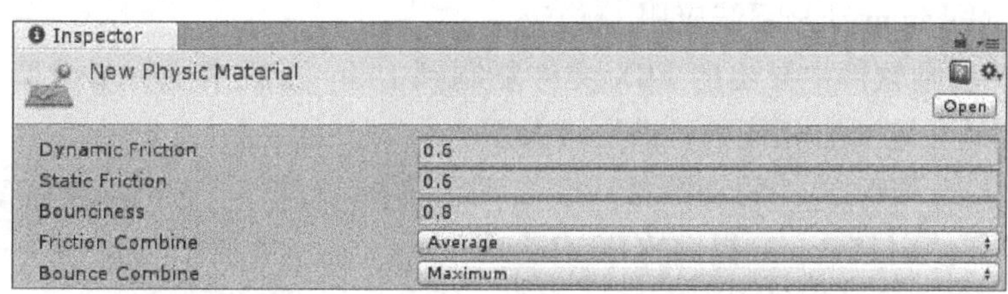

图 8.45　设置反弹属性

3）将“Project”面板中的物理材质文件拖到“Hierarchy”面板中需设置反弹属性的球体对象上，或者选择需设置反弹属性球体，在“Inspector”面板的“Sphere Collider”组件中，单击“Material”右侧的圆按钮选择刚创建的物理材质文件，为小球对象添加反弹属性，如图 8.46 所示。

图 8.46　为小球对象添加反弹属性

4）运行程序，观察球体在滚落和碰撞的过程中的反弹效果，如图 8.47 所示。

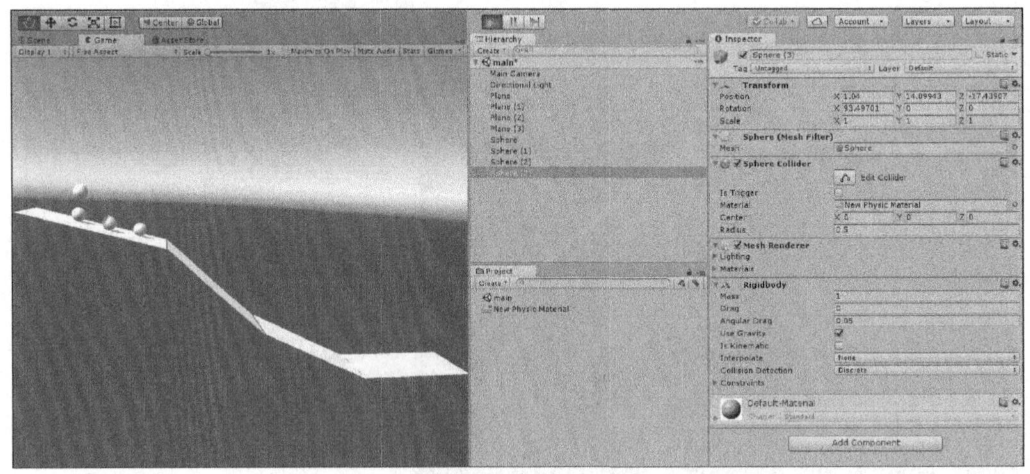

图 8.47　运行效果

8.9　动画系统

Unity 3D 引入了全新的 Mecanim 动画系统，它提供了更强大的功能，使用名为状态机的系统控制动画逻辑，更容易实现动画过渡等功能。

【例 8-7】 Mecanim 动画系统应用。

1）将从 3D 动画软件中导出的 FBX 文件复制到 Unity 工程中。一个模型可以拥有多个动画，模型与动画一定要有相同的骨骼层级关系。

2）默认导入的 FBX 文件的动画格式会自动设为 Generic。如果需要使用 Mecanim 提供的 IK 或动画 retargeting 等功能，还需要将动画类型设为 Humanoid，这是专门针对两足人类动作的一种动画系统，Mecanim 提供的大部分高级功能均只针对这种动画类型，如图 8.48 所示。

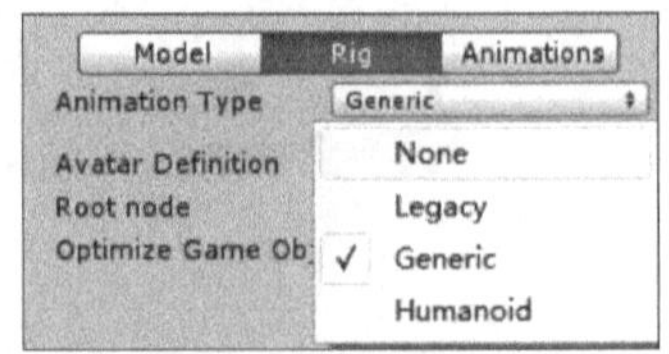

图 8.48　设置动画循环一

3）当将带有动画的 FBX 文件导入 Unity 工程后，如果需要循环播放该动画，只需要选中 Loop Time 即可使其成为一个循环播放的动画，如图 8.49 所示。

4）当动画导入后，在 Project 窗口展开动画文件层级，选择动画，在“Preview”窗口预览动画，如图 8.50 所示。如果动画文件本身没有模型，只需要将模型文件拖放到预览窗口即可。

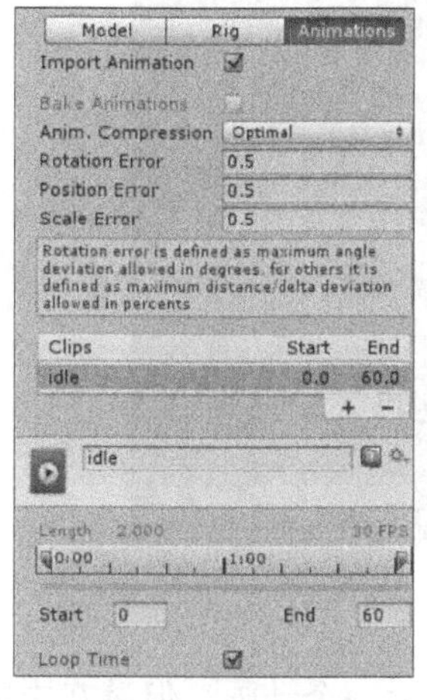

图 8.49　设置动画循环二

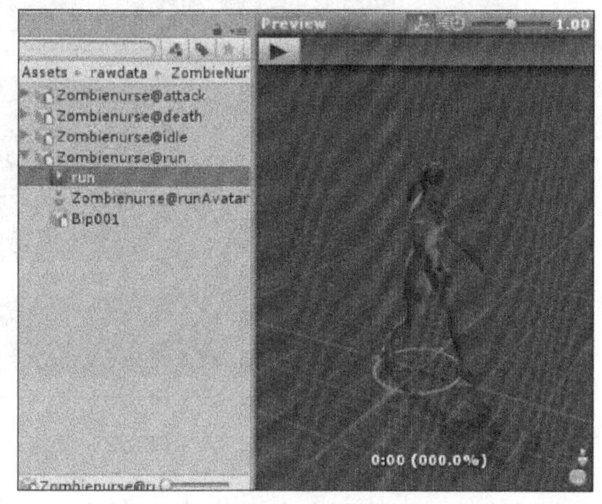

图 8.50　预览动画

5）在 Project 窗口右击，选择“Create”|“Animator Controller”创建一个动画控制器（如果是选择 Legacy 动画模式，不需要创建 Animator Controller）。

6）将包含绑定信息的模型制作成一个 Prefab（预制体），在 Animator 组件的 Controller 中为其指定动画控制器，如果需要使用脚本控制模型位置，取消选择 Apply Root Motion 选项，如图 8.51 所示。

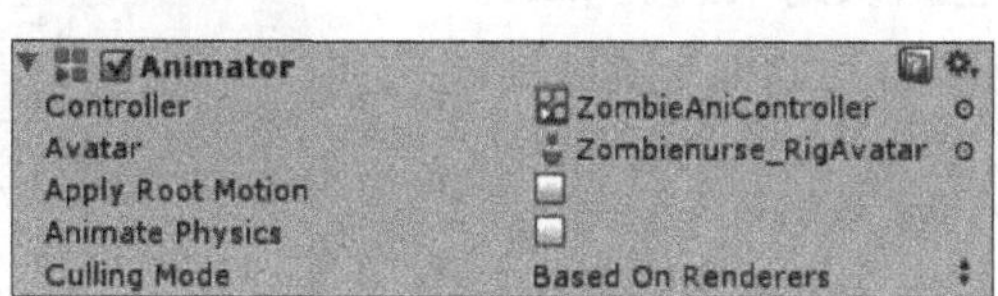

图 8.51　设置动画控制器

7）确定动画控制器处于选择状态，在菜单栏选择“Window”|“Animator”打开 Animator 窗口。

8）如果需要分层动画，比如角色的上半身和下半身分别播放不同的动作，选择左上方 Layers 上的“+”号添加动画层。

9）将与当前模型相关的动画拖入 Animator 窗口（注意这是与不同的动画层对应的）。

10）在“Animator”窗口右键选择“Set As Default”命令，使选中的动画成为默认初始动画。

11）分别选择不同的动画，右击选择“Make Transition”使动画之间产生过渡，由哪个动画过渡到哪个动画取决于游戏的逻辑需求，如图 8.52 所示。

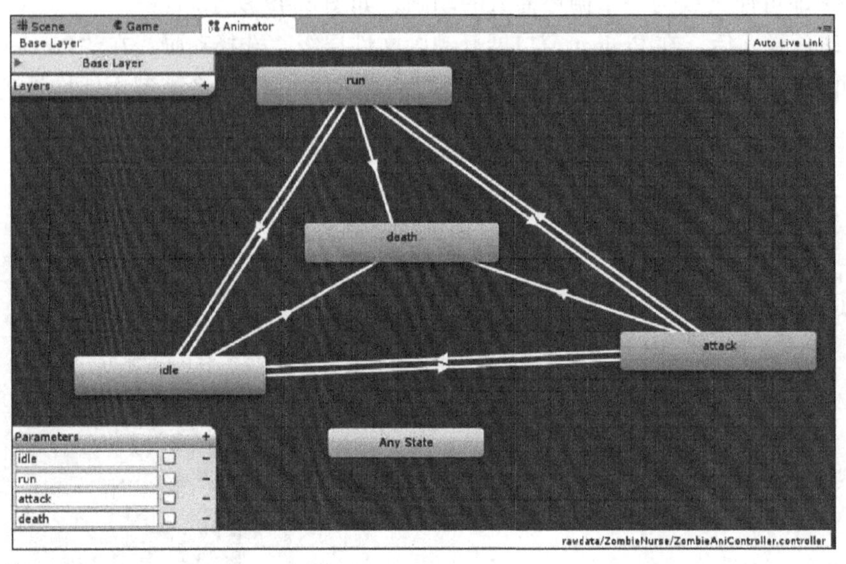

图 8.52　设置动画过渡

现在播放动画，动画会自动从默认动画一直播放到设置的最后一个动画，但游戏中的动画播放往往是由逻辑或操作控制的，比如按一下鼠标左键，播放某个动画。默认的动画过渡是使用时间控制，也可以按条件过渡动画，并使用代码控制。

12）在 Animator 窗口有一个 Parameters 选项，选择“+”号即可创建 Vector、Float、Int 和 bool 类型的数值，每个数值还有一个名字。比如希望从一个名叫 idle 的动画过渡到另一个名叫 run 的动画，这时可以创建一个 bool 类型的值，命名为 idle，它默认的状态是 false。

13）选择 idle 动画到 run 动画之间的过渡线，在 Conditions 中将默认的 Exit Time 改为 run，如图 8.53 所示。

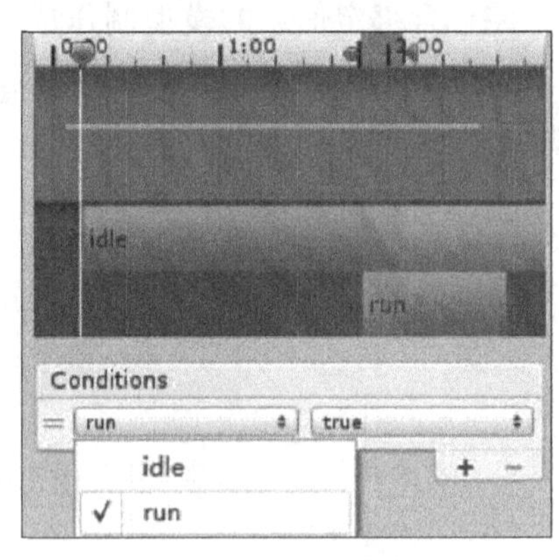

图 8.53　设置动画过渡条件

14）在控制动画播放的代码中，首先要获得 Animator 组件，然后通过 SetBool 将 run 的值设为 true，即从 idle 动画过渡到 run 动画，示例代码如下：

```
Animator m_ani;
    void Start(){
    // 获得动画组件
    m_ani =this.GetComponent<Animator>();}
    void Update(){
    // 获取当前动画状态
```

```
            AnimatorStateInfo stateInfo = m_ani.GetCurrentAnimator-
StateInfo(0);
           // 如果状态处于 idle
            if(stateInfo.nameHash = = Animator.StringToHash("Base
Layer.idle")){
           // 如果按鼠标左键,播放 run 动画
           if(Input.GetMouseButtonUp(0)){
           m_ani.SetBool("run",true);}}
              else
              m_ani.SetBool("idle",false);}
```

Unity 还提供了一个 Animator Override Controller（动画覆盖控制器），它可以继承其他 Animator Controller 的设置但使用不同的动画，这样可以不用重新设置动画的逻辑关系。

8.10 智能机器人的实现

在虚拟现实场景中经常需要实现智能机器人功能，如在虚拟现实场景中模拟人和动物的行为、模拟人体器官内某些细胞的运动等。在 Unity 3D 通过编写脚本可以实现特定对象的自动巡航、定向巡航、发现目标以及追踪目标等功能，从而模拟人、动物或其他对象行为，即实现智能机器人功能。本节示例通过编写脚本实现简单的智能机器人逻辑，包括智能机器人沿立方体节点构造的路线进行定向巡航，以及当指定目标进入侦测范围时智能机器人能够发现并追踪目标。

【例 8-8】 智能机器人的定向巡航及智能追踪。

1）在场景中创建平面和立方体，立方体将作为构造智能机器人巡航路线的节点，调整相机和立方体位置，如图 8.54 所示。

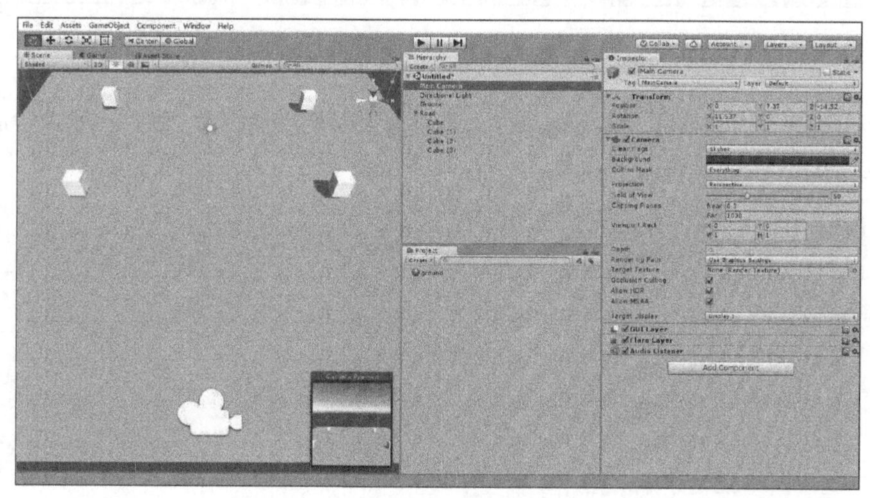

图 8.54 创建场景

2）为立方体添加脚本“WayPoint”，将立方体设置为定向巡航路线的节点，示例代码如下：

```
using UnityEngine;
using System.Collections;
public class WayPoint:MonoBehaviour {
    public WayPoint nextWayPoint;  //定义巡航路线节点
    void OnDrawGizmosSelected(){
        Gizmos.color=Color.green;  //定义路线颜色
        Gizmos.DrawLine(transform.position,nextWayPoint.gameOb-
ject.transform.position);              //绘制巡航路线
    }}
```

3）为每个立方体添加“WayPoint”脚本后，依次设置立方体“Inspector”中“WayPoint”脚本的“Next Way Point”值，使立方体节点依次连接，构成定向巡航路线，如图8.55所示。

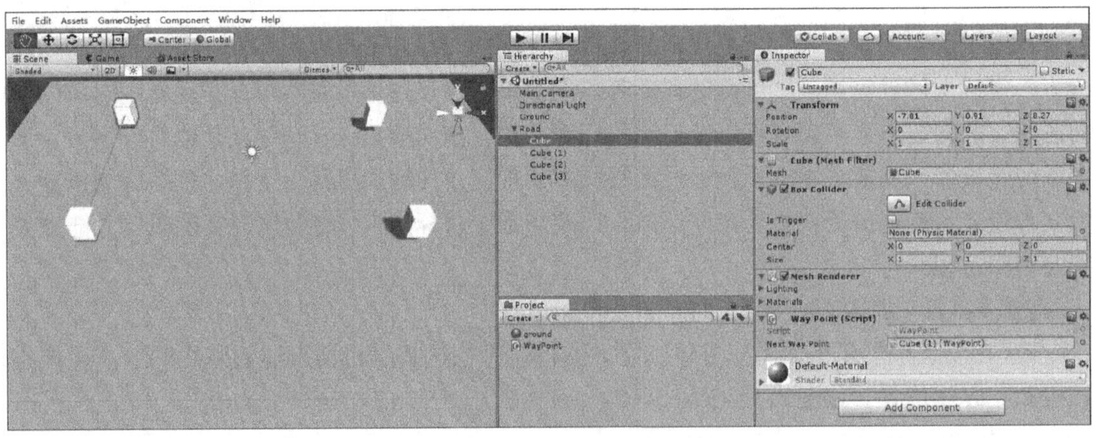

图8.55　设置定向巡航路线

4）创建机器人对象（本例中为小球），为机器人对象添加脚本“AI”，实现定向巡航以及智能追踪功能，示例代码如下：

```
using UnityEngine;
using System.Collections;
public class AI:MonoBehaviour {
    [SerializeField] //保护封装性
    private float speed=3f;  //定义机器人巡航速度
    [SerializeField]
```

```
        private WayPoint targetPoint,startPoint;  //定义机器人巡航起
点和终点
        [SerializeField]
        private Hero mage;  //定义追踪目标
        // Use this for initialization
        void Start(){  //设置机器人巡航路线逻辑
       if (Vector3.Distance (transform.position, startPoint. trans-
form.position) < 1e-2f){
            targetPoint = startPoint.nextWayPoint;
            } else {  targetPoint = startPoint;  }
            StartCoroutine(AINavMesh());  }
        IEnumerator AINavMesh(){  //设置追击逻辑
            while(true){
       if (Vector3.Distance (transform.position, targetPoint. trans-
form.position) < 1e-2f){
            targetPoint = targetPoint.nextWayPoint;
            yield return new WaitForSeconds(2f);  }
      if(mage! = null && Vector3.Distance(transform.position,mage.
gameObject.transform.position) < =6f){
                    Debug.Log("侦测到目标,开始追踪!");
                    yield return StartCoroutine(AIFollowHero());
                }  //当目标在追踪范围内时,发现目标,追踪目标
                Vector3 dir = targetPoint.transform.position-transform.
position;
                transform.Translate(dir.normalized * Time.deltaTime
* speed);
                yield return new WaitForEndOfFrame();
            }  }
        IEnumerator AIFollowHero(){
            while(true){
        if(mage!  = null && Vector3.Distance(transform.position,mage.
gameObject.transform.position) > 6f){
                    Debug.Log("目标已走远,放弃追踪!");
                    yield break;
                }  //当目标超出追踪范围时,放弃追踪,继续巡航
                Vector3 dir = mage.transform.position-transform.po-
sition;
```

```
            transform.Translate(dir.normalized * Time.deltaTime *
speed * 0.8f);
            yield return new WaitForEndOfFrame();
        } } }
```

5）添加脚本后，在机器人对象“Inspector”面板中的“AI”脚本里，分别设置智能机器人的“Speed”（巡航速度）、“Start Point”（起始巡航点）、“Target Point”（目标巡航点）以及“Mage”（追踪目标），如图 8.56 所示。

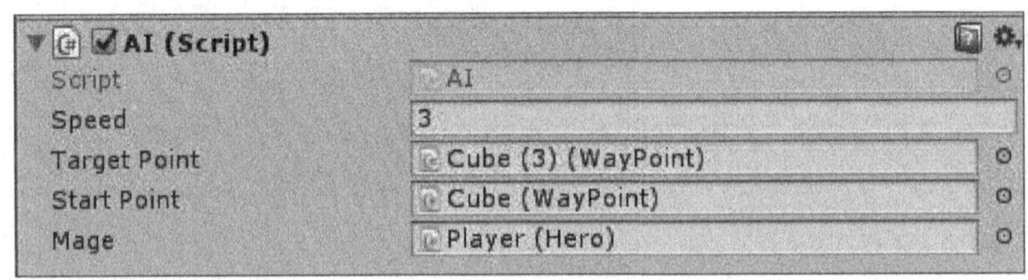

图 8.56　设置智能机器人属性

6）运行程序，机器人按照立方体节点构造路线进行定向巡航，如图 8.57 所示。

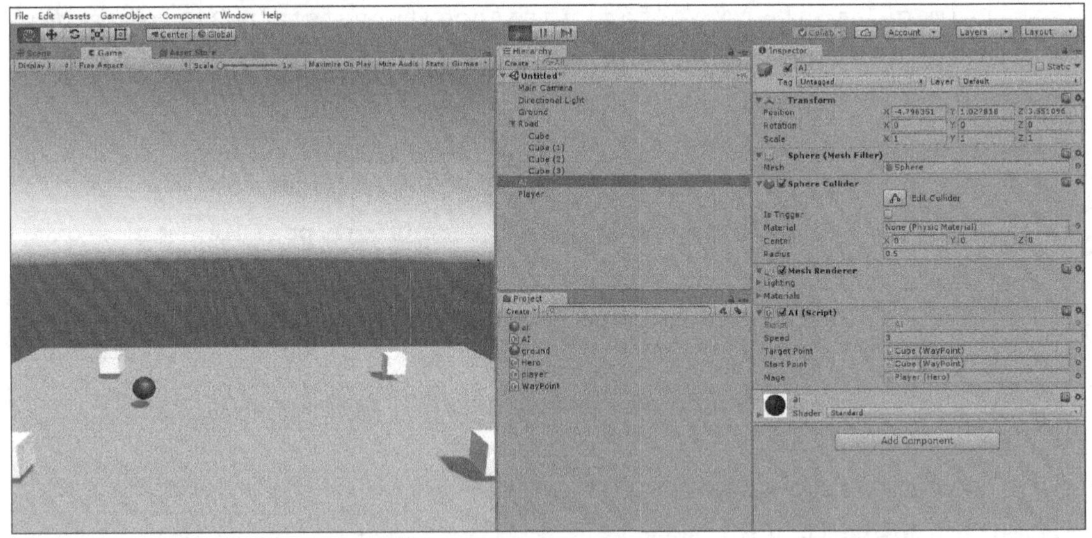

图 8.57　机器人进行定向巡航

7）添加另一个小球对象作为目标对象，为该对象添加“Hero”脚本，“Hero”脚本不用添加新代码，在本示例中起到标记作用，使机器人能够识别该目标。运行程序，当目标不在机器人追踪范围内时，机器人进行定向巡航；当目标进入机器人追踪范围时，机器人能够发现目标并进行追踪；当目标超出机器人追踪范围时，机器人放弃追踪，继续按原路线进行定向巡航，如图 8.58 所示。

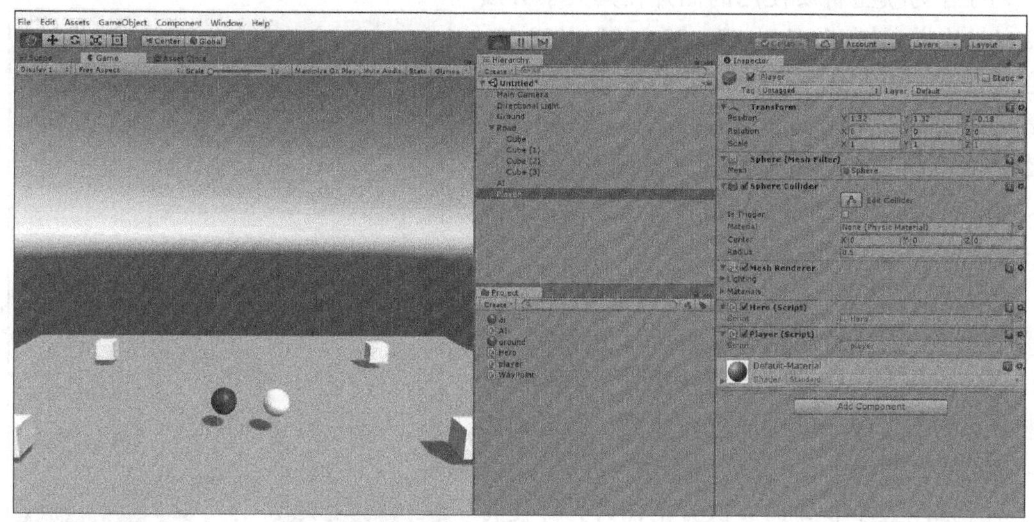

图 8.58　机器人定向巡航及智能追踪

8.11　外部资源

虽然游戏的逻辑需要靠代码实现，但如果没有画面和声音表现，游戏就不够丰富多彩。Unity 中的美术资源主要包括 3D 模型、动画和贴图，同时也支持如 Wave、MP3、Ogg 等音效格式，导入这些资源的方式是一样的，只要将它们复制粘贴到 Unity 工程路径内即可，开发者可以自定义路径结构管理资源，就像在 Windows 资源管理器上操作一样。此外，还可以通过 Unity 3D 的资源商店导入其他开发者上传到共享平台上的模型以及项目等。

Unity 支持多种 3D 模型文件格式，如 3ds Max、Maya 等。大部分情况，可以将 3D 模型从 3D 软件中导出为 FBX 格式到 Unity 中使用。并不是所有导入到 Unity 工程中的资源都会被使用到游戏中，这些资源一定要与关卡文件相关才会被加载到游戏中。除此之外，还有两种方式可以动态地加载资源到游戏中：一种是将资源制作为 AssetBundles 上传到服务器，动态地下载到游戏中；另一种是将资源复制到 Unity 工程中名字为 Resources 的文件夹内，无论是否真的在游戏中使用了它们，这些文件都会被打包到游戏中，可以通过资源的名称动态地读取资源，这种方式更近似于传统的 IO 读取方式。

在 Unity 中还可以创建一种名叫 Prefab 的文件，可以将它理解为一种配置。开发者可以将模型、动画、脚本、物理等各种资源整合到一起，做成一个 Prefab 文件，随时可以重新运用到游戏中的各个部分。

8.11.1　贴图的导入

无论是 2D 游戏还是 3D 游戏，都需要使用大量的图片资源。Unity 支持 PSD、TIFF、JPEG、TGA、PNG、GIF、BMP、IFF、PICT 格式的图片。在大部分情况下，推荐使用 PNG 格式的图片，相比其他格式图片，它的容量更小且有不错的品质。

对于作为模型材质使用的图片，其大小必须是2的n次方，如16×16、32×32、128×128等，单位为像素，通常会将其Texture Type设为默认的Texture类型，将Format设为Compressed模式进行压缩。在不同平台，压缩的方式可能是不同的，可以通过Unity提供的预览功能查看压缩模式和图片压缩后的大小，如图8.59所示。

如果图片将作为UI使用，需要将Texture Type设为GUI。值得注意的是Format的设置，如果使用的图片大小恰好是2的n次方，虽然也可以将其设为Compressed模式进行压缩，但画面质量可能会受到影响。

对于那些大小非2的n次方的图片，即使将其设为Compressed，在手机平台也不会得到任何压缩，这种情况可将其设为16bits试试，如果图像在16bits模式下显得很糟糕，那只能将Format设为32bits，但图片容量会变得很大。

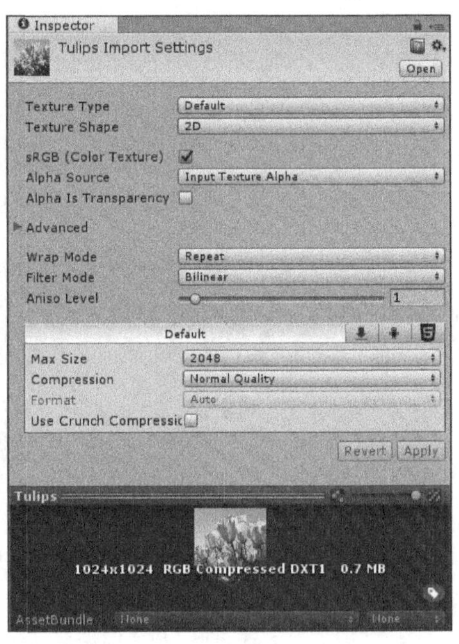

图8.59　将材质类型设置为Texture

8.11.2　3ds Max静态模型的导入

3ds Max是最流行的3D建模、动画软件，可以使用它来完成Unity游戏中的模型或动画，最后将模型或动画导出为FBX格式到Unity中使用。

【例8-9】 3ds Max静态模型的制作和导出。

1）在3ds Max菜单栏选择“自定义”|“单位设置”，将单位设为毫米，如图8.60所示。

2）选择“系统单位设置”，将1 Unit设为1毫米，如图8.61所示。

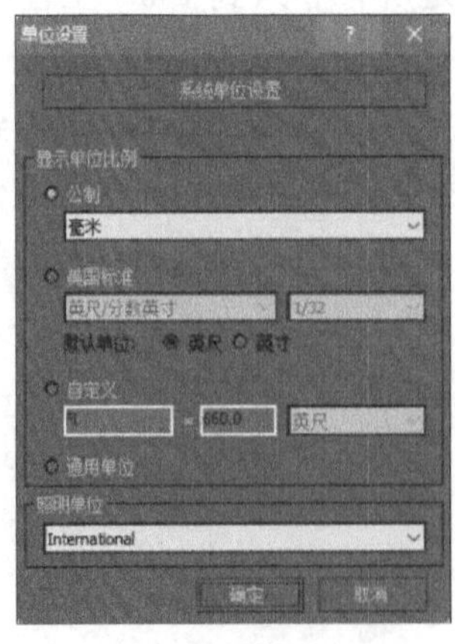

图8.60　设置3ds Max单位一

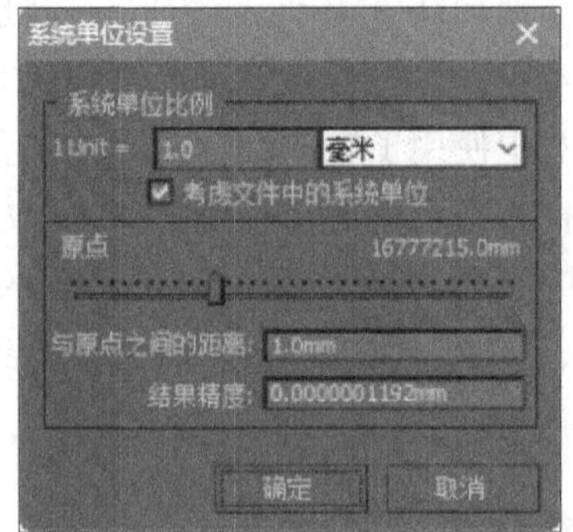

图8.61　设置3ds Max单位二

3）完成模型、贴图的制作，确定模型的正面面向Front视窗。

4）如果没有特别需要，通常将模型的底边中心对齐到世界坐标原点（0，0，0）的位置。方法是确定模型处于选择状态，在 Hierarchy 面板选择“仅影响轴”，将模型轴心点对齐到世界坐标原点（0，0，0）的位置。

5）在 Utilities 面板选择“重置 XForm”，将模型坐标信息初始化。

6）在 Modify 窗口右击，选择 Collapse All 将模型修改信息全部塌陷。

7）按 M 键打开材质编辑器，确定材质名与贴图名一致。

8）选中要导出的模型，在菜单栏选择“文件”|“导出”，选择 FBX 格式，打开导出设置窗口，可保持大部分默认选项，将“场景单位转化”单位设为 Centimeters 且 Y 轴向上，选择“确定”将模型导出，如图 8.62 所示。

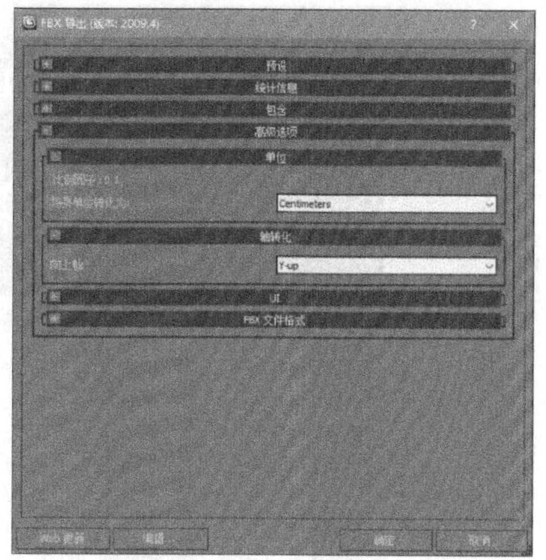

图 8.62　导出设置

9）将导出的模型和贴图复制粘贴到Unity 工程路径 Assets 文件夹内的某个位置即可导入到 Unity 工程中。导入后原来在建模软件中的贴图与模型的关联会丢失，在 Unity 3D 中需要将模型与贴图重新进行关联，关联时只需将贴图文件拖到模型上即可。

8.11.3　3ds Max 动画的导入

动画模型是指那些绑定了骨骼并可以动画的模型，其模型和动画通常需要分别导出，动画模型的创建流程可以先参考前一节步骤 1 ~ 6，然后还需要进行如下操作：

【例 8-10】 3ds Max 动态模型的制作和导出。

1）将材质绑定到模型。

2）创建一个辅助物体（如点物体）放到场景中的任意位置，以使导出的模型和动画的层级结构一致。

3）选择模型（仅导出动画时不需要选择模型）、骨骼和辅助物体，在菜单栏选择“文件”→“导出”命令，选择 FBX 格式，打开“FBX 导出”对话框，勾选“Animation”复选框才能导出绑定动画信息，其他设置与导出静态模型基本相同。

模型文件可以与动画文件分开导出，但模型文件中的骨骼与层级关系一定要与动画文件一致。仅导出动画的时候，不需要选择模型，只需要选择骨骼和辅助物体导出即可。

动画文件的命名需要按“模型名@ 动画名”格式命名，如模型命名为 Player，则动画文件可命名为 Player@ idle、Player@ walk 等。

8.11.4　资源商店中模型的导入

Unity 3D 的资源平台提供了丰富的模型资源和项目资源，包括 3D 模型、动作、声音、项目等。这些资源有收费的，也有免费的，用户可以通过 Unity 3D 中的资源商店下载并导入这些资源。

【例 8-11】 Unity 3D 资源商店中模型的导入。

1）在菜单栏选择“Window”|“Asset Store”打开资源商店窗口，如图 8.63 所示。

图 8.63 Asset Store 窗口

2）在资源商店中选择 3D 模型中的角色分类，并将价格设置为免费，如图 8.64 所示。

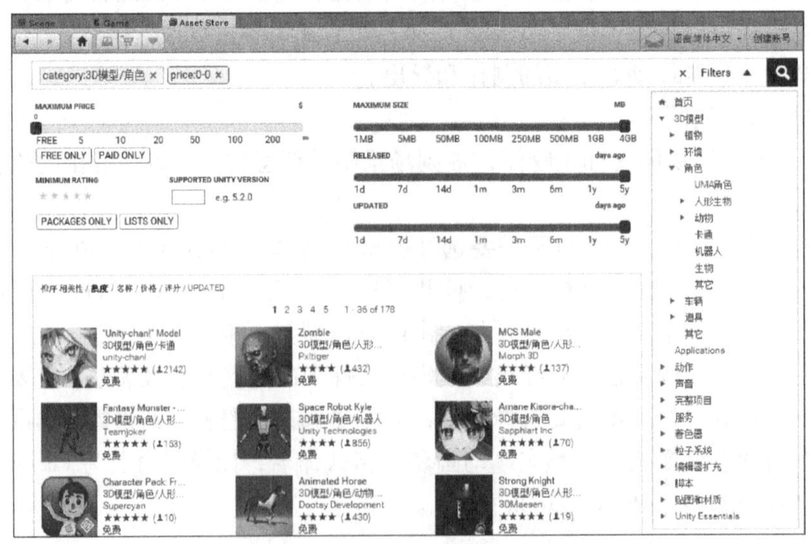

图 8.64 资源商店中的 3D 模型

3）在列表中选择一个模型，进入模型详细界面，可以下载并导入该模型，如图 8.65 所示。

4）单击 Import 后，在 Project 中可以看到导入的资源文件夹，在文件夹中找到该模型，将其拖入到场景中，如图 8.66 所示。

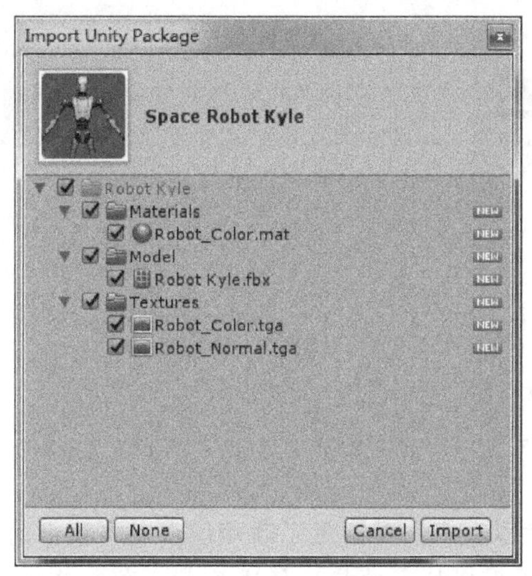

图 8.65　导入模型

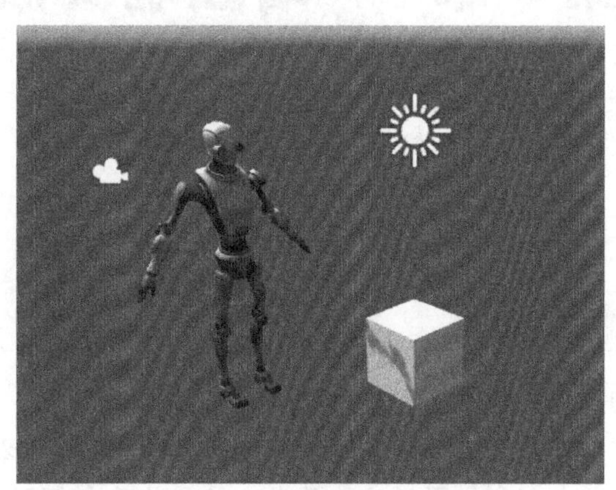
图 8.66　模型导入后效果

本 章 小 结

本章介绍了当前主流的三维开发工具 Unity 3D 和虚幻游戏引擎 4，并以 Unity 3D 为例，首先介绍了 Unity 的安装和激活，并讲解了第一个“Hello Cube”程序；之后逐步介绍了各个模块的基本使用方法，通过示例讲解了光照系统、地形和天空盒以及物理引擎；然后通过实例实现了简单的智能机器人逻辑；最后介绍了在 3D 建模软件导出模型、动画到 Unity 的流程和规范。本章主要是以实例的方式讲解 Unity 3D 技术及其在智能医学方面的应用，通过学习并实践实例内容可以对本章介绍的知识有所了解和运用，进而达到举一反三的目的。

【注释】

1. Director：是美国 Adobe 公司开发的一款软件，主要用于多媒体项目的集成开发。其广泛应用于多媒体光盘、教学、汇报课件、触摸屏软件、网络电影、网络交互式多媒体查询系统、企业多媒体形象展示、游戏和屏幕保护等的开发制作。

2. Torque Game Builder：Torque 是支持必应（Bing）的语音助理应用名。2014 年 10 月由微软公司发布，在任何时候这个应用可在 Android 手机上激活。

3. 脚本：是一条条的文字命令，这些文字命令是可以看到的（如可以用记事本打开查看、编辑），脚本程序在执行时，是由系统的一个解释器将其一条条地翻译成机器可识别的指令，并按程序顺序执行。

4. C#：是微软公司发布的一种面向对象的、运行于 .NET Framework 之上的高级程序设计语言。C#与 Java 有着惊人的相似：它包括了诸如单一继承、接口、与 Java 几乎同样的语法和编译成中间代码再运行的过程。但是 C#与 Java 又有着明显的不同：它借鉴了 Delphi 的一个特点，与 COM（组件对象模型）是直接集成的，而且它是微软公司 .NET Windows 网络框架的主角。

5. JavaScript：一种直译式脚本语言，是一种动态类型、弱类型、基于原型的语言，内置支持类型。它的解释器被称为 JavaScript 引擎，为浏览器的一部分，广泛用于客户端的脚本语言，最早是在 HTML 网页上使用，用来给 HTML 网页增加动态功能。

第 9 章　增强现实概述

导学

内容与要求

本章主要介绍了增强现实技术的发展概况和核心技术，并阐述了移动增强现实技术的相关知识和增强现实的开发工具，最后介绍了增强现实技术的应用领域及未来发展趋势。目的是帮助读者初步理解增强现实技术的整体概念，建立一个完整的知识体系。

增强现实技术概念中要求掌握增强现实技术的定义、特点；了解增强现实技术国内外发展状况；掌握增强现实系统的基本结构；了解增强现实与虚拟现实的联系与区别。

增强现实核心技术中要求掌握显示技术、三维注册技术、标定技术和人机交互技术的概念及原理。

移动增强现实技术中要求掌握移动增强现实技术的概念、特点；了解移动增强现实技术的应用领域。

增强现实的开发工具要求了解增强现实常用的软件开发包 Vuforia。

增强现实的主要应用领域中要求了解增强现实技术在各个领域的应用。

增强现实技术未来发展趋势中要求了解增强现实技术发展的阻碍因素及其未来发展趋势。

重点、难点

本章重点是增强现实技术的基本概念、核心技术以及移动增强现实的概念。难点是对增强现实的核心技术和增强现实开发包 Vuforia 的 AR 开发过程。

增强现实技术是在虚拟现实技术基础上发展起来的一个研究领域。早在 20 世纪 60 年代，就已经有学者提出了增强现实的基本形式，如今只是将构思变成了现实。增强现实技术利用计算机产生的附加信息来对使用者看到的现实世界进行增强，它不会将使用者与周围环境隔离开，而是将计算机生成的虚拟信息叠加到真实场景中，从而实现对现实的增强，使用者看到的是虚拟物体和真实世界的共存。增强现实技术和现代医学的飞速发展以及两者之间的融合使得增强现实技术开始对生物医学领域产生重大影响。

9.1　增强现实的概念

增强现实技术是人机交互技术发展的一个全新方向。它是将虚拟和现实结合的体现，具有实时交互和三维注册的特性。

9.1.1　增强现实定义

增强现实（Augmented Reality，AR）是一种实时地计算摄影机影像的位置及角度并加上相应图像的技术，这种技术的目的是在屏幕上把虚拟世界合成到现实世界并进行互动。简单讲，增强现实是指把计算机产生的图形、文字等信息叠加在真实世界中，用户可以通过叠加后的虚拟信息更好地理解真实世界，即增强现实引入了真实世界，因此它不同于虚拟现实。

增强现实的特征主要有以下 3 个方面：

1. 虚实结合

增强现实技术是在现实环境中加入虚拟对象，可以把计算机产生的虚拟对象与用户所处的真实环境完全融合，从而实现对现实世界的增强，使用户体验到虚拟和现实融合带来的视觉冲击。其目标就是为了使用户感受到虚拟物体呈现的时空与真实世界是一致的，做到虚中有实、实中有虚。

“虚实结合”中的“虚”，是指用于增强的信息。它可以是在融合后的场景中与真实环境共存的虚拟对象，如图 9.1 所示，观察者可以看到虚拟重构出的人体结构，还可以看到真实环境的场景信息。除了具体的虚拟对象外，增强的信息也可以是真实物体的非几何信息，如标注信息、提示等。借助 AR 技术可以在真实环境中获得天气信息、时间，以及距离各个建筑物的远近等信息，如图 9.2 所示。

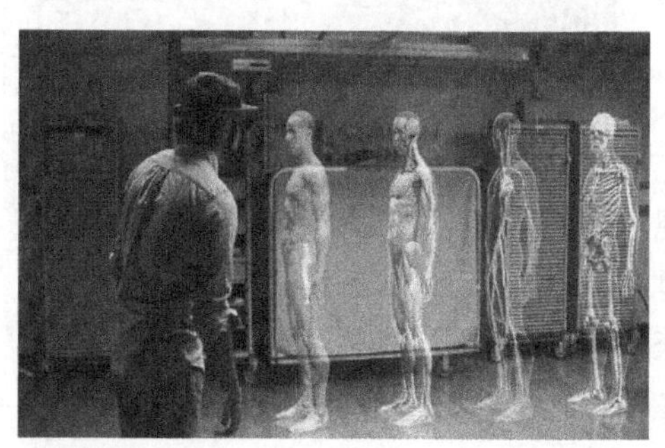

图 9.1　AR 实现人体结构的虚拟重构

图 9.2　AR 在真实场景中叠加辅助信息

2. 实时交互

实时交互是指实现用户与真实世界中的虚拟信息间的自然交互。用户可以使用手部动作与手势控制 3D 模型移动、旋转，以及通过语音、眼动、体感等更多的方式与虚拟对象交互。

增强现实中的虚拟元素可以通过计算机的控制，实现与真实场景的互动融合。虚拟对象可以随着真实场景的物理属性变化而变化，增强的信息不是独立出来的，而是与用户当前的状态融为一体。也就是说，不管用户身处何地，增强现实都能够迅速识别现实世界的事物并在设备中进行合成，并通过传感技术将可视化的信息反馈给用户。

实时交互要求用户能在真实环境中与“增强信息”进行互动。众所周知，心脏解剖结构复杂，涉及心肌组织、血管和传导通路等多方面，必须对其全面掌握才能了解心脏先天发育异常、冠脉血管堵塞等多种疾病的病因。传统的二维图像解剖断面以及模型教学方法都存在着各种不足，借助 AR 技术，可以在模拟操练过程中通过增强现实系统产生的虚拟信息辅助医生和学生更好地判断病情，并做出合理的决策。增强现实辅助医生进行心脏手术如图 9.3 所示。

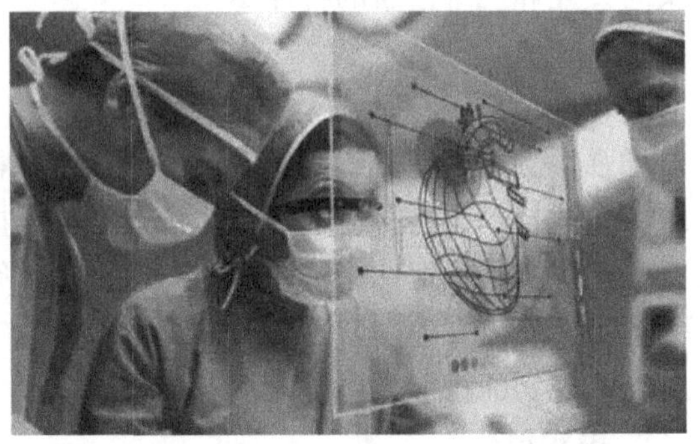

图 9.3　增强现实辅助医生进行心脏手术

3. 三维注册

注册技术是增强现实系统最关键的技术之一，三维注册是指将计算机生成的虚拟物体信息合理地叠加到真实环境中，以保证用户可以得到精确的增强信息。简单来说，三维注册就是定位计算机生成的虚拟物体在真实环境中呈现的位置和方向，相当于虚拟现实系统中跟踪器的作用。其主要强调虚拟物体和现实环境一一对应，维持正确的定位和对准关系。计算机首先得到用户在真实三维空间中的位置信息，然后根据得到的信息实时创建和调整虚拟信息所要呈现出来的位置，当用户位置发生变化时，计算机也要实时获取变化后的位置信息，再次计算出虚拟信息应该呈现的正确位置。

2017 年，广东一所高校已将 AR 技术应用于解剖课程，学生或教师借助平板中 AR 程序扫描人体骨架，可以在移动端看到与之对应的肌肉信息，如图 9.4 所示。三维注册要做的就是将计算机产生的虚拟的肌肉组织正确地定位在真实环境中人体骨架附近区域。

图 9.4　AR 技术应用于解剖课程

在更深层次上，AR 创建了一种新的信息呈现范式，这将深刻影响互联网数据构建、管理和呈现的方式。尽管网络改变了信息收集、传输和获取的方式，但目前数据储存和呈现的方式依然在 2D 屏幕上，因此仍有不少局限。它要求人们先在脑海中翻译 2D 信息，然后才能应用到 3D 世界中。如果可以将数据信息投射到真实的物体和环境中，人们就能通过 AR 同时处理数字和物理信息，无须再对两种信息进行相互转换，这大大提升了人们接收信息、决策和执行的速度和效率。

概括来说，可以从以下 6 个层面更好地解释增强现实技术的概念：

(1) 情感分析　扫描一个或是一群人，然后运行一个 APP 来分析他们的身体语言、微表情、语言以及行为，之后获得实时反馈，知晓这个人或是这群人当前的感觉、反应，从而根据他们的反应做出相应的调整。

(2) 面部识别　扫描一个人的面部，再与已存在的身份数据库比对，从而识别出这个人的姓名以及各种信息。

(3) 目标识别　使用计算机视觉来探测并确认目标物体，然后追踪它的物理位置。这也包括了分析 AR 使用者当前位置与目标物体的距离。

（4）信息增益与显示　一旦一个物体或是人物被识别，系统就将自动搜索其相关信息并展示在 AR 使用者的面前。

（5）从移动手机转移到 AR 头显　AR 能够将用户的注意力从手机移动到头显。未来，所有能用手机以及任何显示设备做到的事都将能用 AR 做到。

（6）处理、传感以及扫描　AR 设备将包含它们自己的生产装置。在初期，它们会很大、笨重，并且会以头显的形式出现。但将来它们势必会往更小、更轻便的方向发展。它们也将能追踪使用者的动作以及位置，从而快速地对佩戴者以及当前环境进行 3D 扫描。

9.1.2　增强现实的发展状况

1. 国外发展状况

1962 年，电影摄影师 Morton Heilig 设计了一种称为“Sensorama”摩托车仿真器，这是已知最早的具有沉浸感并有视觉、听觉、振动和味觉等多种传感技术的案例之一。

1968 年，计算机图形学之父 Ivan Sutherland 建立了最早的 AR 系统模型。

20 世纪 80 年代，美国的阿姆斯特朗实验室、NASA 埃姆斯研究中心、北卡罗来纳大学等都投入了大量的研究人员进行增强现实技术的研究。

20 世纪 90 年代，美国波音公司开发出了试验性的增强现实系统，该系统主要为工人组装线路时提供技术辅助。

1998 年，AR 第一次用于直播。在实况橄榄球直播中，首次实现了“第一次进攻”黄色线在电视屏幕上的可视化。现在观众每次看游泳比赛时，每个泳道会显示选手的名字、国旗以及排名，其实这也是应用了 AR 技术。

1999 年，第一个 AR 开源框架 ARToolKit 问世，它是由奈良先端科学技术学院的加藤弘一教授和 Mark Billinghurst 共同开发的。直到今天，ARToolKit 依然是最流行的 AR 开源框架，支持几乎所有主流平台。

2005 年，ARToolKit 与软件开发工具包（SDK）相结合，为早期的塞班智能手机提供服务。开发者通过 SDK 启用 ARToolKit 的视频跟踪功能，可以实时计算出手机摄像头与真实环境中特定标志之间的相对方位。这种技术被看作是 AR 技术的一场革命，目前在 Andriod 以及 iOS 设备中，ARToolKit 仍有应用。

2009 年，平面媒体杂志首次应用 AR 技术。

2012 年，谷歌 AR 眼镜出现增强现实的头戴式现实设备，可以将智能手机的信息投射到用户眼前，通过该设备也可直接进行通信。当然，谷歌眼镜远没有成为增强现实技术的变革者，但其重燃了公众对增强现实的兴趣。

2014 年 4 月 15 日，Google Glass 正式开放网上订购。

2015 年，由任天堂公司、Pokémon 公司授权，Niantic 负责开发和运营的一款 AR 手游“Pokémon GO”问世。在这款 AR 类的宠物养成对战游戏中，玩家捕捉现实世界中出现的宠物小精灵，进行培养、交换以及战斗。

2017 年 6 月 6 日，苹果宣布在 iOS11 中带来了全新的增强现实组件 ARKit，该应用适用于 iPhone 和 iPad 平台，使得 iPhone 一跃成为全球最大的 AR 平台。

目前，国外从事 AR 技术研究的高校有美国的麻省理工学院的图像导航外科手术室、哥伦比亚大学的图形和用户交互实验室、日本的混合现实实验室等。从事增强现实技术研究的企业有德国的西门子公司、美国的施乐公司、日本的索尼公司等。

2. 国内发展现状

随着国外 AR 技术研究高潮的不断迭起，我国的许多高校和科研院所也逐渐加入到 AR 技术研究队伍中。但总的来看，目前国内在增强现实方面的研究还处于起步阶段。

例如，北京理工大学自主研制了视频、光学穿透式两类头盔显示器，采用彩色标志点与无标志点对增强现实系统进行注册，研究了 AR 系统中的光照模型等问题；此外，圆明园数字重建项目在户外增强现实应用上也取得了较好的效果；浙江大学将增强现实技术应用于外科手术导航；北京大学开展了地理信息系统与增强现实技术结合的研究；华中科技大学对 AR 的注册原理进行了研究，开发了 AR 原型系统；武汉大学在室内实现了管网三维增强现实可视化，并对 AR 系统的户外应用进行了探讨。

9.1.3 增强现实的基本结构

增强现实系统的研究涉及多学科背景，包括计算机图形处理、人机交互、信息三维可视化、新型显示器、传感器设计、无线网络等。

一个完整的增强现实系统通常由虚拟图形渲染模块、摄像机跟踪定位模块、三维注册模块和显示模块 4 部分组成，如图 9.5 所示。这 4 部分构成了 AR 技术的整体，缺一不可：虚拟图形渲染模块是为 AR 系统提供虚拟图像，作为对现实世界的一个补充；摄像机跟踪定位模块是确定摄像机或头盔显示器等显示设备在真实世界中的方向和位置姿态等信息；三维注册模块是确定渲染的虚拟图像与真实世界中物体或场景的一个位置关系，确定如何使虚实场景能够无缝结合；显示模块是将虚拟图像与真实场景在头盔显示器或摄像机等显示设备上展现出来。

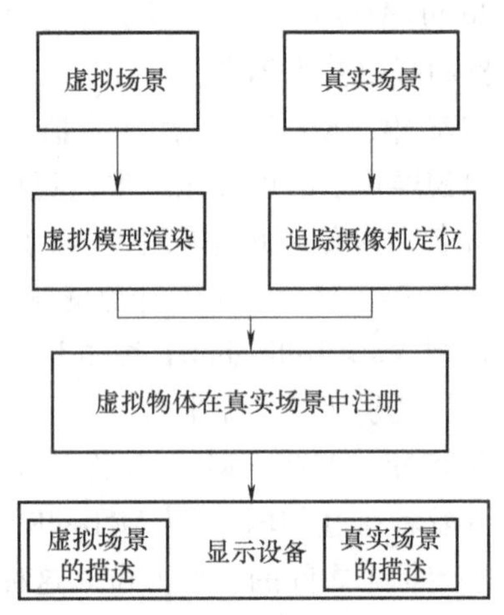

图 9.5　增强现实系统基本功能结构图

1）虚拟场景渲染模块为 AR 系统提供虚拟图形。通常会有专门负责虚拟图形生成的模块事先生成相关的虚拟图形，当真实场景发生变化时，再从该模块中调用与真实场景相匹配的虚拟图形进行显示。因此，虚拟场景渲染模块需要事先准备大量的虚拟图形，并且对周围环境有很好的了解。

2）摄像机跟踪定位是确定显示设备在真实环境中的经纬度信息与位置姿态信息，同时获取显示设备里的各种参数信息。目的是为了便于三维注册时更好地确定虚拟图形与真实场景的位置关系。显示设备跟踪定位是 AR 系统中非常重要的组成部分。

3）三维注册模块是 AR 系统中核心和关键的部分。这部分将虚拟图形映射到真实场景的合适位置，当显示设备在空间随意移动时，虚拟图形能够随之变换大小、形状和角度等。不论从任意角度观察，虚拟图形和真实场景中的物体都必须保持几何空间的一致性。

4）显示模块是将虚拟图形和真实场景在摄像机或头盔显示器等显示设备上进行显示。

要能正确显示，必须知道世界坐标系、摄像机坐标系和图像坐标系之间的关系。此外，三维渲染技术的好坏也是一个直接决定是否能够给用户提供真实体验的重要因素。在 AR 系统中，显示模块所展示的内容是用户可以直观感受到的。

9.1.4　增强现实与虚拟现实的联系与区别

增强现实与虚拟现实两者联系非常密切，均涉及了计算机视觉、图形学、图像处理、多传感器技术、显示技术、人机交互技术等领域。

1. 增强现实与虚拟现实的联系

AR 与 VR 有很多相似点，具体体现在以下 3 个方面：

（1）两者都需要计算机生成相应的虚拟信息　VR 看到的场景和人物全是虚拟的，是把人的意识带入一个虚拟的世界，完全沉浸在虚构的数字环境中。AR 看到的场景和人物一部分是虚拟的、一部分是真实的，是把虚拟的信息带入到现实世界中。因此，两者都需要计算机生成相应的虚拟信息。

（2）两者都需要用户使用显示设备　VR 和 AR 都需要用户使用头盔显示器或者类似的显示设备，才能将计算机产生的虚拟信息呈现在眼前。

（3）使用者都需要与虚拟信息进行实时交互　不管是 VR 还是 AR，使用者都需要通过相应设备与计算机产生的虚拟信息进行实时交互。

2. 增强现实与虚拟现实的区别

尽管 AR 与 VR 具有不可分割的联系，但是两者之间的区别也显而易见，主要体现在以下 3 个方面：

（1）对于沉浸感的要求不同　VR 系统强调用户在虚拟环境中的完全沉浸，强调将用户的感官与现实世界隔离，由此而沉浸在一个完全由计算机构建的虚拟环境中，通常采用的显示设备是沉浸式头盔显示器，如图 9.6a 所示；与 VR 不同，AR 系统不仅不与现实环境隔离，而且强调用户在现实世界的存在性，致力于将计算机产生的虚拟环境与真实环境融为一体，从而增强用户对真实环境的理解，通常采用透视式头盔显示器，如图 9.6b 所示。

a) VR沉浸式头盔显示器

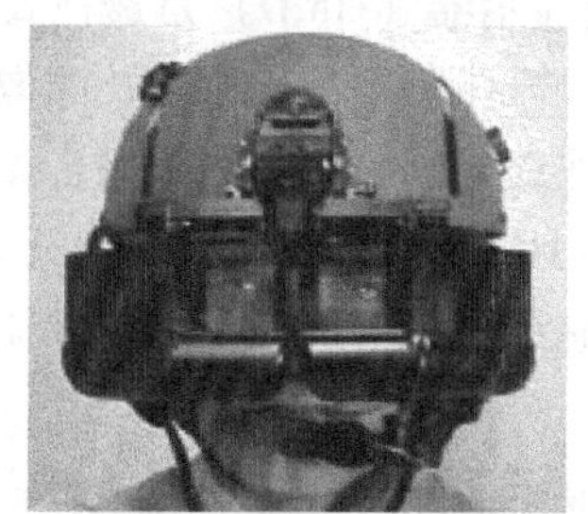

b) AR透视式头盔显示器

图 9.6　VR 沉浸式头盔显示器和 AR 透视式头盔显示器

（2）对于系统计算能力的要求不同　在 VR 系统中，要求使用计算机构建整个虚拟场景，并且用户需要与虚拟场景进行实时交互，系统的计算量非常大；而在 AR 系统中，只是对真实环境的增强，不需要构建整个虚拟场景，只需对虚拟物体进行渲染处理，完成虚拟物体与真实环境的注册，对于真实场景无需太多处理，因此大大降低了计算量和成本。

（3）侧重的应用领域不同　VR 系统强调用户在虚拟环境中感官的完全沉浸，利用这一技术可以模仿许多高成本的、危险的真实环境，因此主要应用在娱乐和艺术、虚拟教育、军事仿真训练、数据和模型的可视化、工程设计、城市规划等方面；AR 系统是利用附加信息增强使用者对真实世界的感官认识，因此其应用侧重于娱乐、辅助教学与培训、军事侦察及作战指挥、医疗研究与解剖训练、精密仪器制造与维修、远程机器人控制等领域。

总之，AR 相比 VR 的优势主要在于较低的硬件要求，无需依赖强大的计算设备；而 VR 的实现不仅需要较高硬件的设备支持，同时还依赖于人工智能、图像处理等各种技术。由于 AR 与 VR 的应用场景不同，因此未来两种技术都将有无限的市场潜力。

9.2　增强现实的核心技术

增强现实技术是将原本在真实世界中的实体信息，通过一些计算机技术叠加到真实世界中来被人类感官所感知，从而达到超越现实的感官体验。为了获得更好的感官体验，必须有各种技术的支持，增强现实的核心技术主要有显示技术、三维注册技术、标定技术、人机交互技术等。

9.2.1　显示技术

人类从周围环境获取的信息 80% 都是从视觉中获取的，视觉是最直观的交互方式。因此，显示技术在 AR 系统的关键技术中占有非常重要的地位。增强现实的目的就是通过虚拟信息与真实场景的融合，使用户获得丰富的信息和感知体验。虚实融合后的效果要想逼真地展示出来，必须要有高效率的显示技术。目前，根据显示设备不同可以把增强现实系统的显示技术分为头盔显示器显示、手持显示器显示、投影式显示。

1. 头盔显示器显示

AR 中的头盔显示器（HMD）是透视式的。透视式头盔显示器由 3 个部分组成，即真实环境显示通道、虚拟环境显示通道以及图像融合显示通道。虚拟环境显示通道和沉浸式头盔显示器的显示原理是一样的，而图像融合显示通道主要与用户交互，它和周围世界的表现形式有关。AR 中的 HMD 与 VR 中的 HMD 不同；AR 中的 HMD 将现实世界和虚拟信息两个通道的画面叠加后显示给用户；VR 中的 HMD 将现实世界隔离，用户只能看到虚拟世界中的信息。

透视式头盔显示器分两种：视频透视式头盔显示器和光学透视式头盔显示器，下面进行简要介绍。

（1）视频透视式头盔显示器　视频透视式 HMD 显示技术的实现原理，如图 9.7a 所示。首先通过摄像机拍摄真实世界的视频图像送入视频图像叠加器，并与场景生成器生成的虚拟图像相互叠加，从而实现虚实场景的融合，最后通过显示系统将虚实融合后的场景呈现给用户，视频透视式 HMD 实物图如图 9.7b 所示。

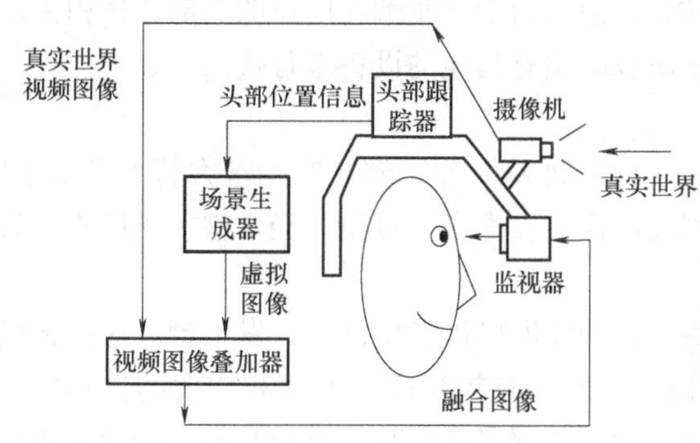

a) 视频透视式头盔显示器原理图

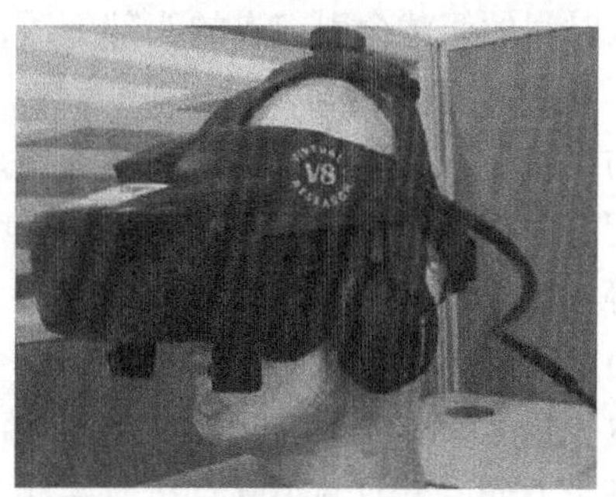
b) 视频透视式头盔显示器实物图

图 9.7 视频透视式头盔显示器原理图和实物图

在视频透视式头盔显示器中，由于摄像机与人眼的实际视点在物理上不可能完全一致，可能导致用户看到的视频景象与真实景象会存在偏差，因此，对于视频透视式头盔显示器来说，最重要的难点在于摄像机与用户观察视点的匹配。如果不匹配，就会形成视觉效果与本体感觉的差异。尽管心理学研究表明，人对这种感觉差异能够很快适应，但其后所产生的效应也不容忽视。

（2）光学透视式头盔显示器　光学透视式头盔显示器实现原理如图 9.8a 所示。通过在用户的眼前放置一块光学融合器完成虚实场景的融合，再将融合后的场景呈现给用户。光学融合器是部分透明的，用户透过它可以直接看到真实的环境；光学融合器又是部分反射的，用户可以从头上戴的监视器反射到融合器上产生虚拟的图像。利用光学融合器的反射原理，用户能够看到虚拟图形和真实场景相互融合后的画面，这个画面是没有经过图像处理的。光学透视式头盔显示器实物图如图 9.8b 所示。

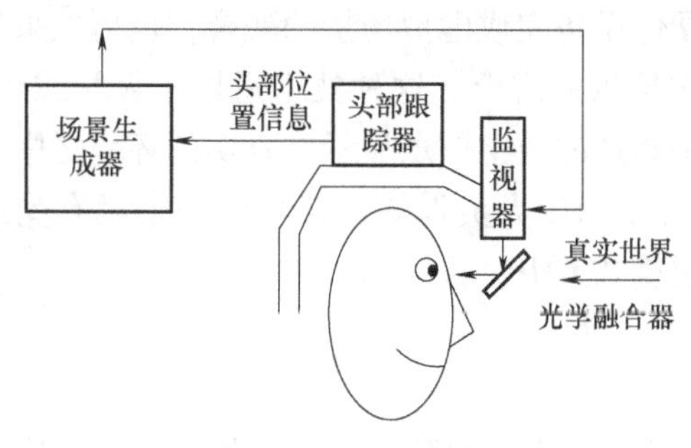

a) 光学透视式头盔显示器原理图

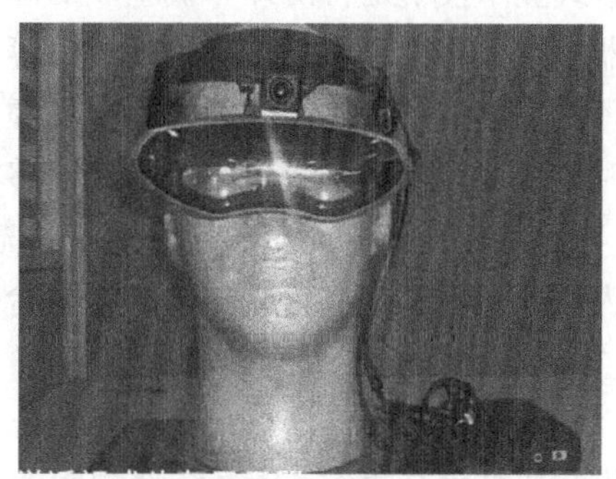
b) 光学透视式头盔显示器实物图

图 9.8 光学透视式头盔显示器原理图和实物图

光学透视式头盔显示器的缺点是虚拟融合的真实感较差，因为光学融合器既允许真实环境中的光线通过，又允许虚拟环境中的光线通过，这导致计算机生成的虚拟物体不能完全遮挡住真实场景中的物体，这使得注册的虚拟物体呈现出半透明的状态，从而破坏了真实景象与虚拟场景融合的真实感。光学透视式头盔显示器也具有许多优点，如结构简单、价格低廉、安全性好以及不需要视觉偏差补偿等。

头盔显示器能够呈现出很好的视觉体验，但是由于其佩戴在用户的头部，体积大、较笨重，长时间的佩戴会引起人的头部不适，所以必须有其他的设备来替代。

2. 手持式显示器显示

与头盔显示器不同，手持式显示器是一种平面LCD显示器。它的最大特点是易于携带，其应用不需要额外的设备和应用程序，因此广泛地被大众所接受，经常被用于广告、教育和培训等方面。

目前，智能手机、PDA等移动设备为AR的发展提供了良好的开发平台。这些智能终端具有内置摄像头、内置GPS和内置传感器，同时具有较高的清晰度和较大的显示屏，体积小、携带方便，普及性很高。虽然手持式显示器克服了头盔显示器的缺点，避免了用户佩戴头盔带来的不适感，但是它的沉浸感有待提高。

AR在手持设备中的应用主要分为两种：一种是定位服务相关，如Layar Reality Browser是全球第一款AR技术实现的手机浏览器。当用户将其对准某个方向时，软件会根据GPS、电子罗盘的定位等信息为用户显示环境的详细信息，并且还可以显示周边房屋出租、酒店及餐馆的折扣信息等。目前，该应用已在全球各地的Android手机上使用，典型的AR手机浏览器Layar如图9.9所示。另外一种主要是与各种识别技术相关，如TAT Augmented ID。其应用人脸识别技术来确认镜头前人的具体身份，然后通过互联网获得更多该人的信息。

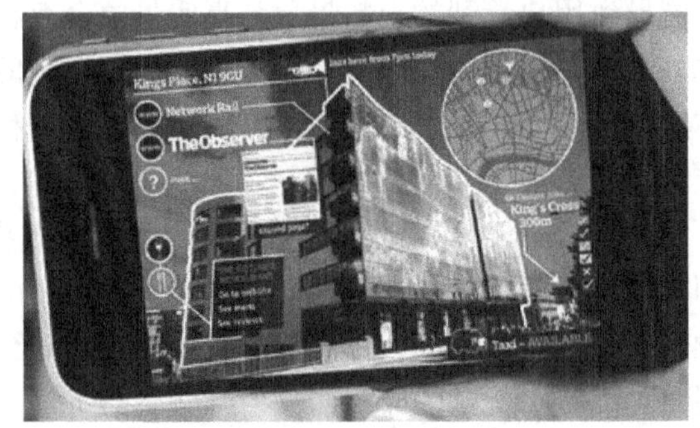

图9.9　AR手机浏览器Layar

3. 投影式显示

投影式显示技术是将由计算机生成的虚拟信息直接投影到真实场景上进行增强。基于投影显示器的增强现实系统可以借助投影仪等硬件设备完成虚拟场景的融合，也可以采用图像折射原理，使用某些特点的光学设备实现虚实场景的融合。这种技术适用于大学或图书馆，可以同时为一群人提供增强现实信息，能够将虚拟的数字信息显示在真实的环境之中。日本Chuo大学研究出的PARTNER增强现实系统可以用于人员训练，并且使一个没有受过训练的试验人员通过系统的提示成功拆卸了一台便携式OHP。

9.2.2　三维注册技术

三维注册技术是决定AR系统性能优劣的关键技术。跟踪定位技术的优劣直接影响虚拟图像能否准确叠加到真实环境中。为了实现虚拟信息和真实环境的无缝结合，必须将虚拟信息显示在现实世界中的正确位置，这个定位过程就是注册（Registration）。

三维注册的目的是准确计算摄像机的位置与姿态，使虚拟物体能够正确“放置”在真实场景中。通过跟踪摄像机的运动计算出用户当前视线方向，根据这个方向确定虚拟物体坐标系与真实环境的坐标系之间的关系，最终将虚拟物体正确叠加到真实环境中。因此，解决三维注册问题的关键就是要明确不同坐标系统之间的关系。涉及的几个坐标系描述见表9.1，AR中各坐标的关系如图9.10所示。

表 9.1　各坐标系描述

坐标系名称	坐标系描述
世界坐标系 ($O_w - X_w Y_w Z_w$)	由于摄像机存在于真实世界中，因此需要使用一个基准坐标系来表示它和空间中的任意点在真实世界中的位置，这个坐标系为世界坐标系（又称绝对坐标系）
图像坐标系（$O_i - XY$）	原点是光轴与成像平面的交点，X 轴和 Y 轴分别和 X_c、Y_c 重合
摄像机坐标系（$O_c - X_c Y_c Z_c$）	原点位于光学中心，Z 轴与光轴重合

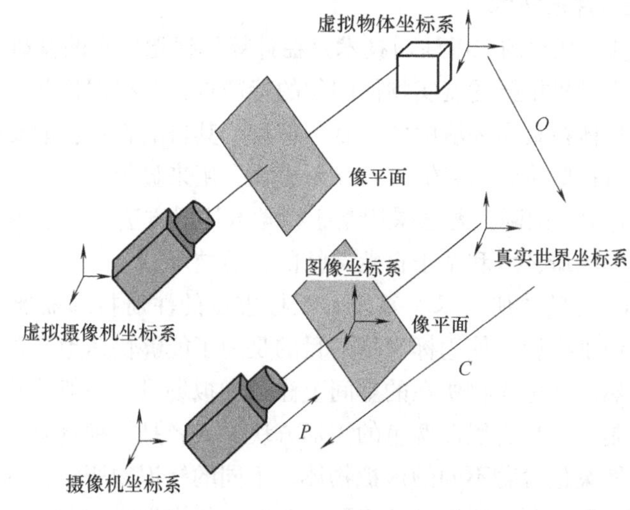

图 9.10　三维注册坐标系关系图

在目前的 AR 系统中，根据三维注册技术可以分为 3 类：基于硬件跟踪设备的三维注册技术、基于视觉的三维注册技术和混合注册技术，如图 9.11 所示。

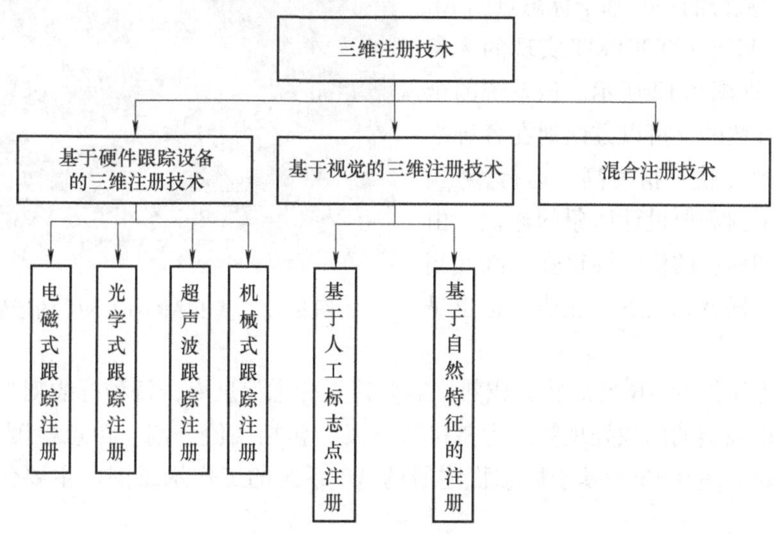

图 9.11　三维注册技术分类

1. 基于硬件跟踪设备的三维注册技术

早期的 AR 系统普遍采用惯性、超声波、无线电波、光学式等传感器对摄像机进行跟踪定位。这些技术在 VR 应用中已经得到了广泛的发展。

这类跟踪注册技术虽然速度较快，但是大都采用一些大型设备，价格昂贵，且容易受到周围环境的影响，如超声波式跟踪系统易受环境噪声、湿度等因素影响，因此无法提供 AR 系统所需的精确性和轻便性。基于硬件跟踪设备的注册几乎不可能单独使用，通常与视觉注册方法结合起来实现稳定的跟踪。

2. 基于视觉的三维注册技术

在 AR 系统中，基于视觉的三维注册技术是在计算机视觉技术的基础上发展起来的，它是通过计算机检测出摄像机拍摄的真实物体图像的特征点，并根据这些特征点确定所要添加的虚拟物体以及虚拟物体在真实环境中的位置等信息。其目的就是获取虚拟物体在真实场景中的位置，并实时地将这些位置信息输入到显示模块，用来显示。

近年来在 AR 研究中，国际上普遍采用基于视觉的注册方法。基于视觉的注册方法主要分为基于人工标志点的注册技术和基于自然特征的注册技术。

（1）基于人工标志点的注册技术　基于人工标志点的注册技术需要在真实场景中事先放置一个标识物作为识别标识。使用标识物的目的是为了能够快速地在复杂的真实场景中检测出标识物的存在，然后在标识物所在的空间上注册虚拟场景。一般检测中使用的标识物非常简单，标识物可能是一个只有黑白两色的矩形方块，或者是一种具有特殊几何形状的人工标识物，标识物上的图案包含着不同的虚拟物体，不同的标识物所包含的信息也不相同，提取标识物的方法也不相同，所以应合理地选取人工标识物来提高识别结果的准确性。

当前已经有多个基于标志点进行跟踪注册的开发包，典型代表是由美国华盛顿大学与日本广岛城市大学联合开发的 ARTOOLKIT，它是目前国外比较流行的一套基于标志点的 AR 系统开发工具。基于 ARTOOLKIT 实现的牙齿 AR 模型效果，如图 9.12 所示。该系统的全部源代码都是开放的，可以方便地在各种平台编译配置，速度快、精度高、运行稳定。开发人员可以根据需要设计形象的标识。由于该方法对已知标识的依赖性很强，因此当标识被遮挡的时候就无法进行注册，这也是它的不足之处。

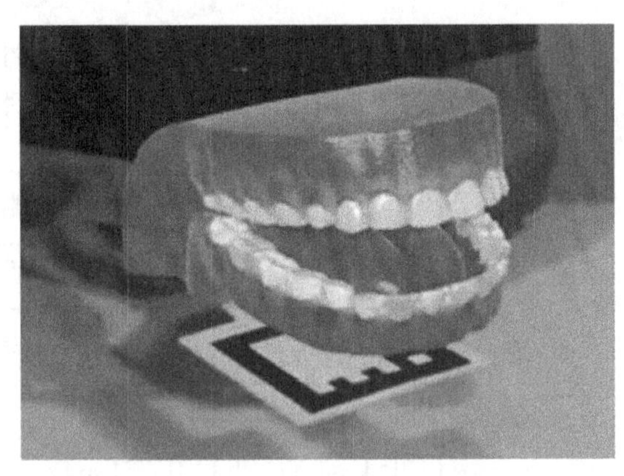

图 9.12　基于 ARTOOLKIT 的牙齿模型

基于标志点识别的 AR 发展较为成熟，需要建立标志信息库，每种标志对应特定的相关信息，通常是以底层的图像处理算法为基础来开发，包括阈值分割、角点检测、边缘检测、图像匹配等运算。图 9.13 为基于标志物注册的 AR 系统的工作示意图。主要包括以下几个过程：

1）采集视频流。用摄像机捕获视频，并传入计算机。

2）标识物检测。获取视频流并对其进行二值化处理，目的是将可能的标识物区域和背景区域分隔开，缩小标识的搜索范围。然后进行角点检测和连通区域分析，找出可能的标识物候选区域，便于下一步进行匹配。

3）模板匹配。将标识候选区域与事先保存好的标识模板进行匹配。

4）位姿计算。根据相机参数、标识物空间位置与成像点的对应关系，通过数学运算计算出标识物相对于摄像机的位姿。

5）虚实融合。绘制虚拟物体，根据摄像机位姿将虚拟物体叠加在标识物的正确位置上，实现增强效果，并借助显示设备输出。

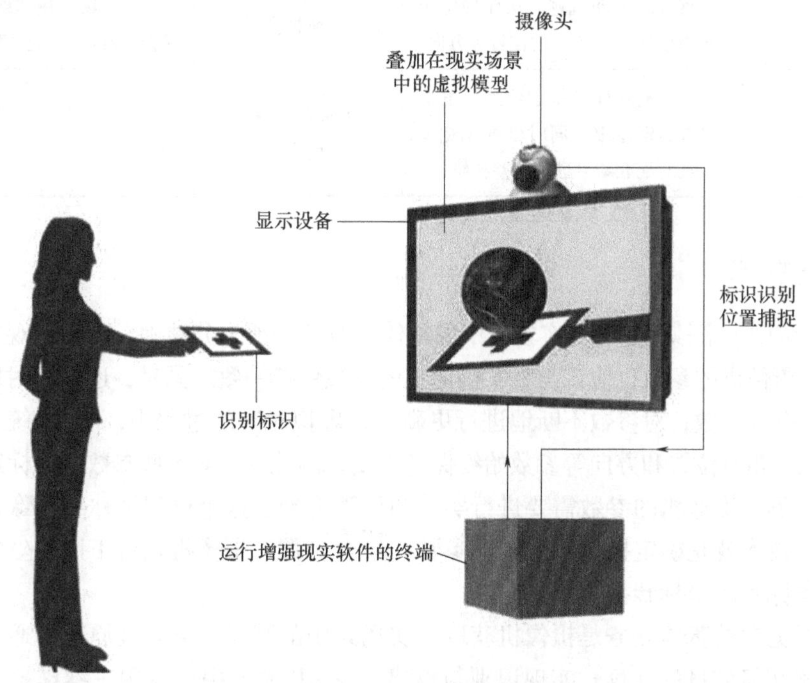

图 9.13　基于人工标志点的注册技术实现过程

（2）基于自然特征的注册技术　基于标志点的跟踪注册方法要求标志点出现在用户的视野内，不允许有遮挡，一旦出现遮挡，可能会导致跟踪注册失败，并且使用标志点的跟踪注册要求在场景中放置标志点，这在古遗址、古文物和大型建筑环境的应用中很难实现。基于自然特征的注册技术与基于标志点的注册方法的不同之处在于，该方法不需要人为指定标志点，而是采用场景或图像的自然特征，因此非常依赖于自然特征的高效识别与稳定跟踪。场景中存在着大量与真实场景有关的视觉信息，如点、线和纹理等，这些视觉信息被提取和识别后也能很好地解决跟踪注册问题。

基于自然特征的注册技术避免了使用人工标志物所带来的局限性，给用户带来了更好的沉浸感，也是未来 AR 的主流发展趋势。

3. 混合注册技术

混合跟踪注册技术是指在一个 AR 系统中采用两种或两种以上的跟踪注册技术，以此来实现各种跟踪注册技术的优势互补。综合利用各种跟踪注册技术，可以扬长避短，产生精度高、实时性强、鲁棒性强的跟踪注册技术。

对三种注册方法从原理、优缺点上进行比较见表9.2。

表9.2　三种注册方法比较

注册方法	原　理	优　点	缺　点
基于硬件跟踪设备的三维注册技术	根据信号发射源和感知器获取的数据求出物体的相对空间位置和方向	系统延迟小	设备昂贵、对外部传感器的校准比较难，且受设备和移动空间的限制，系统安装不方便
基于视觉的三维注册技术	根据真实场景图像反求出观察者的运动轨迹，从而确定虚拟信息“对齐”的位置和方向	无需特殊硬件设备，注册精度高	计算复杂性高，造成系统延迟大；大多数都用非线性迭代，造成误差难控制、鲁棒性不强
混合注册技术	根据硬件设备定位用户的头部运动位姿，同时借助视觉安抚对配准结果进行误差补偿	算法鲁棒性强、定标精度高	系统成本高、安装繁琐、移植困难

9.2.3　标定技术

在AR系统中，虚拟物体和真实场景中的物体的对准必须十分精确。当用户观察的视角发生变化，虚拟摄像机的参数也应该与真实摄像机的参数保持一致。同时，还要实时跟踪真实物体的位置和姿态等参数，对参数不断地进行更新。在虚拟对准的过程中，AR系统中的内部参数，如摄像机的相对位置和方向等参数始终保持不变，因此提前对这些参数进行标定。

一般情况下，摄像机的参数需要进行实验与计算得到，这个过程被称为摄像机定标。换句话说，标定技术就是确定摄像机的光学参数、集合参数，摄像机相对于世界坐标系的方位以及与世界坐标系的坐标转换。

计算机视觉中的基本任务是摄像机获取真实场景中的图像信息，其原理是通过对三维空间中目标物体几何信息的计算，实现识别与重建。在AR系统中往往用三维虚拟模型作为模型信息与真实场景叠加融合，在三维视觉系统中，三维物体的位置、形状等信息是从摄像机获取的图像信息中得到的。摄像机标定所包含的内容涉及相机、图像处理技术、相机模型和标定方法等。

摄像机标定技术是计算机视觉中至关重要的一个环节。对于用作测量的计算机视觉应用系统，测量的精度取决于标定精度；对于三维识别与重建，标定精度则直接决定着三维重建的精度。

9.2.4　人机交互技术

人机交互技术是衡量AR系统性能优劣的重要指标之一。AR技术的目标之一是实现用户与真实场景中的虚拟信息之间更自然的交互，AR系统需要通过跟踪定位设备获取数据以确定用户对虚拟信息发出的行为指令，对其进行解释并给出相应反馈结果。目前AR应用系统常使用以下3种方式实现用户与系统之间的交互。

1. 基于传统硬件设备的交互

键盘、鼠标、手柄等是增强现实系统中最早使用的交互模式，用户可以利用鼠标、键盘选中图像坐标系中的某一个点，如点击场景中某空间点加载虚拟物体，对该点对应的虚拟物体做出旋转、拖动等操作。用户通过执行相应的命令或菜单项来实现交互。

2. 基于手势或语音交互

基于手势的交互方式是近年来人机交互发展的主流方向，在这种交互方式中，手势被当成了人机交互接口，以计算机捕捉到的各种手势、动作作为输入，这种交互方式更加直观、自然。例如，用户在虚拟试衣镜前面借助手势操作选择不同的衣服和搭配。再如，微软的 HoloLens 眼镜如图 9.14 所示，眼镜上的深度摄像头可以提取人手的三维坐标、手势来操作交互界面上显示的三维虚拟物体或者场景。在语音交互方面，苹果语音识别技术 Siri 的风靡以及 Google Now 的流行，表明人们青睐这种高科技的交互体验，这也使得基于语音交互的 AR 系统上线成为可能。

图 9.14　HoloLens 手势交互

3. 其他交互技术

这种模式需要借助一些特别的工具比如标识、数据手套、定位笔等，如索尼出版的 AR 电子书 Magic Book 就是以特定的标识代替枯燥的文字，当用摄像头识别标识时，即渲染出生动的动画和声音，这无疑提高了儿童学习的积极性。MIT 的 SixthSense 和微软的 Omnitouch 开发了一类便携式投影互动触摸技术，该技术可将操作菜单等可交互操作的画面投影到某一个平面内，当人们打电话时直接将键盘投影到左手，右手在上面虚点就能完成拨号，非常方便，如图 9.15 所示。

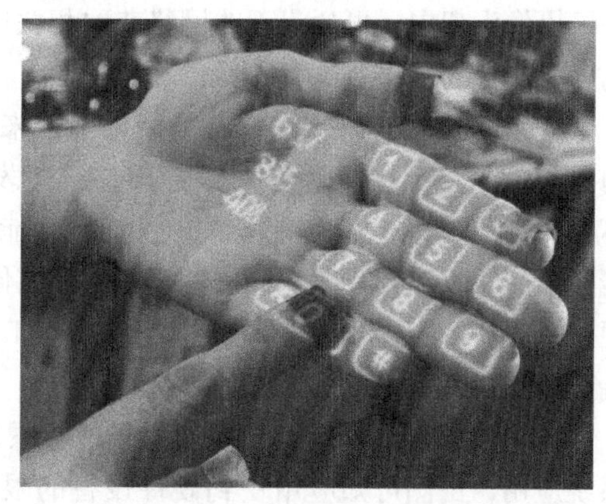

图 9.15　SixthSense 人机互动系统

9.3　移动增强现实

随着移动智能终端的发展，移动技术与增强现实技术逐步融合，由此出现的移动增强现实技术也开始引人注目。

9.3.1　移动增强现实的概念

移动增强现实（Mobil Augmented Reality，MAR）是在继承了增强现实的三大特点即虚实结合、实时交互、三维注册的基础上，将增强现实应用于移动智能终端，从而具有较高的可移动性的一门技术。

Wikitude 的 iPhone 应用可以让用户使用智能手机搜索附近的饭店、商场、地标等信息，用户也可以发表关于该景点的评价；Layar Reality Browser 与 Wikitude 类似，当打开手机安装的 Layer 软件后，朝着某个方向开启摄像头，用户可以看到出售的房屋、流行的酒吧、商店、该地区的旅游信息、杂志和广告海报等，这一切都犹如置身现场一般，如图 9.16 所示。

图 9.16　Wikitude 和 Layer Reality Browser 应用

图中的两个应用都是通过手持设备的 GPS、电子罗盘的定位数据计算所在空间的位置及手机摄像头朝向，再通过无线网络获取相关信息，将得到的信息叠加在真实的场景中，以达到虚实融合的效果。

移动增强现实以移动设备为硬件平台来实现增强现实的功能，旨在提高增强现实系统的可用性和灵活性。近年来随着硬件技术发展，以智能手机为代表的移动终端设备性能不断提高，功能也越来越强大，目前，智能手机配备了性能强大的 CPU、摄像头、加速度传感器、GPS 和无线通信等硬件设备，具有便携和易操作的优点，成为移动增强现实理想的硬件平台。AR 技术已经不再局限于 PC 和工作站上应用，而是越来越多地被移植到移动终端上。

传统的增强现实系统与移动增强现实系统如图 9.17 所示，图 9.17a 是传统的增强现实系统应用，由图可知应用受到硬件设备的限制，可移动性较差，图 9.17b 是制药公司借助 AR 技术实现更好的药物创意，在 AR 的帮助下，患者可以看到药物如何在身体里工作的 3D 影像，无需再阅读瓶子上枯燥的说明书。

a) 传统的增强现实系统

b) 移动增强现实系统

图 9.17　传统的增强现实系统与移动增强现实系统

传统的增强现实系统在使用和操作上有许多缺点，如成本高、易损坏以及难以维护等，对使用的环境要求相对严格，如果离开特定的地点，系统就无法正常应用。而移动增强现实拓宽了增强现实的使用范围，具有可自由移动性，使用更加方便灵活，MAR 技术结合常用的移动设备（如智能手机等）可以使用户很方便地获取各种信息。如游览毁坏的名胜古迹，只要用户携带的手机上安装了特定的增强现实 APP，就可以将手机摄像头对准废墟，游客就会在屏幕上看到虚拟的复原后的古迹全貌。

传统增强现实与移动增强现实的特征见表 9.3。

表 9.3　传统增强现实与移动增强现实特征对比

传统增强现实	移动增强现实
虚实结合	虚实结合
实时交互	实时交互
三维注册	三维注册
移动性差	自由、灵活
专业设备	普通移动终端
专业开发	网络 APP 下载
使用时间特定	随时使用
使用地点固定	随地使用

9.3.2　移动增强现实的发展现状

最早涉足移动增强现实技术的是哥伦比亚大学 Steven Feiner，他在 1997 年开发了一个 Mobile Augmented Reality Systems，主要用于导航。2000 年至 2003 年间，增强现实的游戏也开始出现，这些游戏能够让用户在真实环境中参与游戏的互动，典型的包括南澳大学 Wearable Computer Lab 开发的 ARQuake，该游戏将移动增强现实技术应用于 PC 平台，用户可以在真实场景中参与游戏的竞技；2003 年新加坡国立大学 Mixed Reality Lab 开发的 Humana Pacman，同样结合了增强现实技术来实现。不过，以上系统都是基于个人计算机的，而且还需要佩戴头盔显示器，使得系统有些笨重，不易于携带和推广。

目前现有的移动设备，特别是高端的智能手机已经具备了高性能的数据计算能力、图形处理能力和 3D 图像显示能力，同时其自身集成了 GPS 和传感器等硬件模块，成为一个增强现实技术应用普及平台。2006 年，Nokia 研究院的 Mobile Augmented Reality Applications 项目组开发的系统就是在配备了传感器和摄像机的 ISMAR06 手机上实现增强现实技术。2009 年，佐治亚理工学院的 Augmented Reality Applications Lab 也基于高性能手持设备及其视觉开发了一款名为 ARhrm 的游戏。市场调查研究公司 Juniper Research 在其报告中表示，对移动应用程序中的融合增强现实技术的日益重视将推动这类程序的下载量大增：2015 年的全球下载量高达 14 亿次，而 2010 年这一数字仅有 1100 万。

随着移动互联网、物联网甚至刚刚提出的视联网的发展，增强现实技术尤其是移动增强现实技术成为一个炙手可热的新兴领域，有着巨大的市场价值。

9.3.3　移动增强现实的系统构成

增强现实系统通常由虚拟图形渲染模块、摄像机跟踪定位模块、三维注册模块和显示模块 4 个部分组成。移动增强现实系统在这 4 部分的基础上，还应该由移动计算平台、无线网络设备和数据存储访问组成。如图 9.18 所示为移动增强现实系统框架。

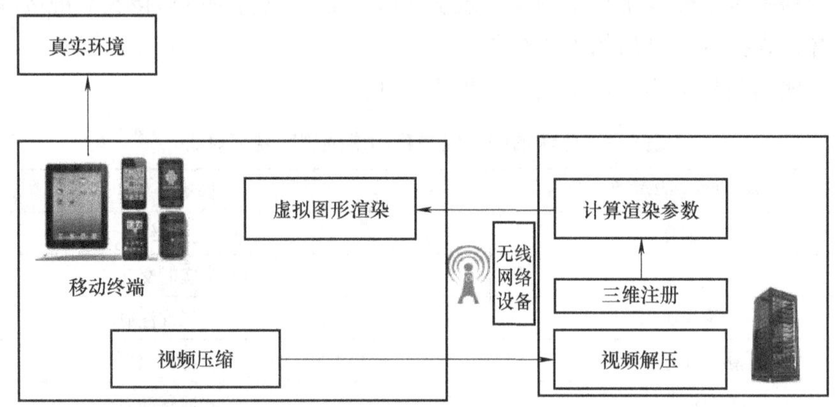

图 9.18　移动增强现实系统框架

移动增强现实系统的工作流程如下：

1）通过摄像机等图像捕获设备获取真实场景信息。

2）通过跟踪技术进行分析，得到注册信息。

3）在得到注册信息的前提下，通过实时渲染技术显示虚拟信息。

4）虚拟信息和真实场景进行无缝融合。

5）通过显示设备将虚实结合的场景绘制出来。

9.3.4　移动增强现实技术的应用

目前，移动增强现实已经覆盖了众多领域，如在医疗、电子商务、导航、教学培训以及商业广告等方面。

（1）在医疗领域的应用　移动增强现实技术早已应用于医疗领域。例如，初创公司 AccuVein 已成功地将 AR 技术应用于静脉注射。AccuVein 的营销专家文尼 · 卢西亚诺（Vinny Luciano）认为 40% 的静脉注射第一次都很难成功，当患者是儿童和老年人时，要想一次性注射成功就更难了。AccuVein 使用增强现实技术和手持式扫描仪，向护士和医生展示患者身体中静脉的位置。这类技术可以将第一次就找准静脉的可能性提高 3.5 倍，可以为医疗人员提供辅助，并延伸他们的技能，如图 9.19 所示。

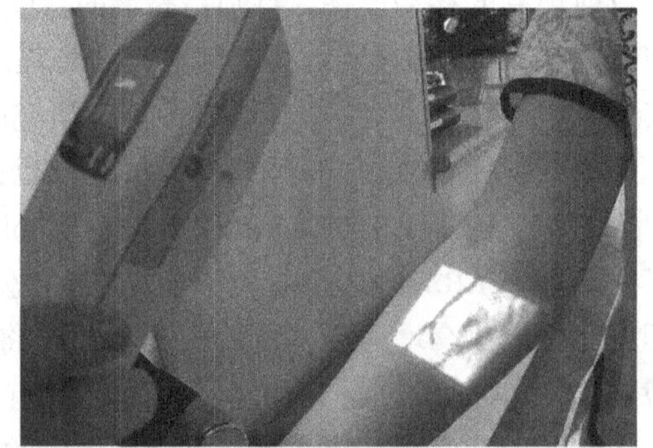

图 9.19　MAR 技术辅助静脉注射

（2）在电子商务领域的应用　例如，北京地铁站已经出现了虚拟的购物超市，当消费者想要购买某种商品的时候，消费者只需要用手机拍摄物品，然后再发送给服务商，这样服务商就可以将消费者购买的物品直接送货上门。

（3）在导航领域的应用　国外已经在新开发的 GPS 软件上应用了增强现实技术，用户只需把这款 GPS 安装在车辆上，就可以在前方道路上看到叠加后的方向和路况信息，这样就可以实时指引驾驶者，给驾驶员提供了非常好的驾驶感受。

（4）在教学培训领域的应用　国外已经在移动设备上开发出了一些软件，在化学、地理等一些教学科目中，利用移动增强现实技术可以对三维的分子结构或空间星系进行增强，这样可以加强学生对这些知识的理解。

近年来，移动增强现实技术在古迹重建方面也有应用，如当游客去圆明园游览时，借助移动增强现实技术可以看到圆明园被烧毁之前的样子，这样就加深了游客对古迹的理解。在商业和广告领域，移动增强现实技术可以提高大众对商品的关注度，如 Ibutterfly 就是一款在 iPhone 上的应用，该应用借助移动增强现实技术，可以对旅游和餐饮业进行很好的宣传。

9.4　增强现实的实现

增强现实不是通过摄像头拍摄产生的，确切地说是增强现实的应用调用了摄像头。增强现实开发的软件有很多，如 Unity 3D、Flash、C++。为降低 AR 应用开发的复杂性，许多研究组织陆续提出用于处理 AR 底层任务的工具包，这些工具包中包含 AR 开发中涉及的最基本的模式识别、坐标转换和视频合并等功能。常用的 AR 开发工具包有 Vuforia、Wikitude、HiAR SDK、ARToolkit、OpenCV 等。本节以 Vuforia 为例详细阐述 AR 在 Unity 3D 中的实现流程。

9.4.1　Vuforia SDK 的下载与导入

Vuforia 是一款专门针对移动设备的增强现实软件开发包。开发者可以使用当今主流的移动游戏引擎 Unity 3D 来实现跨平台开发。Vuforia SDK 发展至今发行过很多版本，其中以 Vuforia SDK4.0 应用较为广泛，该版本支持 iOS 和 Android，并具有物体识别和对象扫描器的特点。目前，Vuforia SDK 已经更新到 7 版。

1. 下载 Vuforia SDK

打开 Vuforia 官网 https://developer.vuforia.com/，注册成为 Vuforia 用户。注册成功后，单击"Downloads"|"SDK"|"Download Unity Extension (legacy)"。本节下载的 Vuforia SDK 版本为 vuforia-unity-6-2-10，扩展名为 unitypackage 的 unity 插件包，如图 9.20 所示。

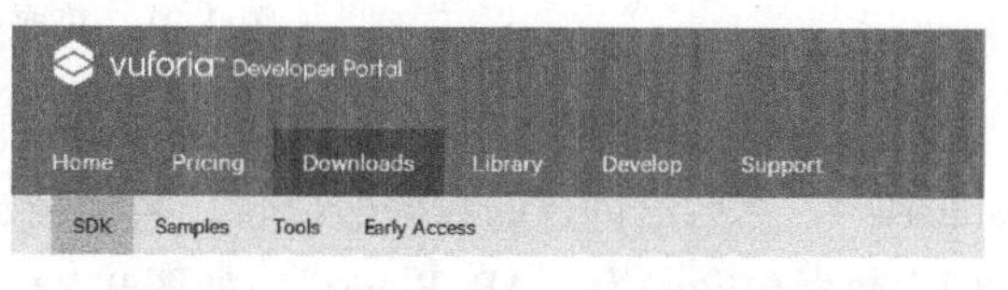

图 9.20　Vuforia SDK 的下载

2. 导入 Vuforia SDK 开发包

在 Unity 3D 中新建一个项目，将下载的 Vuforia SDK 导入到 Unity 中，在导入的过程中，如果出现名为“API Update Required”的窗口，单击“I Made a Backup Go Ahead!”按钮即可。

9.4.2 在 Unity 3D 中创建图片识别案例

【例 9-1】 在 Unity 3D 中实现骨骼的 AR 效果。

1）获取 License Key。登录 Vuforia 官网，单击“Develop”|“License Manager”|“Add License Key”|“Development”获取 License Key，用户指定 App name，本文中指定为“AR_Bones”，单击“Next”按钮，得到最终的 License Key，如图 9.21 所示。

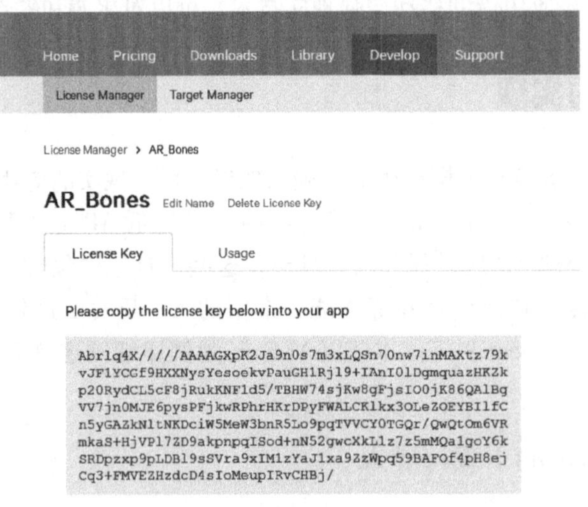

图 9.21 获取 License Key

2）建立目标数据库并添加识别目标图片。单击“Develop”|“Target Manager”|“Add Database”，然后给创建的数据包命名，名字最好和新建的应用名字相同，便于查找和管理。本例中数据包命名为“AR_Bones”，如图 9.22 所示。

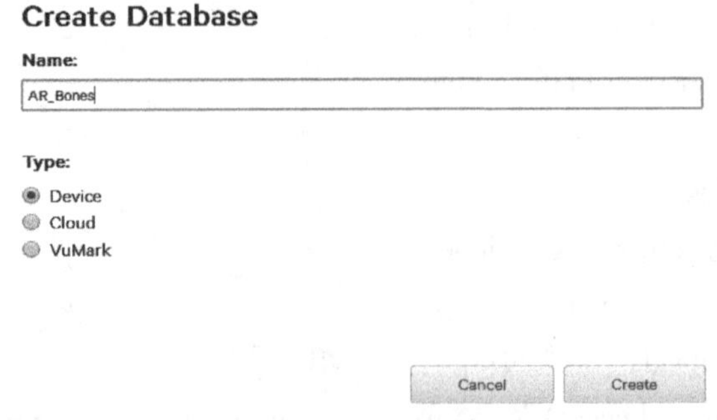

图 9.22 给数据库命名为 AR_Bones

创建好数据包之后，打开新建的数据包，单击“Add Target”按钮添加识别目标。Vuforia 支持的目标类型有 Single Image、Cuboid、Cylinder、3D Object 4 种，以 Single Image 举例，

在 File 中选择要添加目标的图片，图像尽量清晰、识别度较高，然后设置图像的 Width，并给图像命名，命名不能使用中文命名，然后单击 Add 按钮，如图 9.23 所示。

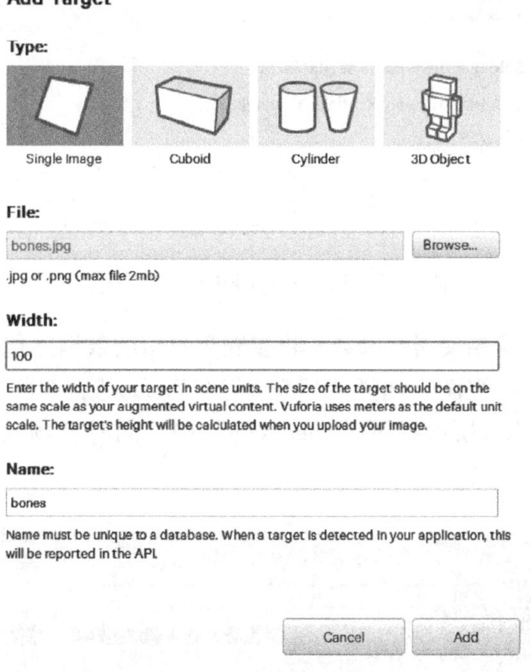

图 9.23　Add Target

文中上传了一张图像并命名为 bones。上传后的图像可以识别度来测评图像的质量，星号越高代表的识别度越高，图像就越容易被识别，如图 9.24 所示。

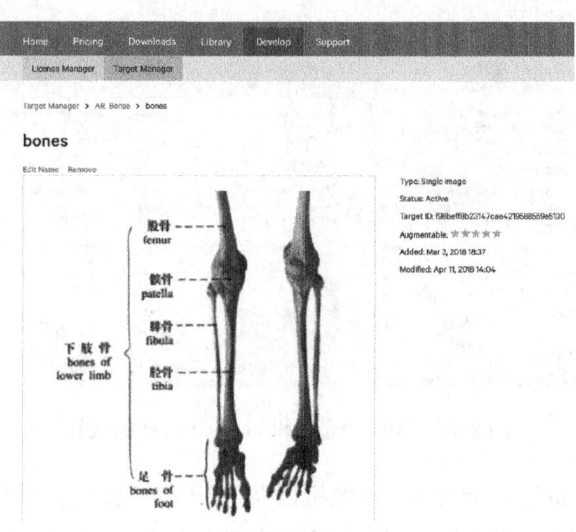

图 9.24　Download Database

3）导出新建应用的数据包。选中已上传的图片，选择“Download Database”，然后在打开的窗口中选择开发平台为“Unity Editor”下载并导入到 Unity 工程中，如图 9.25 所示。

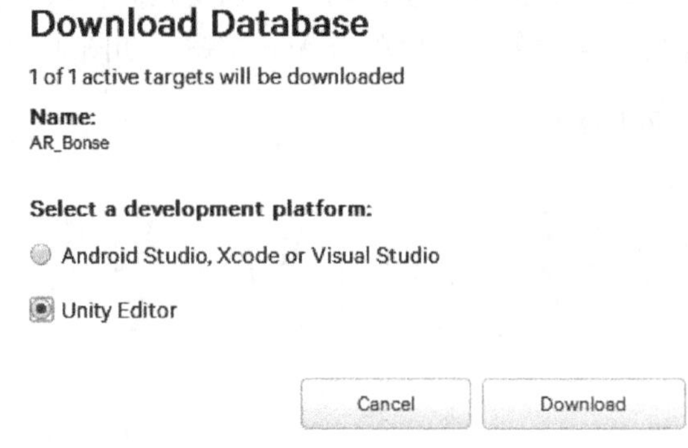

图 9.25　选择 Unity Editor 开发平台

4）在 Unity 3D 中设置相关属性参数。将步骤 3 导出的数据库包导入到 Unity 3D 项目环境下，同时在 Unity Project 视图下选择“Vuforia”|“Prefabs”，并将“AR Camera”和“Image Target”两个预制件拖入层级视图“Hierarchy”中，同时将场景自带的“Main Camera”删除，如图 9.26 所示。

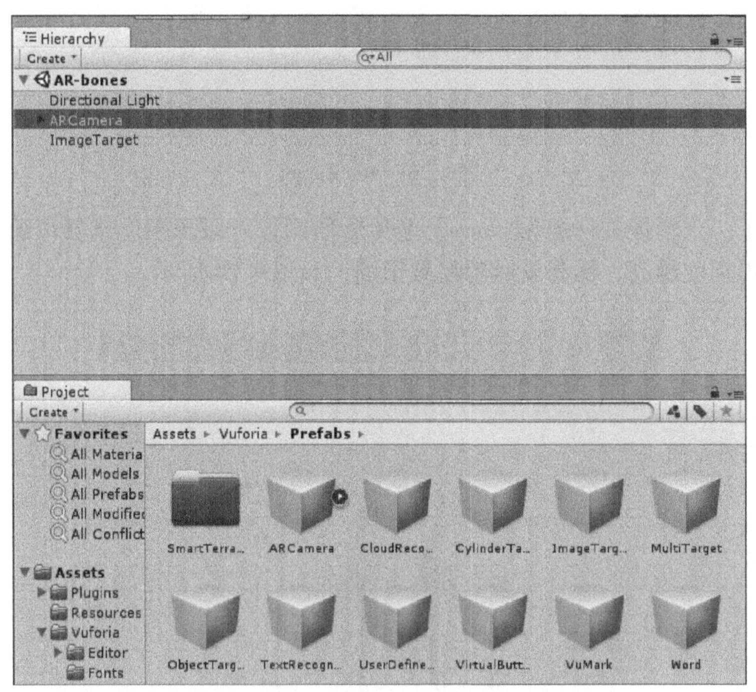

图 9.26　AR Camera 和 Image Target 的设置

预制件“AR Camera”上带有 AR 摄像机以及 APP 相关设置；预制件“Image Target”代表一张识别图像，并且带有识别事件处理等相关脚本。选中“AR Camera”，在 Inspector 面板添加 License Key，将之前获取的 License Key 粘贴过来。并且在 Datasets 的“Load AR_Bones Database”和“Activate”的复选框中打对勾，如图 9.27 所示。选择“Image Target”，在 Inspector 面板修改 Database 为 AR_Bones，修改 Image Target 为 bones，如图 9.28 所示。

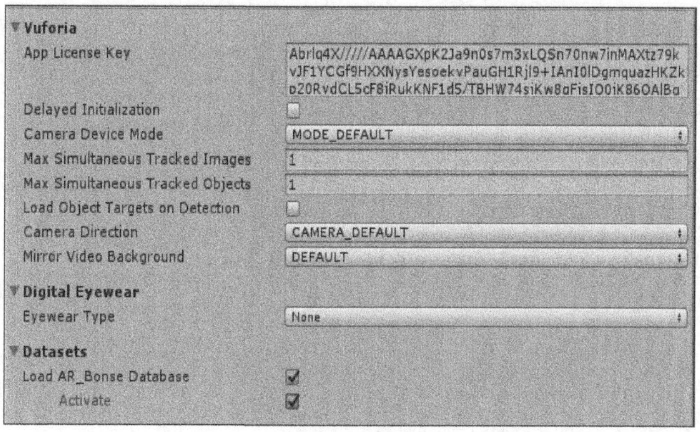

Vuforia
App License Key　Abrlq4X/////AAAAGXpK2Ja9n0s7m3xLQSn70nw7inMAXtz79kvJF1YCGf9HXXNysYesoekvPauGH1Rjl9+IAnI0lDgmquazHKZkb20RvdCL5cF8iRukKNF1d5/TBHW74siKw8aFisIO0iK86OAlBa
Delayed Initialization
Camera Device Mode　MODE_DEFAULT
Max Simultaneous Tracked Images　1
Max Simultaneous Tracked Objects　1
Load Object Targets on Detection
Camera Direction　CAMERA_DEFAULT
Mirror Video Background　DEFAULT
Digital Eyewear
Eyewear Type　None
Datasets
Load AR_Bonse Database
Activate

图 9.27　摄像机属性设置

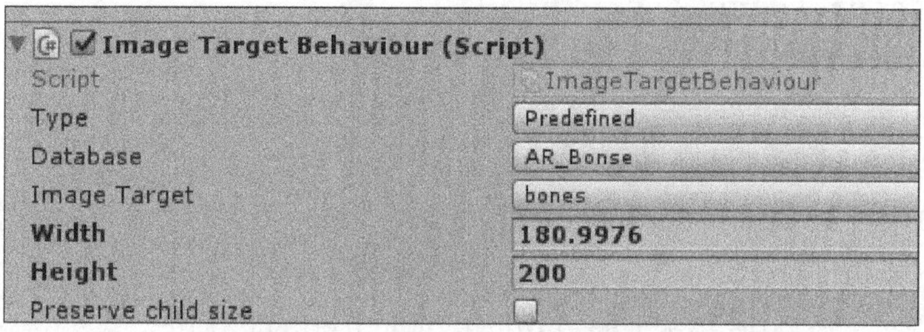

Image Target Behaviour (Script)
Script　ImageTargetBehaviour
Type　Predefined
Database　AR_Bonse
Image Target　bones
Width　180.9976
Height　200
Preserve child size

图 9.28　Image Target 属性设置

5）在 Image Target 上建立三维模型。选择“Image Target”，将 3d Max 做好的骨骼模型导成 FBX 格式文件，然后导入到 Unity 3D 中，使得导入的三维模型成为 Image Target 的子物体，如图 9.29 所示。

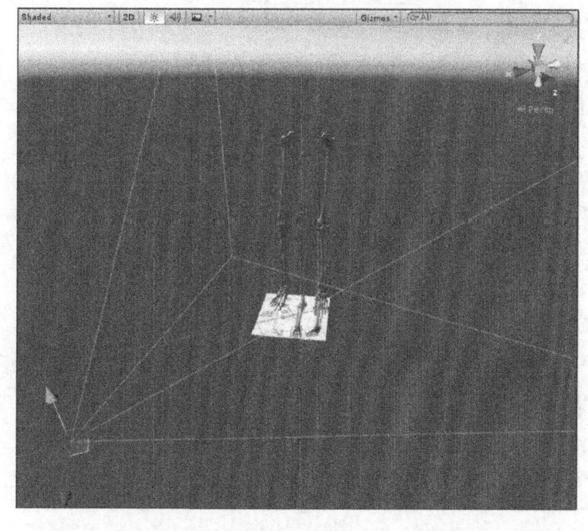

图 9.29　在目标模板上导入三维模型

6）用 C#语言编写交互脚本。显示的三维模型若想交互则为模型添加脚本，如通过单点和多点能够控制脚本的移动、旋转、放大和缩小，具体脚本如下：

```
using System.Collections;
using System.Collections.Generic;
using UnityEngine;
public class move:MonoBehaviour {
private Touch oldTouch1;  //旧的触摸点1
private Touch oldTouch2;  //旧的触摸点2
void Start()
{
    }
void Update(){
    //没有触摸
    if(Input.touchCount <=0){
        return;
    }
    //单点触摸,水平上下旋转
    if(1 ==Input.touchCount){
        Touch touch =Input.GetTouch(0);
        Vector2 deltaPos =touch.deltaPosition;
        transform.Rotate(Vector3.down * deltaPos.x,Space.World);
        transform.Rotate(Vector3.right * deltaPos.y,Space.World);
    }
    //多点触摸,放大缩小
    Touch newTouch1 =Input.GetTouch(0);
    Touch newTouch2 =Input.GetTouch(1);
    //第2点刚开始接触屏幕,只记录,不做处理
    if(newTouch2.phase ==TouchPhase.Began){
        oldTouch2 =newTouch2;
        oldTouch1 =newTouch1;
        return;
    }
    //计算旧的两点距离和新的两点间距离,变大则放大模型,变小则缩小模型
    float oldDistance =Vector2.Distance(oldTouch1.position,
oldTouch2.position);
    float newDistance =Vector2.Distance(newTouch1.position,ne-
wTouch2.position);
    //两个距离之差,差为正表示放大手势,差为负表示缩小手势
    float offset =newDistance-oldDistance;
```

```
        //放大系数
        float scaleFactor = offset/100f;
        Vector3 localScale = transform.localScale;
        Vector3 scale = new Vector3(localScale.x + scaleFactor,
            localScale.y + scaleFactor,
                localScale.z + scaleFactor);
        //最小缩放到 0.1 倍
        if(scale.x > 0.1f&&scale.y > 0.1f&&scale.z > 0.1f){
            transform.localScale = scale;
        }
        //新的触摸点
        oldTouch1 = newTouch1;
        oldTouch2 = newTouch2;
    }
}
```

7）运行。在 Unity 3D 中单击运行来测试效果，如图 9.30 所示。

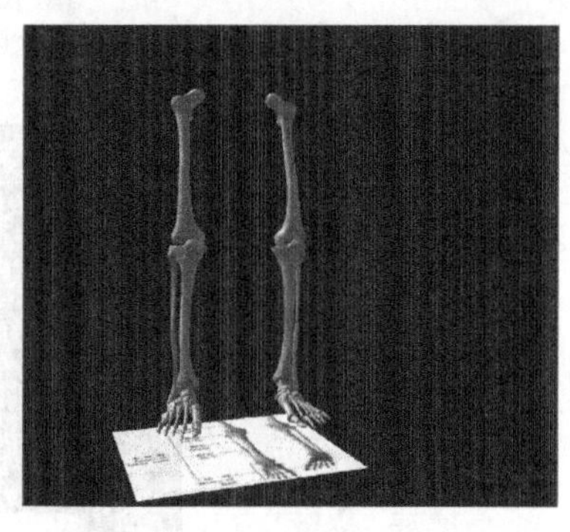

图 9.30　骨骼模型运行效果图

在 Unity 3D 中，用户可以在 Image Target 上手动创建立体模型，或者将 3d Max 做好的模型导入到 Unity 3D 中。也可以在 Unity 3D 的资源商店里下载已经存在的模型，然后导入到项目中。

【例 9-2】　在 Unity 3D 中实现心脏的 AR 效果。

1）资源模型的下载与导入。选择资源商店，找到需要的模型进行下载，资源商店中的模型有免费版本和付费版本两种。下载成功后，直接导入到 Unity 3D 中，如图 9.31 所示。

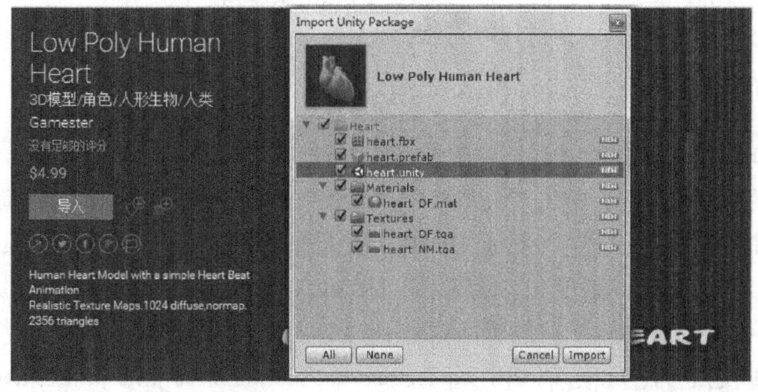

图 9.31　导入心脏资源模型

2）拖动预制体使其成为 Image Target 的子物体。导入成功后，找到预制体文件夹，将心脏的预制体拖动到层次面板 Image Target 下，使得心脏模型成为 Image Target 的子物体，如图 9.32 所示。

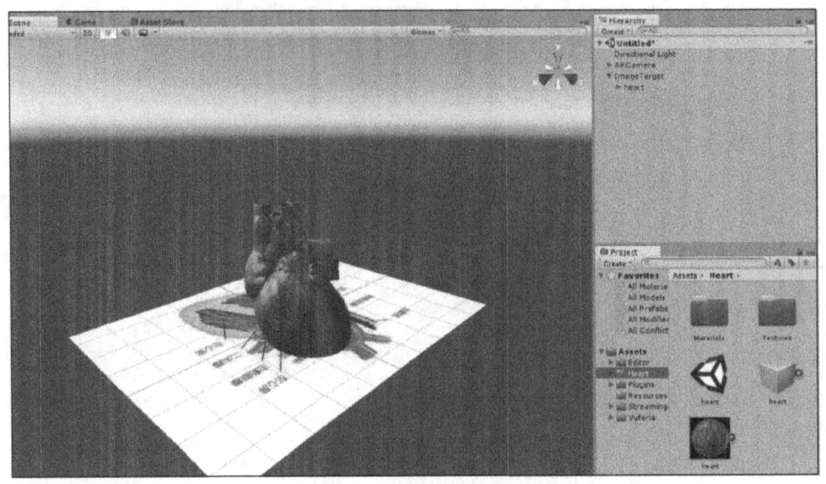

图 9.32　心脏模型成为模板图片的子物体

3）运行。在 Unity 3D 中单击运行来测试效果，如图 9.33 所示。

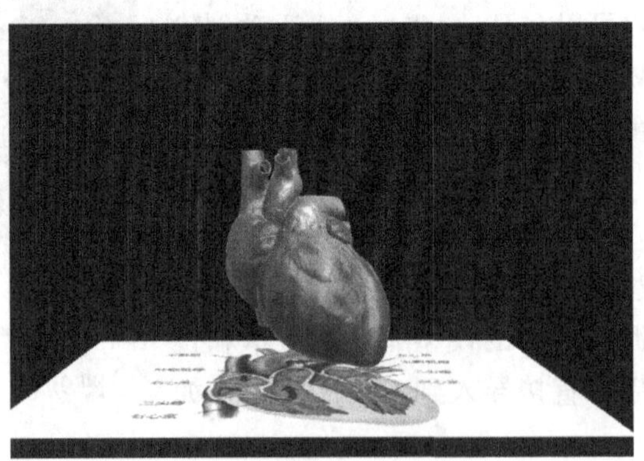

图 9.33　心脏模型的 AR 效果图

9.4.3　案例的发布

1. 安装 JDK 和 Android SDK，并配置环境变量

环境变量的配置方法为：右击“计算机”|“属性”|“高级系统设置”|“环境变量”|“新建系统变量”|“确定”。变量 1 名：JAVA_HOME，变量值：C:\Program Files\Java\jdk1.7.0_15。变量 2 名：CLASSPATH，变量值:%JAVA_HOME%\lib\dt.jar;%JAVA_HOME%\lib\tools.jar；双击系统变量 Path，在最后面添加;%JAVA_HOME%\bin;%JAVA_HOME%\jre\bin。JDK 的下载地址为：http://www.oracle.com/technetwork/cn/java/javase/downloads/index.html。

安装 Android SDK。本例中安装的是 android-sdk_r24.4.1-windows。安装完成后，将 Android 的 platform tools 和 tools 分别加入到系统的环境变量中。

2. 在 Unity 3D 中设置发布参数

单击“Edit”|“Preferences”|“External Tools”，设置 Android 的 SDK 和 JDK 路径，如图 9.34 所示。Android SDK 路径和环境变量中的路径设置需保持一致。

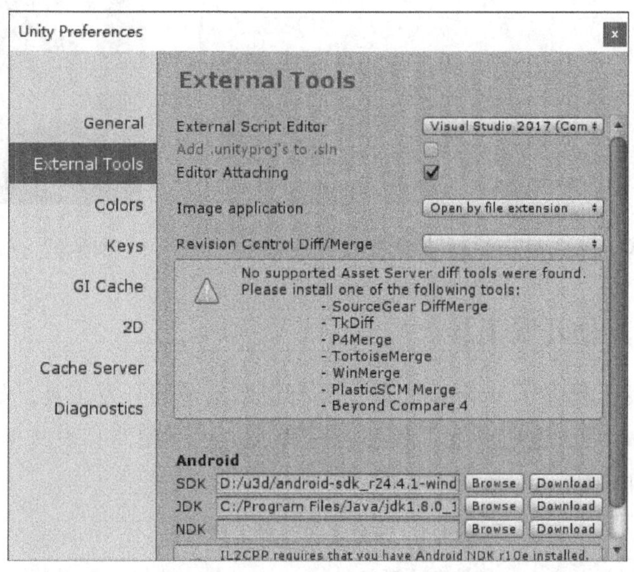

图 9.34　设置 SDK 和 JDK 路径

单击“FILE”|“Bulid settings”，选择发布方式为 Android，确保 Unity 小图标在 Android 右侧出现，如图 9.35 所示。

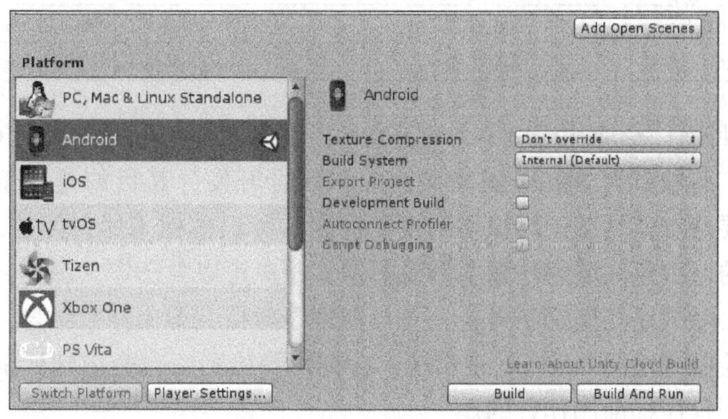

图 9.35　选择发布平台

然后单击“Player Settings”，在 Inspector 面板修改属性 Identification 的 Package Name 为“com.cmucc.heart”，并且选择 Minimum API Level，这里指的是选择用户要发布的 apk 文件的运行环境，如图 9.36 所示，单击 build 按钮就可发布 apk 文件。

apk 文件发布成功后要在 Android 手机上安装 demo，打开 ARdemo，在计算机中打开 Unity 发布时用到 heart 图片，当用手机摄像头识别二维心脏图片时，能在图片上看到立体心脏的模型，如图 9.37 所示。

图 9.36　设置 API 运行环境标准

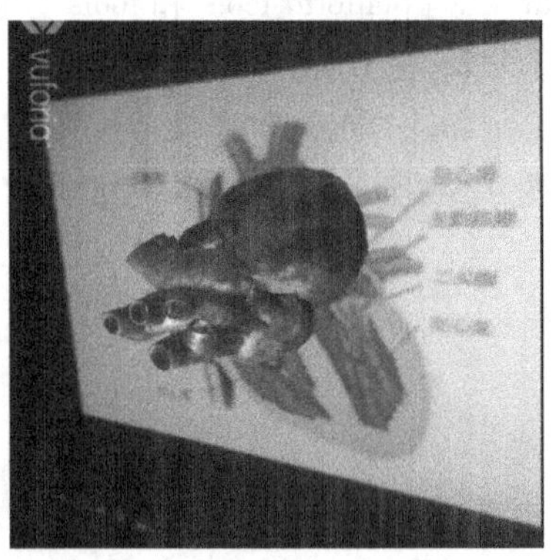

图 9.37　心脏的 AR 实现效果

9.4.4　增强现实其他开发工具

增强现实的开发工具除了 Vuforia 之外，还有很多出色的开发工具，如 ARToolKit、WikiTude、LayAR、Kudan 等，这些开发工具都各有特点、互不相同。表 9.4 对这些增强现实开发工具进行了简单介绍。

表 9.4　增强现实开发工具一览

AR 框架	公司	软件使用许可	支持的平台
ARToolKit	DAQRI	免费	Android，iOS，Windows，Linux，Mac OS X，SGI
Vuforia	Qualcomm	免费、商业收费	Android，iOS，Unity
WikiTude	WikiTude GmbH	商业收费	Android，iOS，Google Glass，Epson Moverio，Vuzix M-100，Optinvent ORA1，PhoneGap，Titanium，Xamarin
LayAR	BlippAR Group	商业收费	Android，iOS，BlackBerry
Kudan	Kudan Limited	商业收费	Android，iOS，Unity

ARToolKit 是目前广泛应用于 AR 系统开发的开源工具包，它是一个由 C/C++语言编写的库。它由日本广岛城市大学和美国华盛顿大学联合开发，其目的是用于快速开发 AR 应用。它的一个重要特点就是基于标识物的视频检测。标识模板采用封闭的黑色正方形外框，内部区域是白色的，白色区域为任意图形或图像，用户可以自己定义图案。利用标识物，将摄像头坐标系与实际的场景坐标系对应，并与视频中虚拟三维坐标系结合，最终完成真实物体的绘制，具体绘制方法用 OpenGL 来实现。在标识物检测时，会用到标识物模式文件，它是利用相应的应用程序提前制作好的。

LayAR 成立于 2009 年，是第一个迅速得到国际关注的移动增强现实开发平台。LayAR 开放的开发平台吸引了成千上万的来自全球各地的开发人员，促使他们创建基于 AR 技术的内容，并且提供了 iOS 和 Android 手机 APP 浏览器的下载，使得 LayAR 成为世界上最受欢迎的基于 AR 技术的平台之一。它支持图像识别，可以根据用户位置和识别的图像进行映射额外元素。但是它所有的工作都是基于服务器进行的，因此并不灵活。

此外，还有开源库 BazAR，可以用来做一些无标记的 AR 应用；芬兰的开源库 ALVAR，可以支持多个标识物或者无标识物的特征识别与跟踪，同时还支持多个 PC 平台以及移动平台的编译和运行，使用也非常方便；国内的 AR 开发工具有 Easy AR，但不是开源的。总之，增强现实开发的工具多种多样，具体应用哪种工具还要根据需求去选择。

9.5　增强现实的应用

与 VR 相比，增强现实应用的范围更加广泛。因为 VR 具有沉浸式的特点，因此也同时遮挡了用户对外界环境的感知。然而，AR 系统并没有将用户与外界环境隔离开，它既可以使用户感知到虚拟对象，同时也能够使用户感知到外部真实环境。近年来，增强现实技术的应用已经覆盖了众多领域，如医疗、教育、交通、军事、游戏、生产和工作场景等。

9.5.1　医疗

AR 技术在医学中的应用主要是在手术导航、手术模拟训练、虚拟人体解剖、康复医疗以及远程手术灯等领域。以基于增强现实的外科手术导航系统为例，通过增强现实技术，医生可以对外科手术进行可视化辅助操作及训练。外科医生借助 CT（Computed Tomography）、MRI（Magnetic Resonance Imaging）获取病人的三维数据信息，增强现实系统可以利用计算机将人体结构解剖数据可视化处理，并将虚拟影像实时准确地显示到患者身体的局部位置。外科医生不仅能够对病人的患病部位进行实时检查，而且还可以获得此时病人患病部位内部解剖结构信息，帮助医生对手术部位进行精确定位，提高手术的完成质量。

例如，哈医大二院胆胰外科的一台手术上就应用了增强现实技术。手术中医生佩戴上 AR 眼镜后，一个虚拟却又无比逼真的患者病变器官就展现在了医生眼前，如图 9.38a 所示。医生对病变部位情况和手术室真实环境尽收眼底，并且通过特定手势可以对虚拟图像进行交互，将虚拟图像与实际体位完美结合，从而对被血管重重包围的肿物进行精准定位，最终将本来无法切除的肿物顺利切除，完成了增强现实 3D 可视化指导下的腹膜后肿物切除手术，如图 9.38b 所示。

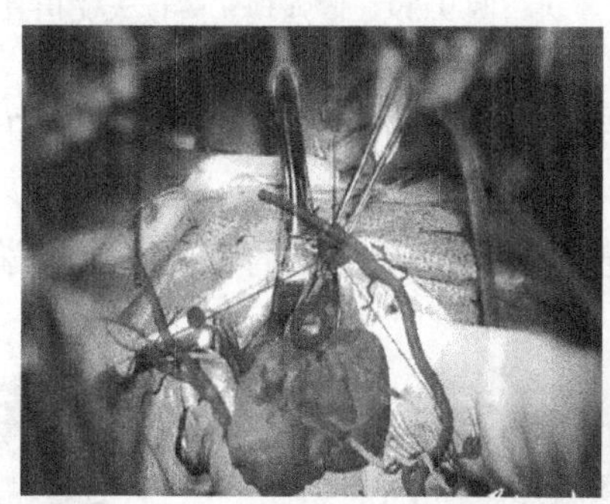

a) 虚拟图像与实际病灶结合

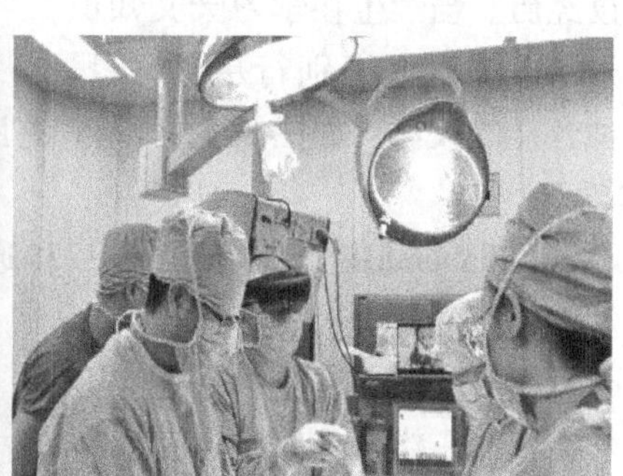

b) 医生通过手势与虚拟图像交互

图 9.38　AR 技术助力医疗手术

AR 可以给医学生或缺乏临床经验的医务工作者提供一个安全、合适和低成本的培训环境，学习者在 AR 的环境中可以被允许犯错，并且不会产生任何不良后果。AR 技术应用于医学，可以解决人体尸体标本不足的问题，通过基于虚拟构建出的人体数据库与影像学数据等多种信息的综合，借助相关 AR 设备实施教学，极大地减轻了教学压力。AR 技术也将枯燥乏味的知识以立体的形式展现出来，使得学习者可以从多个角度多层次学习知识。

9.5.2 教育

AR 技术可以为学习者提供一种全新的学习工具。它不仅可以为师生提供一种面对面的沟通与合作平台，而且还可以让学生更加轻松地理解复杂概念，更加直观地观察到现实生活中无法观察到的事物及其变化。AR 技术在教育领域的应用，将有利于培养学生知识迁移的能力，提高学习效率，激发学习兴趣。

1. 虚拟校园系统

随着计算机网络技术和校园信息化建设的快速发展，虚拟校园已经成为校园信息化建设的重要部分。利用最新的增强现实技术可以创设虚拟校园系统，三维的虚拟校园系统更加直观生动形象，除了校园导航的功能，校园对外形象宣传、招生宣传等功能都可以应用到虚拟校园系统中。在增强的内容上可以添加一些校园目前不存在的对象，或未来可能设置的建筑等。当用户戴上头盔显示器走在真实的校园里，将看到一个增强之后的校园环境，包括校园原来的面貌，也包括校园未来的样子。

2. 增强现实图书

增强现实可以对传统图书进行改进，在原有图书的基础上，对某些章节内容使用增强现实技术来阅读。基本方法就是将三维图形、音频、动画等形式加入到平面的图书中，给旧书或者电子书添加新的活力。假设读者正在阅读时，书中对应的故事突然出现在眼前，仿佛真实发生的一样，读者还可以与书中的角色进行互动，这将会带给读者一段奇妙的阅读经历。当学生在学习天文知识时，可以通过 AR 技术去识别行星、恒星、星座以及各种各样的天体，如图 9.39 所示，有助于学生更好地理解苦涩难懂的知识。

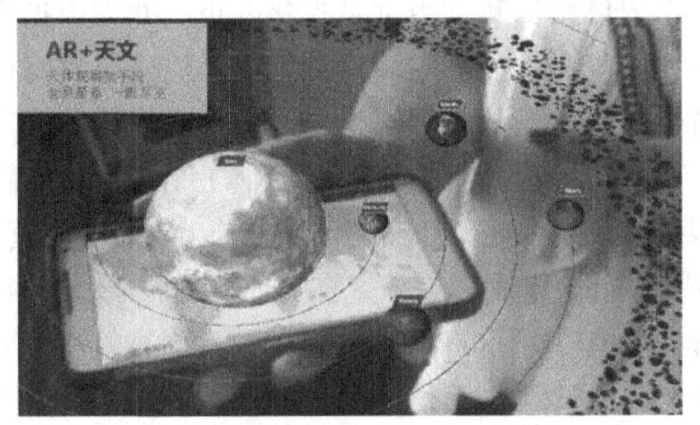

图 9.39　增强现实解读天文信息

3. 协作学习

协作学习（Collaborative Learning）是一种通过小组或者团队的形式，组织学生协作完成某种既定学习任务的教学形式。

Construct 3D 就是一种典型的用于数学和几何学教育的三维协作式构建工具。利用这种工具，学习者可以在三维空间中看到三维的物体，但是在此之前，这些三维模型必须用传统的方法计算构建出来。因此，增强现实可以提供给学习者一种面对面协作和远程协作的体验，如图 9.40 所示。

图 9.40　增强现实协作学习案例

9.5.3　交通

AR 在交通领域的应用主要体现在 GPS 导航、防止撞击、危险标记、事故记录和分析 4 个方面：GPS 导航是指将导航直接叠加在视野中，驾驶人员直接看向前方，避免了由于低头看手机或汽车导航造成事故的危险，如图 9.41 所示；防止撞击是指不论是使用自动驾驶车辆还是 AR 辅助驾驶，计算机视觉对潜在危险的检测和反应都比人类更加迅速；危险标记是驾驶人员或乘客对危险或需要减速的路况进行标记，其他的 AR 用户也可以获得提醒，以此减少事故的发生；事故记录和分析指的是 AR 用户可以从自己的视角进行记录，为确定事故原因提供更多的证据。

图 9.41　增强现实应用 GPS 导航

9.5.4　军事

20 世纪 90 年代初期，增强现实技术被提出后，美国就率先将其用于军事领域。近几年，增强现实技术已被应用在军事领域的多个方面，并发挥着巨大的作用。目前，AR 在军事领域的应用主要体现在军事训练、增强战场环境及作战指挥等方面。

增强现实为部队的训练提供了新的方法。例如，通过增强后的军事训练系统，可以给军事训练提供更加真实的战场环境。士兵在训练时，不仅能够看到真实的场景，而且可以看到场景中增强后的虚拟信息。此外，部队还可以利用 AR 来增强战场环境信息，把虚拟对象融合到真实环境中，可以让战场环境更加真实。最后，增强现实也已经应用于作战指挥系统中，通过 AR 作战指挥系统，各级指挥员共同观看并讨论战场，最重要的是还可以和虚拟场景进行交互，如图 9.42 所示。

图 9.42　增强现实在军事领域的应用

9.5.5 游戏

增强现实技术的发展极大地影响了游戏领域。增强现实技术在游戏领域的应用主要是可以产生立体的虚拟对象，在现实世界的地图中叠加一个游戏层，让玩家以全新的方式体验现实世界，并且可以与其他玩家见面。将游戏动态应用于现实活动中，让任何事情都可以形成竞争机制。通过动态的虚拟形象反映用户的真实表情和性格特点，如创建一个时刻伴随着玩家的 AR 宠物，可以与其他人的宠物展开互动。娱乐的形式是多元化的，除了游戏的表现形式外，还可以以电视和电影的形式体现，如在直播画面上方叠加游戏和玩家信息。AR 主要应用在增强版的 PC 和主机游戏中，当显示器还在大量使用时，可以在原有的屏幕上叠加一个 AR 层显示附加信息，当 AR 达到一定水平，用户就可以在任何地点随意创造显示屏，让 PC 和主机游戏成为真正的便携式。随着移动设备的迅速发展，基于移动设备的增强现实的游戏也层出不穷，如图 9.43 所示。

图 9.43　AR 在游戏领域的应用

9.5.6 其他

增强现实系统在其他方面的应用也颇为热门。例如，在古迹复原和文化遗产保护领域，人们可以借助头盔显示器看到对于文物古迹的解说，也可以看到虚拟重构的残缺遗址；在旅游展览领域，人们在参观展览时，通过 AR 技术可以接收到与建筑相关的其他数据资料；在市政建设规划领域，可以将规划效果叠加到真实场景中直接获得规划效果，根据效果做出规划决策；在广告领域，通过 AR 技术可以实现更多有创意的广告和交互式的产品展示，使得观众获取到更多信息。另外，增强现实技术还广泛应用在建筑施工、社交、室内装潢等领域。

9.6 增强现实技术的未来发展趋势

众所周知，计算机已经经历了漫长的发展历史，从最早的大型机到台式机，从台式机到现在的平板计算机，从平板计算机再到目前的智能手机。而增强现实技术将会是未来的发展方向，它也将会是计算机发展的最终形式，如图 9.44 所示。

图 9.44　增强现实将是计算机发展最终形式

增强现实技术的发展将受到来自技术、产品、行业、用户 4 方面的阻碍因素。然而，增强现实技术的未来发展将体现在软、硬件产品两大发展趋势上。

9.6.1　增强现实技术发展的阻碍因素

1. 技术

增强现实技术的核心技术如三维注册技术（含计算机视觉技术）、用户交互技术等尚未成熟，影响着 AR 技术的推广。此外，图像渲染技术和数据库建设标准不统一，数据共享存在阻碍。

2. 产品

在软件应用方面，AR 手机应用创意性不足、内容有限，导致消费者黏性低。在硬件方面，智能手机在数据处理能力、GPS、镜头、电池等方面不能满足 AR 技术需求，AR 眼镜功能实用性亟待提升。

3. 行业

从参与者角度讲，市场参与者以中小型企业为主，行业因缺少互联网巨头参与而热度较低。从盈利模式角度看，我国增强现实行业处于市场启动期，以企业级用户的盈利为主，面向消费级用户的盈利模式尚未明确。

4. 用户

消费级用户对增强现实技术的认知有限，其对网络安全和实用性的顾虑影响增强现实软件产品和硬件产品的推广。

9.6.2　增强现实技术的发展趋势

1. 软件产品的发展趋势

增强现实技术在软件产品上的发展将逐渐改变人们的生活方式。如 Camera360 是一款图片美化 APP，它借助 AR 技术探索盈利模式。巴黎欧莱雅“千妆魔镜”APP、手机淘宝“试妆魔镜”功能等都是针对女性用户的试妆和试衣的 APP，这些 APP 推动了 AR 技术在消费级市场落地。此外，基于位置、多用户参与的增强现实游戏将成为手游新亮点，如谷歌 Ingress。增强现实浏览器日益成熟，将形成新的广告营销生态圈，如德国 Metaio 公司推出的 Junaio AR 浏览器，用户通过将其安装在智能手机上，可以获得基于位置服务和图像服务的 AR 功能，方便快捷地找到附近的位置信息、城市中的活动信息、商品条形码扫描信息中隐藏的虚拟3D信息以及可以让用户不断体验酷炫AR游戏。正如Junaio所宣传的那样，每个人都可以使用AR对真实世界进行搜索，获得全新的体验，如图9.45所示。

图9.45　Junaio AR浏览器

2. 硬件产品的发展趋势

（1）HUD产品　以前在使用GPS导航时，驾驶者必须查看屏幕上的地图，然后才能思考如何在现实世界中“按图索骥”。要在车流如织的环岛上寻找正确的出口，驾驶者的注意力必须在屏幕和路面之前来回切换，并在脑海中建立起两者之间的联系，才能找到合适的转弯时机。AR抬头显示器直接将导航画面叠加到驾驶者看到的实际路面上，这大大减少了头脑处理信息的负担，避免注意力分散，让驾驶者专注于路面情况，使驾驶错误降到最低。

平视显示器（Head UP Display，HUD）是目前普遍运用在航空器上的飞行辅助仪器，其利用光学投影的原理，将重要的飞行相关资讯投射在一片玻璃上面。HUD能够在挡风玻璃或者中控台上方的投影屏上投影车速、导航信息等图像，通过与现实路况叠加辅助驾驶员驾驶车辆。HUD是一种AR技术，目前部分高端车型开始配备。未来几年内，车用HUD产品将不断推向市场，成为互联网巨头的新战场，如图9.46所示。

a) HUD应用在航空领域

b) HUD应用在高端车领域

图9.46　HUD应用在航空领域和高端车领域

事实上，宝马在 2003 年就已经有车型搭载 HUD 了，而国内方面，其产品则多见于后装布局，见表 9.5。

表 9.5　国内 HUD 几大应用品牌

品　牌	图　片	功　能	交互方式
CarPlus		导航、微信、电话、行车记录仪	语音、按钮
Halo		导航、微信、电话、音乐、行车记录仪	手势、语音、虹膜识别（未来）
Carrobot（车萝卜）		导航、微信、音乐、电话	语音、手势
先锋 SPX-HUD 100		导航	遥控器

（2）教育类硬件产品　增强现实教育类智能硬件不断涌现，提升老用户的体验与用户黏度。其中，小熊尼奥“AR 放大镜”就是教育类硬件产品的代表，如图 9.47 所示。随着 AR 同类产品增多，而卡片类 AR 交互体验单调，儿童逐渐失去兴趣，小熊尼奥则是一款“实物 + APP” AR 产品，该产品与主流的眼镜类 AR 产品不同，为了保护儿童视力，采用了一款类似放大镜造型，同时也摒弃了移动设备上 APP 的设计，做出了实体硬件，这是考虑到提高儿童的动手能力以及产品的易用性。实现原理是通过内置适用于增强现实捕捉的高清摄像头，利用 AR 技术从自然事物中捕捉画面，呈现出立体三维动态影像，给儿童带来类似“魔法”的体验。

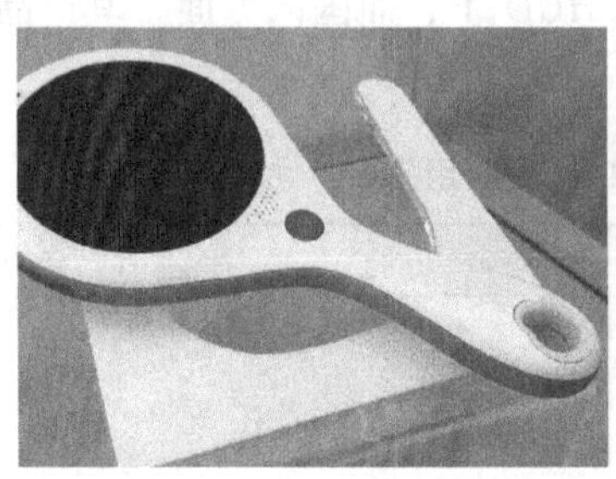

图 9.47　小熊尼奥“AR 放大镜”

（3）增强现实眼镜　增强现实眼镜将向实时运算、环境感知、小型化、便携化进行演进，改变人们介入互联网的方式。在 AR 领域比较有名的微软 HoloLens、Magic Leap、Meta 以及以色列的 Lumus 等都在致力于推出更符合用户体验的眼镜，如图 9.48 所示。HoloLens 全息眼镜由 Microsoft 公司于 2015 年 1 月 22 日发布，2016 年 3 月发布消费者版本，价格为 3000 美元，HoloLens 的功能定位是通过 AR 技术使得用户拥有良好的交互体验。Magic Leap 是一个增强现实平台，该平台的主要研发方向是将三维图像投射到人的视野中，主要采用的是光场技术。Meta 采用独特的技术，可以使用户通过双手控制 3D 内容，自己就成为操作系统，其目标是让用户和虚拟物体之间的互动成为真实世界体验的一个无缝扩展，建立一个比 Macintosh 容易使用 100 倍的操作系统。2016 年 5 月，Lumus 宣布获得来自盛大投资和水晶光电的 1500 万美元 B 轮融资，公司主要技术之一是波导光学元件，是可以将画面投射到特殊透明屏幕上的技术。

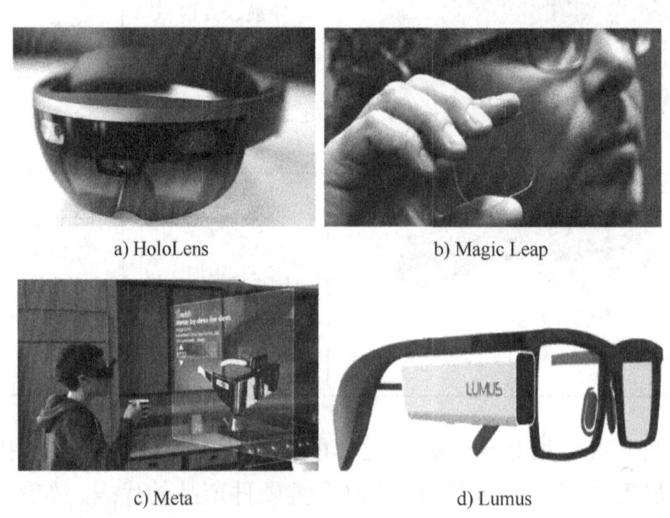

a) HoloLens　b) Magic Leap　c) Meta　d) Lumus

图 9.48　AR 眼镜

（4）其他硬件产品的涌现　透明液晶面板、景深摄像头、计算机视觉处理推广后，将从产业链上游改变增强现实应用格局。如谷歌 Tango、三星镜面屏幕与透明屏幕。

谷歌 Tango 最早叫 Project Tango，是 Google ATAP 团队（高精尖科技项目组）的一个研发项目。此项目试图将人类对周遭空间与动态的感知能力赋予移动设备，让设备像人一样知道如何使用眼睛（摄像头）找到去一个房间的路径，知道人在房间的哪里，知道地板、墙壁和人周围的物体在哪里，形状大小尺寸又是怎样的。Tango 的 3 大核心技术是运动追踪技术、场景学习技术、深度感知技术。Tango 实现了人机交互上新的突破，让机器具备感知周围环境的能力，这完全符合谷歌一直以来在人工智能上的布局，让机器来帮人“看穿世界”，也印证了谷歌推行的“AI first”（人工智能优先）时代的到来，图 9.49 为 Tango 使得智能设备读懂周围环境。

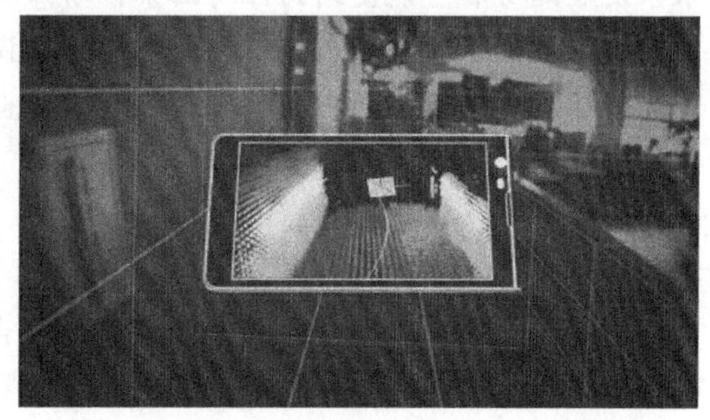

图 9.49 Tango 使得智能设备读懂周围环境

三星镜面屏幕与透明屏幕已正式投入商用，如图 9.50 所示。这款显示屏采用 OLED 材质，显示更加锐利清晰。同时，在发廊中，这些显示屏会显示不同的风格、颜色以及各种各样的发型、装束等，供用户挑选，而不用的时候它就是一面镜子。同时它还支持 Intel 的 3D Real Sense 实感技术，帮助用户去构建一个虚拟的三维场景，有丰富的背景，也可以对发型进行模型演示。

a) AR镜面透明屏幕在发廊的应用

b) AR珠宝购物体验镜面透明屏幕的应用

图 9.50 三星镜面屏幕与透明屏幕的商用场景

总之，增强现实技术将逐渐改变人们的生活方式。这项新兴的技术在各个领域都发挥着它的巨大潜力，不断创造出非凡的成就。尽管增强现实技术在过去的近二十年里已经取得了一定的进步，但是它还面临着许多新的难题。例如，大多数 AR 系统都是运用在已经预知的环境中，在非预知环境中的 AR 系统极其缺少。此外，用户对于设备的依赖也显得系统过于笨重，如处于户外环境时，用户必须佩戴计算机、传感器、显示器等多种设备，这样就会造成诸多不便。因此，如何解决系统的微型化和低能耗问题，也是非常重要的研究方向。未来，增强现实技术还将会有更长更远的路需要走。

本章小结

增强现实技术是智能医学的重要组成部分。本章介绍了增强现实技术的基本概念，包括定义及其特征。讨论了增强现实系统核心技术和移动增强现实的概念，并介绍了增强现实系统的开发工具，然后讨论了AR技术在多个领域的应用。最后，本章还讨论了增强现实技术的未来发展趋势和可能受到的阻碍因素，增强现实将逐渐改变人类与外界的交互方式。增强现实与虚拟现实，归根结底是两种新型的交互模式。对比这两种模式，与现实结合更密切的是增强现实技术，未来的世界将是增强现实的世界。增强现实技术的发展趋势也必将推动医学技术的发展，造福人类。

【注释】

1. 融合器：就是专门用于把画面中间部分边缘融合，中间没有明显的缝，看上去就是一个整的画面。融合器又称边缘融合器、环幕融合器、投影拼接器、硬件融合器。

2. PDA（Personal Digital Assistant）：又称为掌上计算机，可以帮助人们完成在移动中工作、学习、娱乐等。按使用来分类，可以分为工业级PDA和消费品PDA：工业级PDA主要应用在工业领域，常见的有条码扫描器、RFID读写器、POS机等都可以称作工业级PDA；消费品PDA包括的比较多，如智能手机、平板计算机、手持的游戏机等。

3. 平视显示器（Head Up Display）：简称HUD，是目前普遍运用在航空器上的飞行辅助仪器，是20世纪60年代出现的一种由电子组件、显示组件、控制器、高压电源等组成的综合电子显示设备。它能将飞行参数、瞄准攻击、自检测等信息，以图像、字符的形式通过光学部件投射到座舱正前方组合玻璃上的光电显示装置上。

4. 虚拟物体坐标系：虚拟物体坐标系是计算机生成的虚拟物体的世界坐标系。

5. 虚拟摄像机坐标系：又称为图像摄像机坐标系，它是计算机在绘制虚拟几何物体时所需要的一个坐标系统，通过它来对虚拟物体进行观察。

6. 角点：就是极值点，即在某方面属性特别突出的点。角点是图像很重要的特征，对图像图形的理解和分析有很重要的作用。

7. 用户黏度：是指增加用户双方彼此的使用数量，是衡量用户忠诚度的重要指标。

参考文献

[1] 娄岩. 虚拟现实与增强现实应用基础 [M]. 北京：科学出版社，2018.
[2] 娄岩. 虚拟现实与增强现实技术导论 [M]. 北京：科学出版社，2017.
[3] 娄岩. 虚拟现实与增强现实应用指南 [M]. 北京：科学出版社，2017.
[4] 娄岩. 虚拟现实与增强现实技术概论 [M]. 北京：清华大学出版社，2016.
[5] 娄岩. 虚拟现实与增强现实技术实验指导与习题集 [M]. 北京：清华大学出版社，2016.
[6] 娄岩. 医学虚拟现实技术与应用 [M]. 北京：科学出版社，2015.
[7] 赵群，娄岩. 医学虚拟现实技术与应用 [M]. 北京：人民邮电出版社，2014.
[8] 黄海. 虚拟现实技术 [M]. 北京：北京邮电大学出版社，2014.
[9] 肖嵩，杜建超. 计算机图形学原理及应用 [M]. 西安：西安电子科技大学出版社，2014.
[10] 基珀，兰博拉. 增强现实技术导论 [M]. 郑毅，译. 北京：国防工业出版社，2014.
[11] 刘光然. 虚拟现实技术 [M]. 北京：清华大学出版社，2011.
[12] 时代印象. 中文版 3ds Max 2014 完全自学教程 [M]. 北京：人民邮电出版社，2013.
[13] 范景泽. 新手学 3ds Max 2013（实例版）[M]. 北京：电子工业出版社，2013.
[14] 博智书苑. 新手学 3ds Max 完全学习宝典 [M]. 上海：上海科学普及出版社，2012.
[15] 杨晓波. 3ds Max 初级建模 [M]. 北京：北京理工大学出版社，2018.
[16] 宣雨松. Unity 3D 游戏开发 [M]. 北京：人民邮电出版社，2012.
[17] 吴彬. Unity 4. x 从入门到精通 [M]. 北京：中国铁道出版社，2013.
[18] 金玺曾. Unity 3D/2D 手机游戏开发 [M]. 北京：清华大学出版社，2014.
[19] 李征. 分布式虚拟现实系统中的资源管理和网络传输 [D]. 开封：河南大学，2014.
[20] 陈拥军. 真三维立体显示静态成像技术研究 [D]. 南京：南京航空航天大学，2006.
[21] 蔡辉跃. 虚拟场景的立体显示技术研究 [D]. 南京：南京邮电大学，2013.
[22] 臧东宁. 光栅式自由立体显示技术研究 [D]. 杭州：浙江大学，2015.
[23] 单超杰. 皮影人物造型与三维建模技术结合的创新研究 [D]. 上海：东华大学，2013.
[24] 潘一潇. 基于深度图像的三维建模技术研究 [D]. 长沙：中南大学，2014.
[25] 同晓娟. 虚拟环绕声技术研究 [D]. 西安：西安建筑科技大学，2013.
[26] 才思远. 虚拟立体声系统研究 [D]. 大连：大连理工大学，2015.
[27] 余超. 基于视觉的手势识别研究 [D]. 合肥：中国科学技术大学，2015.
[28] 陈娟. 面部表情识别研究 [D]. 西安：西安科技大学，2014.
[29] 黄园刚. 基于非侵入式的眼动跟踪研究与实现 [D]. 成都：电子科技大学，2014.
[30] 刘方洲. 语音识别关键技术及其改进算法研究 [D]. 西安：长安大学，2014.
[31] 宋城虎. 虚拟场景中软体碰撞检测的研究 [D]. 开封：河南大学，2013.
[32] 张子群. 基于 VRML 的远程虚拟医学教育应用 [D]. 上海：复旦大学，2004.
[33] 张晗. 虚拟现实技术在医学教育中的应用研究 [D]. 济南：山东师范大学，2011.
[34] 王广新，李立. 焦虑障碍的虚拟现实暴露疗法研究述评 [J]. 心理科学进展，2012（8）：1277-1286.
[35] 王聪. 增强现实与虚拟现实技术的区别和联系 [J]. 信息技术与标准化，2013（5）：57-61.
[36] 钟慧娟，刘肖琳，吴晓莉. 增强现实系统及其关键技术研究 [J]. 计算机仿真，2008，25（1）：252-255.
[37] 倪晓赟，郑建荣，周炜. 增强现实系统软件平台的设计与实现 [J]. 计算机工程与设计，2009，30（9）：2297-2300.

[38] 孙源，陈靖. 智能手机的移动增强现实技术研究 [J]. 计算机科学，2012 (B06)：493-498.
[39] 罗斌，王涌天，沈浩，等. 增强现实混合跟踪技术综述 [J]. 自动化学报，2013，39 (8)：1185-1201.
[40] 周见光，石刚，马小虎. 增强现实系统中的虚拟交互方法 [J]. 计算机工程，2012，38 (1)：251-252.
[41] 麻兴东. 增强现实的系统结构与关键技术研究 [J]. 无线互联科技，2015 (10)：132-133.
[42] 周忠，周颐，肖江剑. 虚拟现实增强技术综述 [J]. 中国科学：信息科学，2015，45 (2)：157-180.
[43] 薛松，翁冬冬，刘越，等. 增强现实游戏交互模式对比 [J]. 计算机辅助设计与图形学学报，2015 (12)：2402-2409.
[44] 饶玲珊，林寅，杨旭波，等. 增强现实游戏的场景重建和运动物体跟踪技术 [J]. 计算机工程与应用，2012，48 (9)：198-200.
[45] 朱恩成，蒋昊东，高明远. 增强现实在军事模拟训练中的应用研究：第三届中国指挥控制大会论文集 (下册) [C]. 北京：国防工业出版社，2015.
[46] 郑琳琳，娄岩. 基于虚拟现实技术的膝关节微创手术规培系统的研发 [J]. 中国数字医学，2018，13 (5)：91-93，103.
[47] 韩鲁佳，李松维. 投影变换的原理及其应用浅析 [J]. 科技视界，2015 (26)：171-174.
[48] 胡小梅，俞涛，方明伦. 分布式虚拟现实技术 [M]. 上海：上海大学出版社，2012.
[49] 胡小强. 虚拟现实技术 [M]. 北京：北京邮电大学出版社，2015.